国家科学技术学术著作出版基金资助出版

声发射检测技术及应用

Acoustic Emission Technology and Application

沈功田 著

科学出版社

北京

内 容 简 介

本书系统论述了声发射检测技术的基本原理、信号处理和分析方法、检测仪器系统及其应用,主要内容包括声发射检测仪器系统、声发射信号处理和分析方法、常用金属材料的声发射特性以及几种典型设备的声发射检测应用等。全书共 8 章,第 1 章介绍声发射检测技术的基础知识,第 2 章论述声发射检测仪器系统,第 3 章论述声发射信号的处理和分析方法,第 4 章论述金属材料的声发射特性,第 5～8 章分别论述压力容器、大型常压储罐、压力管道和起重机械的声发射检测技术及应用案例。

本书是作者对其三十年来声发射检测技术理论和应用研究成果的总结,可供无损检测及相关技术人员参考,也可作为无损检测人员的资格培训和高等院校相关专业的参考教材。书中有关声发射检测仪器系统的具体实现对无损检测仪器开发人员也具有借鉴意义。

图书在版编目(CIP)数据

声发射检测技术及应用＝Acoustic Emission Technology and Application/
沈功田著. —北京:科学出版社,2015
ISBN 978-7-03-044522-3

Ⅰ.①声… Ⅱ.①沈… Ⅲ.①声发射-无损检测 Ⅳ.①TG115.28

中国版本图书馆 CIP 数据核字(2015)第 121889 号

责任编辑:裴 育 耿建业/责任校对:郭瑞芝
责任印制:吴兆东/封面设计:蓝正设计

科学出版社出版
北京东黄城根北街 16 号
邮政编码:100717
http://www.sciencep.com
北京天宇星印刷厂印刷
科学出版社发行 各地新华书店经销

*

2015 年 6 月第 一 版 开本:720×1000 1/16
2025 年 4 月第七次印刷 印张:26 3/4
字数:520 000
定价:198.00 元
(如有印装质量问题,我社负责调换)

前　言

现代声发射技术始于 20 世纪 50 年代,并于 70 年代引入我国,目前已发展成为较成熟的无损检测新方法。声发射检测技术的特点使其特别适用于机械设备结构的动态安全检测、监测、完整性评价、早期损伤预警和失效预防等。

自 20 世纪 80 年代至今,中国特种设备检测研究院一直致力于将声发射技术应用于我国压力容器、压力管道、大型常压储罐和起重机械等设备的安全检测与评价。作者课题组组织全国十多个单位先后承担并完成了八项国家科技攻关、国家科技支撑和国家自然科学基金重点项目课题,取得了一系列达到国际领先和先进水平的科研成果。通过攻克这些设备常用材料的典型焊接缺陷、环境导致的开裂、疲劳损伤、腐蚀以及现场干扰噪声等各种声发射信号的获取、特征提取和模式识别等一系列关键技术,研究建立了这些设备的声发射检测及结果评价方法,制定了八项国家和行业技术标准,填补了国内空白,在常压储罐和起重机械检测标准方面填补了国际空白。这些成果已在全国范围内得到很好的推广应用,为企业带来了巨大的经济效益,并取得了良好的社会效益。

本书系统集成和总结了作者及课题组近三十年的研究成果。其中,第 1 章介绍声发射的基本概念、原理和基础知识,并对声发射技术的国内外主要应用领域进行综述;第 2 章介绍声发射检测仪器系统的硬件模块和软件基本功能,并展示课题组最新研发的声发射检测仪器;第 3 章为声发射信号的处理方法,重点介绍课题组研究建立的声发射源性质模式识别的新方法;第 4 章介绍材料的声发射特性,并给出我国机械设备常用金属材料声发射特性的最新研究成果;第 5~8 章分别系统介绍已建立的压力容器、大型常压储罐、压力管道和起重机械等设备的声发射安全检测与评价技术方法、检测标准及声发射源特性,并给出大量的应用案例。

本书是以中国特种设备检测研究院为首的声发射课题组全体科研技术人员近三十年心血的结晶及科研成果的精华荟萃。在撰写过程中,课题组成员给予作者热情的帮助和大力支持,特别是刘时风、戴光、耿荣生、李邦宪、李光海、吴占稳、李丽菲、闫河、秦先勇、张君娇等,参加了许多课题的研究工作,并提供了有关技术资料。在此表示衷心的感谢!

由于本书部分内容是最新科研成果,在理论与技术上都有需要完善之处,加之作者水平有限,书中如有不妥之处,敬请读者批评指正。

作　者

2015 年 2 月于北京

目　　录

第1章　声发射检测技术基础

1.1　声发射的概念

材料中局域源能量快速释放而产生瞬态弹性波的现象称为声发射(acoustic emission, AE)。材料在应力作用下的变形与裂纹扩展,是结构失效的重要机制。这种直接与变形和断裂机制有关的源,被称为声发射源。近年来,流体泄漏、摩擦、撞击、燃烧等与变形和断裂机制无直接关系的另一类弹性波源,被称为其他或二次声发射源。

声发射是一种常见的物理现象,各种材料声发射信号的频率范围很宽,从几赫兹的次声频、20Hz～20kHz 的声频到数兆赫兹的超声频;声发射信号幅度的变化范围也很大,从 10^{-13}m 的微观位错运动到1m 量级的地震波。如果声发射释放的应变能足够大,就可产生人耳听得见的声音。大多数材料变形和断裂时有声发射发生,但许多材料的声发射信号强度很弱,人耳不能直接听见,需要借助灵敏的电子仪器才能检测出来。用仪器探测、记录、分析声发射信号和利用声发射信号推断声发射源的技术称为声发射技术,人们将声发射仪器形象地称为材料的听诊器。

1.2　声发射技术发展历程和现状

声发射和微振动都是自然界中随时发生的自然现象,尽管无法考证人们在何时首次接收到声发射信号,但诸如折断树枝、岩石破碎和折断骨头等断裂过程无疑是人们最早观察到的声发射现象。可以推断,"锡鸣"是人们首次观察到的金属材料的声发射现象,因为纯锡在塑性形变期间其机械孪晶产生可听得到的声发射,而铜和锡的冶炼可追溯到公元前 3700 年。

现代声发射技术的开始以 Kaiser 于 20 世纪 50 年代初在德国所做的研究工作为标志。Kaiser 观察到铜、锌、铝、铅、锡、黄铜、铸铁和钢等金属和合金在形变过程中都有声发射现象。其最有意义的发现是材料形变声发射的不可逆效应,即"材料被重新加载期间,在应力值达到上次加载最大应力之前不产生声发射信号"。材料的这种不可逆现象被称为"凯塞效应"(Kaiser effect)。同时,Kaiser 也提出了连续型和突发型声发射信号的概念。

20 世纪 50 年代末,美国学者 Schofield 和 Tatro 经大量研究发现,金属塑性形变的声发射主要由大量的位错运动引起,而且还得到一个重要的结论,即声发射主要是体积效应而不是表面效应。Tatro 进行了导致声发射现象发生的物理机制方面的研究工作，首次提出声发射可以作为研究工程材料行为疑难问题的工具，并预言声发射在无损检测方面具有独特的潜在优势。

20 世纪 60 年代初，Green 等首先开始了声发射技术在无损检测领域方面的应用，Dunegan 首次将声发射技术应用于压力容器方面的研究。在整个 60 年代，美国和日本开始广泛地进行声发射的研究工作，除开展声发射现象的基础研究外，还将这一技术应用于材料工程和无损检测领域。美国于 1967 年成立了声发射工作组（AEWG），日本于 1969 年成立了声发射学会。

20 世纪 70 年代初，Dunegan 等开展了现代声发射仪器的研制，他们把声发射信号的探测频率从声频提高到 100kHz～1MHz 的超声频率范围，这是声发射试验技术的重大进展。现代声发射仪器的成功研制为声发射技术从实验室的材料研究阶段走向在生产现场用于大型构件的结构完整性检测和监测阶段创造了条件。

随着现代声发射仪器的出现，整个 70 年代和 80 年代初人们从声发射源产生机制、波的传播到声发射信号分析方面开展了广泛和系统的研究工作。在生产现场也得到了广泛的应用，尤其在化工容器、核容器和焊接过程的控制方面取得了成功。Drouillard 于 1979 年统计出版了 1979 年以前世界上发表的声发射论文目录，据其统计，到 1986 年年底世界上发表有关声发射的论文总数已超过 5000 篇。

20 世纪 80 年代初，美国物理声学公司（PAC）将现代微处理计算机技术引入声发射检测系统，设计出了体积和重量较小的第二代源定位声发射检测仪器，并开发了一系列多功能检测和数据分析软件，通过微处理计算机控制，可以对被检测构件进行实时声发射源定位监测和数据分析显示。由于第二代声发射仪器体积和重量小，易携带，从而推动了 80 年代声发射技术进行现场检测的广泛应用；同时，由于采用 286 及更高级的微处理计算机和多功能检测分析软件，仪器采集和处理声发射信号的速度大幅度提高，仪器的信息存储量巨大，从而提高了声发射检测技术的声发射源定位功能和缺陷检测准确率。

20 世纪 90 年代，美国 PAC 和德国 Vallen 公司先后开发生产了计算机化程度更高、体积和重量更小的第三代数字化多通道声发射检测分析系统。这些系统除了能进行声发射参数实时测量和声发射源定位外，还可直接进行声发射波形的观察、显示、记录和频谱分析。

目前声发射技术作为一种成熟的无损检测方法，在世界上已被广泛应用于许多领域，主要包括以下方面。

（1）石油化工工业：各种压力容器、压力管道和海洋石油平台的检测和结构完整性评价，常压储罐底部、各种阀门和埋地管道的泄漏检测等。

（2）电力工业：高压蒸汽汽包、管道和阀门的检测和泄漏监测，汽轮机叶片的检测，汽轮机轴承运行状况的监测，变压器局部放电的检测。

（3）航空航天工业：航空器壳体和主要构件的检测和结构完整性评价，航空器的时效试验、疲劳试验检测和运行过程中的在线连续监测等。

（4）交通运输业：长管拖车、公路和铁路槽车的检测，铁路材料和结构的裂纹探测，桥梁和隧道的检测和结构完整性评价，卡车、火车滚珠轴承和轴颈轴承的状态监测，火车车轮和轴承的断裂探测等。

（5）机械制造业：工具磨损和断裂的探测，打磨轮或整形装置与工件接触的探测，修理整形的验证，金属加工过程的质量控制，焊接过程监测，振动探测，锻压测试，加工过程的碰撞探测和预防等。

（6）民用工程行业：楼房、桥梁、起重机、大型游乐设施、客运索道、隧道、大坝的检测、监测和结构完整性评价，水泥结构裂纹开裂和扩展的连续监测等。

（7）科研和材料测试行业：各种材料的性能测试、断裂试验、疲劳试验、腐蚀监测和摩擦测试，铁磁性材料的磁声发射测试等。

（8）其他：硬盘的干扰探测，庄稼和树木的干旱应力监测，磨损摩擦监测，岩石探测，地质和地震上的应用，发动机的状态监测，转动机械的在线过程监测，钢轧辊的裂纹探测，汽车轴承强化过程的监测，铸造过程监测，电池的充放电监测，人骨头的摩擦、受力和破坏特性试验，骨关节状况的监测等。

1.3　中国声发射技术发展历程

声发射技术于 20 世纪 70 年代初开始引入我国，当时正是我国断裂力学发展的高峰，人们希望利用声发射预报和测量裂纹的开裂点，随后中国科学院沈阳金属研究所、航空 621 所、原合肥通用机械研究所、武汉大学等一些科研院所和大学主要开展了金属和复合材料的声发射特性研究。

20 世纪 80 年代初期，人们开始尝试采用声发射技术进行压力容器的检测等工程应用，然而鉴于当时声发射仪器的性能和声发射信号处理方面的能力限制，以及人们对声发射源性质和声发射波产生后到达传感器过程中的传输特性等认识缺少应有的深度，在试验结果的重复性和可靠性等方面存在不少问题，因此声发射技术的应用曾陷入低谷。

20 世纪 80 年代中期，原劳动部锅炉压力容器检测研究中心率先从美国 PAC 引进当时世界上最先进的采用 Z80 微处理计算机技术制造的 SPARTAN 源定位声发射检测与信号处理分析系统，并在全国一些石化和煤气公司开展了大量球形储罐和卧罐等压力容器的检测研究工作，取得了成功的应用案例，得到了用户的认可。随后，武汉安全环保研究院、大庆石油学院（现为东北石油大学）、航天 44 所和中国石油大学等许多单位相继从美国 PAC 引进先进的 SPARTAN 和 LOCAN 等型号的声发射仪器，开展了压力容器、飞机、金属材料、复合材料和岩石的检测和应用。1989 年召开的全国第四届声发射会议指出,"我国声发射技术的研究、应用和仪器队伍不断扩大,技术水平不断提高,表明我国声发射技术发展已经走出低谷,开始向新的高峰攀登"。

自 20 世纪 90 年代至今,声发射技术在我国的研究和应用呈快速发展的趋势。90 年代初,燕山石化、天津石化、大庆油田、胜利油田、辽河油田和原深圳锅炉压力容器检验所等石油、石化企业检验单位和专业检验所相继进口大型声发射仪器广泛开展压力容器的检验。90 年代中期,原空军第一研究所和航天 703 所从美国 PAC 引进了第三代可以存储声发射信号波形的 Mistras2000 多通道声发射仪,从而开展了以波形分析为基础的航空航天设备的声发射检测与信号处理分析。2002年,原国家质量监督检验检疫总局锅炉压力容器检测研究中心从德国 Vallen 公司引进了该公司当时的最新型号——ASM5 型 36 通道声发射仪,该仪器既可对声发射信号进行基于波形的模式识别分析,又具有大型常压油罐底板腐蚀的检测能力。目前声发射技术已在我国石油、石化、电力、航空航天、冶金、铁路、交通、煤炭、建筑、机械制造与加工等领域开展了广泛的研究和应用工作。

在声发射检测人员培训和资格认证方面,原航空航天工业无损检测人员资格考试委员会于 1998 年率先开展了声发射检测 II 级人员的培训和认证工作,国家质量监督检验检疫总局特种设备无损检测人员资格考试委员会于 2002 年首次开展了声发射检测 II 级人员的培训和认证工作。到目前为止,国防科技无损检测人员资格考试委员会已培训和考核声发射检测 II 级人员 300 多人、III 级人员 10 多人,特种设备无损检测人员资格考试委员会已培训和考核声发射检测 II 级人员 800 多人、III 级人员 23 人。

在声发射仪器的研制和生产方面,我国的起步并不算太晚,原沈阳电子研究所于 20 世纪 70 年代末即研制出单通道声发射仪,原长春试验机研究所于 80 年代中期研制出采用微处理计算机控制的 32 通道声发射定位分析系统,原劳动部锅炉压力容器检测研究中心于 1995 年成功研制出世界上首台硬件采用 PC-AT 总线、软件采用 Windows 界面的多通道(2~64)声发射检测分析系统,2000 年声华公司研制出基于大规模可编程集成电路(FPGA)技术的全波形全数字化多通道声发射检测分析系统,2002 年原国家质量监督检验检疫总局锅炉压力容器检测研究中心研制出基于信号处理集成电路(DSP)技术的全数字化多通道声发射检测分析系统,2008 年声华兴业公司研制出基于 USB 技术的全波形全数字化多通道声发射检测分析系统,同年声华兴业公司和中国特种设备检测研究院合作研制出基于 GPS 时钟、CDMA 无线和网络的无线声发射泄漏检测仪,2012 年声华兴业公司和中国特种设备检测研究院合作研制出基于 GPS 时钟和 WiFi 技术的多通道无线声发射检测仪。

在学术交流活动方面,1978 年随着全国无损检测学会的建立,成立了声发射专业委员会,并于 1979 年在黄山召开了第一届全国声发射会议。近二十年来,已固定每年召开一次声发射专业委员全体会议;每两年召开一次全国学术会议进行大规模的学术交流活动和仪器演示活动,到目前为止学术会议已召开了 14 届,且每届均有论文集出版,收集论文 40～50 篇,最近几次与会代表多达 80～130 人。

1.4　中国声发射技术主要研究和应用领域

1.4.1　压力容器的声发射检测

压力容器检测是目前声发射技术在我国开展应用最成功和普遍的领域之一,有关科研人员及机构已经对现场压力容器的声发射源进行了系统研究,通过大量的试验和现场应用,这一方法已达到成熟,制定了国家和行业标准,并编写了声发射检测 Ⅱ 级人员培训教材,对 800 多人进行了培训和 Ⅱ 级资格认证。目前国内有 60 多家专业检验机构从事压力容器的声发射检测,国内的大部分多通道声发射仪由这些单位拥有。据粗略统计,这些单位每年采用声发射技术检测大型压力容器 1000 台左右。

压力容器的声发射检测包括新制造压力容器水压试验时的声发射监测、在用压力容器的声发射检测和缺陷评价、压力容器运行状态下的声发射在线监测和安全评价。由于我国在 20 世纪 70 年代投入使用的压力容器绝大部分存在各种各样的焊接缺陷,在定期检验过程中对采用超声波和射线方法发现的大量超标缺陷的处理十分困难,如全部返修,其工程造价甚至与更新的费用差不多,而采用声发射检测可以快速发现这些超标缺陷中存在的活性缺陷,仅需对这些活性缺陷进行返修处理,压力容器即可重新投入使用。另外,在运行过程中,许多压力容器虽已到了检验周期,但由于生产工艺的需要不能停产,而声发射技术是目前较成熟的在线无损检测方法,采用声发射进行在线监测,可以对压力容器的安全性进行评价,从而决定是否延长压力容器的检验周期。

声发射技术及其大量的科研成果在我国压力容器检测中被成功地推广和应用,一方面及时排除了大量带缺陷运行的压力容器的爆炸隐患,降低了恶性事故的发生,确保了这些压力容器的安全运行,取得了重大的社会效益;另一方面,声发射检测大大缩短了压力容器的检验周期,并减少了盲目返修和报废压力容器所带来的损失,为广大压力容器用户带来了巨大的经济效益,深受用户的欢迎。

1.4.2　航空航天工业中的应用

我国学者在这一领域进行了广泛和深入的研究,并取得了一些重要成果。早在 20 世纪 80 年代初,国内有关单位就进行了飞机机翼疲劳试验过程中的声发射监测研究,并在信号处理和识别技术方面积累了宝贵经验。空军第一研究所在某型飞机的全尺寸疲劳试验过程中(飞行长达 16000h),用声发射技术对其主梁螺孔和隔框连接螺栓等部位疲劳裂纹的形成和扩展进行了跟踪监测,历时之长和积累数据之丰富都是前所未有的。他们利用了声发射参数组成多维空间的一个特征矢量,成功进行了疲劳裂纹产生的声发射信号识别。除利用这种多参数识别方法外,还利用趋势分析和相关技术等方法对信号进行处理,建立了一套较完整的信号识别和处理体系。

1.4.3　复合材料的声发射特性研究

声发射技术目前已成为研究复合材料断裂机理和检测复合材料压力容器的重要方法。中国科学院沈阳金属研究所、航空 621 所、航天 703 所和 44 所在这些领域做了大量工作,尤其是航天 44 所开展了大量复合材料压力容器的声发射检测工作,并起草了内部的检测与评价标准。目前,采用声发射技术已能检测每根碳纤维或玻璃纤维丝束的断裂及丝束断裂载荷的分布,从而评价它们的质量。声发射技术还可以区分复合材料层板不同阶段的断裂特性,如基体开裂、纤维与基体界面开裂、分层和纤维断裂等。另外,我国也有学者采用声发射技术研究碳纤维增强聚酰亚胺复合材料升温固化的特性。

1.4.4　声发射信号的处理技术

声发射检测的最主要目的之一是识别产生声发射源的部位和性质,而声发射信号的处理是解决这一问题的唯一途径。在声发射信号的处理和分析方面,除常用的经典声发射信号参数和定位分析方法之外,我国目前开展了处于世界前沿的基于波形分析的模态分析、经典谱分析、现代谱分析、小波分析和人工神经网络模式识别技术研究;此外,也对声发射信号参数采用了模式识别、灰色关联分析和模糊分析等先进的处理技术;还自主开发了进行各种信号分析和模式识别的软件包。通过采用这些信号处理与分析技术,可以在不对声发射源部位进行其他常规无损检测方法复检的情况下,直接给出声发射源的性质及危险程度。

1.4.5　岩石的监测和应力测量

声发射现象的观测起源于地震的监测,现已广泛应用于岩石的监测和地质与石油钻探中的应力测量。武汉安全环保研究院近二十年来一直开展矿山和大型水坝岩石塌方的监测研究和应用工作,在长江三峡大坝建设期间,对一些关键部位的岩石活动情况进行监测,为三峡大坝的建设提供了重要依据。中国科学院地质研究所利用岩石的凯塞效应测量古岩石的应力,以研究远古时期地质的变化情况。北京石油勘探开发设计院和北京石油大学采用声发射技术测量岩芯的主应力方向,达到确定油田最大水平应力方向的目的。这些成果已应用在我国油田生产和开发上,取得了明显的经济效益。

1.4.6　机械制造过程中的监控应用

声发射应用于机械制造过程或机加工过程的监控始于 20 世纪 70 年代末，我国在这一领域起步早、发展快。早在 1986 年国防科学技术大学等单位就进行了用声发射监测机加工刀具磨损的研究工作。目前，一些单位已成功研制车刀破损监测系统和钻头折断报警系统，前者的检测准确率高达 99%。根据刀具与工件接触时挤压和摩擦产生声发射的原理，我国还成功研制出高精度声发射对刀装置，用以保证配合件的加工精度。20 世纪 90 年代，有些部门已开始用人工神经网络进行刀具状态监控、切削形态识别与控制，以及磨削接触与砂轮磨损监测等。

1.4.7　铁路焊接结构疲劳损伤的监测

我国铁路部门对高速列车转向架的焊接结构进行了声发射监测试验，采用声发射多参数分析技术监测了焊接梁疲劳试验的全过程，得到了构件疲劳损伤各阶段与声发射特征之间的关系，准确地监测到焊接梁中焊缝和应力集中处的裂纹萌生及扩展过程。所用方法可进一步用于确定构件的损伤程度，并有可能应用到铁路桥梁疲劳损伤监测中。

1.4.8　泄漏监测

带压力流体介质的泄漏检测是声发射技术应用的一个重要方面，原国家质量监督检验检疫总局锅炉压力容器检测研究中心、武汉安全环保研究院和清华大学无损检测中心在国家"八五"和"九五"期间合作对压力容器和压力管道气、液介质泄漏的声发射检测技术进行了研究。在"十五"至"十二五"期间，中国特种设备检测研究院和声华兴业科技公司合作开展了埋地燃气管道泄漏检测技术的研究及设备研制，开发出基于 GPS 时钟、CDMA 无线和网络的无线声发射泄漏检测仪，制定了泄漏检测的标准，这些科研成果目前已在一些石化企业的原油加热炉和城市埋地燃气管道的泄漏检测中得到成功应用。核工业总公司武汉核动力运行研究所，于 20 世纪 90 年代中期从美国进口了 36 通道声发射泄漏检测仪器，专门用于我国核电站的泄漏检测，目前已进行了大量研究和应用工作。中国特种设备检测研究院和东北石油大学分别开展了大型油罐底部声发射泄漏检测的研究和应用工作，制定了大型常压储罐的声发射检测标准，并在全国得到推广应用。

1.4.9　磁声发射研究

1984 年武汉大学首先开展铁磁性材料磁声发射的研究工作，随后北京科技大学和华中科技大学也相继开展了磁声发射的研究工作。武汉大学以多晶和单晶硅钢材料对磁声发射的机制进行了详细研究，并在世界上首次提出 180° 磁畴壁的运动也可以产生很大的磁声发射信号，他们提出了磁畴壁内磁化矢量的逐渐旋转运动会产生弹性波的模型,可认为这是对一般公认的磁声发射产生机制的完善和补充。北京科技大学将磁声发射与磁巴克豪森效应相结合,开发出可以测量焊缝残余应力的仪器。

1.4.10　其他研究工作

进入 21 世纪,声发射技术在很多新的领域也得到了研究和应用,中国特种设备检测研究院开展了起重机械钢结构的声发射检测和健康监测研究,并对大型游乐设施和客运索道主轴开展了声发射的状态监测与故障诊断研究;清华大学无损检测中心和中国林业大学开展了植物水蒸发的声发射监测研究;一些大学开展了桥梁和建筑物的声发射检测研究工作。

1.5　声发射检测的基本原理

声发射检测原理如图 1.1 所示,从声发射源发射的弹性波最终传播到达材料的表面,引起可以用声发射传感器探测的表面位移,这些探测器将材料的机械振动转换为电信号,然后被放大、处理和记录。固体材料中内应力的变化产生声发射信号,在材料加工、处理和使用过程中有很多因素能引起内应力的变化,如位错运动、孪生、裂纹萌生与扩展、断裂、无扩散型相变、磁畴壁运动、热胀冷缩、外加负荷的变化等。人们根据观察到的声发射信号进行分析与推断以了解材料产生声发射的机制。

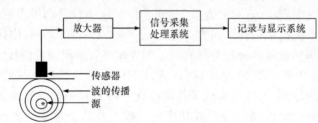

图 1.1　声发射检测原理示意图

声发射检测的主要目的是:①确定声发射源的部位;②评定声发射源的活性和强度;③分析声发射源的性质;④确定声发射发生的时间或载荷。一般而言,对活性声发射源,要采用超声、磁粉、渗透或射线等其他无损检测方法进行局部复检,以精确确定缺陷的性质与大小。

1.6　材料的声发射源

人们经过 60 多年的研究,已经查明材料中有许多种机制可以产生声发射源。声发射的能量一般由外加负载、相变潜热、外加磁场等提供。目前,人们所提出的大量声发射源模型大致可分为两大类：一类是将源看作一个能量发射器，并用应力、应变等宏观参量来得到这一问题的稳定解，即稳态源模型；另一类是应用局域在源附近随时间变化的应力应变场，计算与源的行为有关的动力学变化，即动态源模型。

　　图 1.2 给出一个稳态源模型的裂纹扩展声发射源事件的能量分配过程。对于裂纹增长这样一个事件，释放的能量仅有一部分转变为弹性波能，其他大部分转变为新界面的表面能、晶格应变能和热能。由图可见，如能测得源事件发射的弹性波能量和确定能量分配函数，就可以计算出源事件的能量，这将提供一种了解材料微观断裂过程的方法。然而，由于受源周围环境、能量释放速率、材料纵波和横波波速差异、表面波的色散等因素的影响，每个源的分配函数互不相同，探测器测量到的弹性波能量随不同的位置而变化。

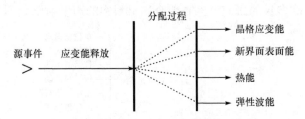

图 1.2　裂纹扩展期间释放应变能的分配过程

1.6.1　突发型和连续型声发射

　　材料内产生的声发射信号具有很宽的动态范围，其位移幅度可以从小于 10^{-15} m 到 10^{-9} m，达到 10^{6} 量级（120dB）的范围。另外，声发射信号的产生率也是变化无常的，所以目前人为地将声发射信号分为突发型和连续型。如果声发射事件信号是断续的，且在时间上可以分开，那么这种信号就称为突发型声发射信号，如图 1.3 所示；如果大量的声发射事件同时发生，且在时间上不可分辨，这些信号就称为连续型声发射信号，如图 1.4 所示。实际上连续型声发射信号也是由大量小的突发型信号组成的，只是因太密集而不能单个分辨而已。

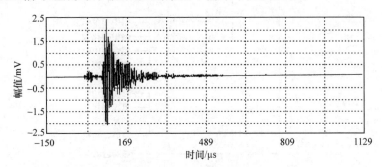

图 1.3　突发型声发射信号

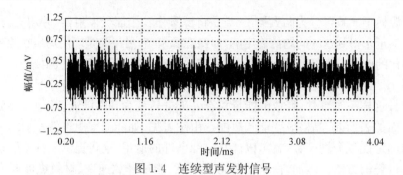

图 1.4 连续型声发射信号

1.6.2 金属材料中的声发射源

人们经过 60 多年的研究已经查明金属材料中的声发射源如图 1.5 所示。

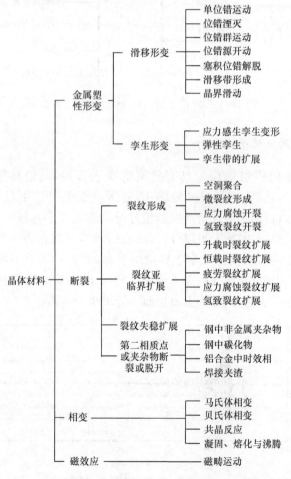

图 1.5 金属材料中的声发射源

1.6.3　非金属材料中的声发射源

人们进行声发射研究和应用的非金属材料主要为岩石、玻璃和陶瓷,由于这些材料均为脆性材料,强度很高,但韧性很差,因此其声发射源主要为微裂纹开裂和宏观开裂。

1.6.4　复合材料中的声发射源

复合材料是由基体材料和分布于整个基体材料中的第二相材料所组成的。根据第二相材料的不同,复合材料分为三类:扩散增强复合材料、颗粒增强复合材料和纤维增强复合材料。与常规材料相比,复合材料具有强度高、疲劳性能和抗腐蚀性能好等优点,而且容易制造出结构较复杂的部件。

扩散增强和颗粒增强复合材料的声发射源主要包括:基体开裂和第二相颗粒与基体的脱开。而纤维增强复合材料中的声发射源主要包括:①基体开裂;②纤维与基体的脱开;③纤维拔出;④纤维断裂;⑤纤维松弛;⑥分层;⑦摩擦。声发射源①～⑤如图 1.6 所示。

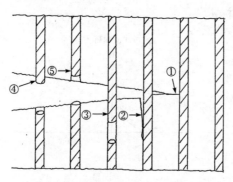

图 1.6　纤维增强复合材料中的声发射源

1.6.5　其他声发射源

在声发射检测过程中经常遇到的其他声发射源包括:①流体介质的泄漏;②氧化物或氧化层的开裂;③夹渣开裂;④摩擦源;⑤液化和固化;⑥元件松动、间歇接触;⑦流体和非固体;⑧裂纹闭合。

1.7　波 的 传 播

材料对于不平衡/动态力的响应就是弹性波传播。波的定义就是材料离开平衡位置的运动。

固体介质中局部变形时,不仅产生体积变形,而且产生剪切变形,因此将激起两种波,即压缩波(纵波)和切变波(横波),它们以不同的速度在介质中传播,当遇到不同介质的界面时会产生反射和折射。任何一种波在界面上反射时都要发生波型转换,同时出现纵波和横波,并各自按反射和折射定律反射和折射。在全内反射时也会出现非均匀波。在固体自由表面还会出现沿表面传播的表面波。因此,声发射波的传播规律与固体介质的弹性性质密切相关。

在波的理论研究中,分别对点声源理论(圆形波前)、平面波理论(直线波前)、连续振荡波理论和短脉冲理论进行了研究。在研究中需要进行大量的条件假设,通过简化几何条件才能得到数学的"波方程的解",进而应用这些理论来理解实际应用中所遇到的情况。然而,在实际应用中很少能遇到上述理论中所假设的"简单几何条件"。因此,这些理论也只是我们对实际情况的一种初步近似。

1.7.1　近场脉冲响应

图 1.7 为点脉冲加载的源在材料表面上产生的位移迅速变化的示意图,这是理论与试验相符的唯一情况。这一情况对声发射技术是十分有意义的,它通常用于声发射传感器的预标定。

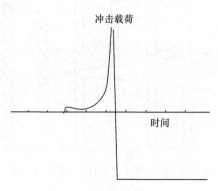

图 1.7　点脉冲加载的源

点阶跃脉冲力源 $F_0 H(t)$ 作用于板时,板表面将产生相当复杂的运动。Knopoff 给出了在力作用点对面的垂直方向质点位移:

$$U_z(b,0)=\frac{F_0}{2\pi\mu b}\Big[\frac{w^2(2w^2-2+a^{-2})H(t-b/\alpha)}{(2w^2-2+a^{-2})^2-4(w^2-1)w(w^2-1+a^{-2})^{1/2}}$$
$$-\frac{2y^2(y^2-1)(y^2-1+a^2)^{1/2}H(t-b/\beta)}{(2y^2-1)^2-4(y^2-1)y(y^2-1+a^2)^{1/2}}\Big] \tag{1.1}$$

式中,$w=\alpha t/b$,$y=\beta t/b$,$a=\beta/\alpha$;β 为横波速度,α 为纵波速度,μ 为剪切模量,b 为板厚。式中括号内第一项是纵波贡献分量,而第二项是横波贡献分量,在板中来回反射的波的贡献(第三项之后)在式中略去。其中,最先到达的纵波(P 波)的幅

度为

$$U_z = \frac{F_0}{2\pi\mu b}\left(\frac{\beta}{\alpha}\right)^2 \tag{1.2}$$

对于具有一般形状的短脉冲力源 $f(t)$，此处的速度响应为

$$v = \frac{\partial U_z}{\partial t} = \frac{1}{2\pi\mu b}\left(\frac{\beta}{\alpha}\right)^2 f'\left(t-\frac{b}{\alpha}\right) - \frac{4\alpha}{2\pi\mu b^2}\left(\frac{\beta}{\alpha}\right)^2 f\left(t-\frac{b}{\beta}\right) \tag{1.3}$$

可以看出，纵波的速度响应与力的变化率成正比，而横波的速度响应与力的大小成正比。由此获得的正对力源位置厚板对面表面产生的垂直位移应当有如图 1.8 所示的形状，其纵坐标归一化到 $F_0/(2\pi\mu b)$。

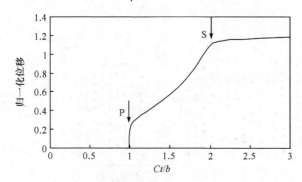

图 1.8　表面阶跃力源在厚板对面产生的垂直位移

P、S 分别相应于纵波、横波到达时刻；C 为声速

1.7.2　波的传播模式

　　声发射波在介质中的传播，根据质点的振动方向和传播方向不同，可构成纵波、横波、表面波、Lamb 波等不同传播模式。纵波：质点的振动方向与波的传播方向平行，可在固体、液体、气体介质中传播，如图 1.9 所示。横波：质点的振动方向与波的传播方向垂直，只能在固体介质中传播，如图 1.10 所示。表面波（Rayleigh 波）：质点的振动轨迹呈椭圆形，沿深度为 1~2 个波长的固体近表面传播，波的能量随传播深度增加而迅速减弱，如图 1.11 所示。Lamb 波：因物体两平行表面所限而形成的纵波与横波组合的波，它在整个物体内传播，质点做椭圆轨迹运动，按质点的振动特点可分为对称型（扩展波）和非对称型（弯曲波）两种。

1.7.3　模式转换、反射和折射

　　在固体介质中，声发射源处同时产生纵波和横波两种传播模式。它们传播到不同材料界面时，可产生反射、折射和模式转换。两种入射波除各自产生反射（或折射）纵波与横波外，在半无限体自由表面上，一定的条件下还可转换成表面波，见

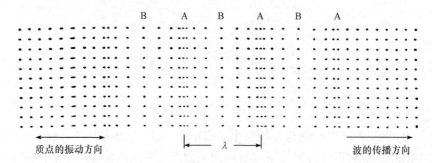

图 1.9　纵波的传播

λ-波长；A-压缩区域；B-扩展区域

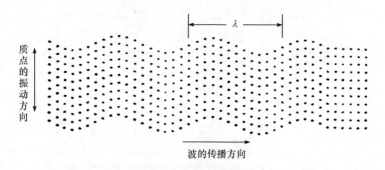

图 1.10　横波的传播

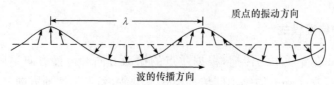

图 1.11　表面波的传播

图 1.12。厚度接近波长的薄板中又会产生板波，厚度远大于波长的厚壁结构中，波的传播变得更为复杂，图 1.13 为其示意图。

　　声发射波经界面反射、折射和模式转换，各自以不同波速、不同波程、不同时序到达传感器，因而波源所产生的一个尖脉冲波到达传感器时，可以纵波、横波、表面波或板波及其多波程迟达波等复杂次序到达，分离成数个尖脉冲或经相互叠加而成为持续时间很长的复杂波形，有时长达数毫秒。在钛合金气瓶上，对一个铅芯折断模拟源的响应波形如图 1.14 所示。此外，再加上后述传感器频响特性及传播衰减等影响，信号波形的上升时间变慢、幅度下降、持续时间变长、到达时间延迟、频率成分向低频偏移。这种变化不仅影响声发射波形的定量分析，而且对波形的常规参数分析也带来复杂的影响，应予以充分注意。

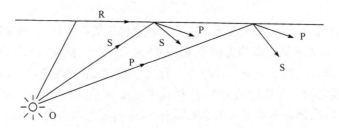

图 1.12 波的反射与模式转换

O-波源；P-纵波；S-横波；R-表面波

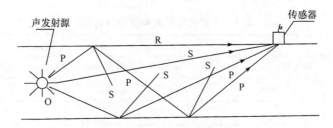

图 1.13 厚板中传播示意图

O-波源；P-纵波；S-横波；R-表面波

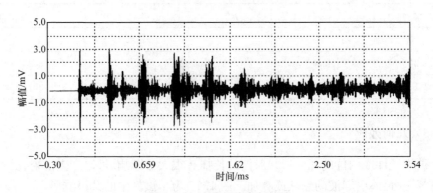

图 1.14 波形的分离与持续

1.7.4 材料中的波速

波的传播速度是与介质的弹性模量和密度有关的材料特性，因而材料不同，波速也不同。不同的传播模式也具有不同的传播速度。在均匀介质中，纵波与横波的速度可分别用下式表达：

$$v_l = \sqrt{\frac{E}{\rho}\frac{1-\sigma}{\rho(1+\sigma)(1-2\sigma)}}, \quad v_t = \sqrt{\frac{E}{\rho}\frac{1}{2(1+\sigma)}} = \sqrt{\frac{G}{\rho}} \qquad (1.4)$$

式中，v_l 为纵波速度；v_t 为横波速度；σ 为泊松比；E 为杨氏模量；G 为切变模量；

ρ 为密度。

在同种材料中,不同模式的波速之间有一定比率关系。例如,横波速度约为纵波速度的 60%,表面波速度约为横波速度的 90%。纵波、横波、表面波的速度与波的频率无关,而板波的速度则与波的频率有关,即具有频散现象,约分布在纵波速度和横波速度之间。在实际结构中,传播速度还受到诸如材料类型、各向异性、结构形状与尺寸、内部介质等多种因素的影响,因而传播速度实为一种易变量。

材料的声波传播速度通常为恒定值,等于频率与波长的乘积:

$$波速＝频率×波长 \quad (C=f\lambda) \tag{1.5}$$

常见材料的声速和声阻抗如表 1.1 所示。

表 1.1　常见材料的声速和声阻抗

材料	纵波		横波	
	声阻抗/[kg/(m²·s)]	声速/(km/s)	声阻抗/[kg/(m²·s)]	声速/(km/s)
空气	0.00043	0.34	—	—
水	1.48	1.48	—	—
油(SAE30)	1.5	1.7	—	—
铝	17.3	6.3	8.5	3.1
铁	45.4	5.9	25.0	3.2
铸铁	34.6	4.5	19.2	2.5
钢	46.0	5.9	25.3	3.23
302 不锈钢	45.5	5.56	25.0	3.12

1.7.5　几何效应

被检试件或构件的几何形状对波的传播有很大的影响,可以产生衍射、反射和折射等,并最终引起波的衰减或叠加。图 1.15 为小试件中的共振波形。

1.7.6　衰减

衰减就是声波的幅值随着离开声源距离的增加而减小。衰减控制了声源距离的可检测性。因此,对于声发射检测来说,它是确定传感器间距的关键因素。

引起波衰减的原因有很多种,尤其与决定波幅度的物理参数有关。引起波幅下降的衰减机制也有多种,但并非所有的衰减机制都引起能量的损失,某些衰减机制仅引起波的传播模式转变和能量的重新分布,并无实际的能量损失。下面是波传播的几种主要衰减因素。

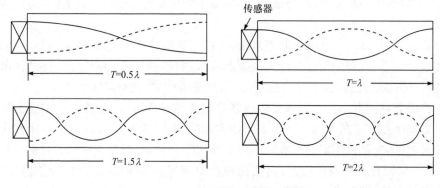

图 1.15　小试件中的共振波形

（1）几何衰减：当波由一个局域的源所产生时，波动将从源部位向所有的方向传播。即使在无损耗的介质中，整个波前的能量保持不变，但散布在整个波前球面上，随着波传播距离的增加，波的幅度必定下降。

（2）频散衰减：频散是在某些物理系统中波速随频率变化引起的一种现象。由于实际的声发射信号包括多种频率的分量，而板波的速度则与波的频率有关，波包中不同频率的分量在介质中将以不同的速度传播，因此随着波传播距离的增加，波包的幅度将下降。

（3）散射和衍射衰减：波在具有复杂边界或不连续（如空洞、裂纹、夹杂物等）的介质中传播将与这些几何不连续产生相互作用，导致散射和衍射现象。由于波的散射和衍射都能导致波幅下降（某些情况下增加），两种情况都可引起波的衰减。产生散射最常见的一个原因是某些材料中的不均匀晶粒。例如，粗晶结构的铸铁对 1MHz 以上频率范围的波产生明显的散射，由散射引起的衰减也是十分显著的。

（4）由能量损耗机制（内摩擦）引起的衰减：在上述讨论的波的衰减机制中，如果固体为弹性介质，所有波（原始波、反射波、散射波、衍射波、频散等）的总机械能保持不变。然而，在实际的介质中，波传播的总机械能不能保持不变，而是逐渐衰减的。由于热弹效应，机械能可以被转变为热能。如果应力超过介质的弹性极限，塑性变形也引起机械能的损失。裂纹扩展将波的机械能转换为新的表面能，波与介质中位错的相互作用也可引起能量的损失和衰减。塑性材料的黏性行为、界面之间的摩擦和复合材料中非完全结合的夹杂物或纤维都能引起波的能量损耗和衰减。磁弹相互作用、金属中的电子相互作用、顺磁电子或核子的自旋机制等都能引起波的能量损失和衰减。无论上述哪一种机制引起机械能的损耗，波的幅度都将随波通过介质中的传播而下降。

（5）其他因素：①相邻介质"泄漏"，即因波向相邻介质"泄漏"而造成波的幅度下降,如容器中的水介质;②障碍物,即容器上的接管、人孔等障碍物也可造成幅度下降。

实际结构中,波的衰减机制很复杂,难以用理论计算,只能用试验测得。例如,在被检件表面上,利用铅芯折断模拟源和声发射仪,按一定的间距测得幅度(dB)-距离(m)曲线。通常,随着频率的增加,内摩擦也增加,衰减加快。

传播衰减的大小关系到每个传感器可探测的距离范围,在源定位中成为确定传感器间距或工作频率的关键因素。在实际应用中,为减少衰减的影响而常采取的措施包括:降低传感器频率或减小传感器间距。例如,对复合材料的局部检测通常采用150kHz的高频传感器,而大面积检测则采用30kHz的低频传感器,对大型构件的整体检测,可相应增加传感器的数量。

1.8　凯塞效应和费利西蒂效应

1.8.1　凯塞效应

材料的受载历史,对重复加载声发射特性有重要影响。重复载荷到达原先所加最大载荷之前不产生明显的声发射信号,这种声发射不可逆现象称为凯塞效应。多数金属材料和岩石中,可观察到明显的凯塞效应。但是,重复加载前,如产生新裂纹或其他可逆声发射机制,则会违反凯塞效应。

凯塞效应在声发射检测技术中有着重要用途,包括:①在役构件的新生裂纹的定期过载声发射检测;②岩体等原先所受最大应力的推定;③疲劳裂纹起始与扩展声发射检测;④通过预载措施消除加载销孔的噪声干扰;⑤加载过程中常见的可逆性摩擦噪声的鉴别。

1.8.2　费利西蒂效应和费利西蒂比

材料重复加载时,重复载荷到达原先所加最大载荷之前即产生明显声发射信号的现象,称为费利西蒂(Felicity)效应,也可认为是反凯塞效应。重复加载时的声发射起始载荷(P_{AE})与原先所加最大载荷(P_{max})之比(P_{AE}/P_{max}),称为费利西蒂比。

费利西蒂比作为一种定量参数,较好地反映了材料中原先所受损伤或结构缺陷的严重程度,已成为缺陷严重性的重要评定判据。树脂基复合材料等黏弹性材料因具有应变对应力的滞后效应而使其应用更为有效。费利西蒂比大于1表示凯塞效应成立,而小于1则表示不成立。在一些复合材料构件中,将费利西蒂比小于0.95作为声发射源超标的重要判据。

1.9　声发射检测技术的特点

声发射检测方法在许多方面不同于其他常规无损检测方法,其优点主要表现为:

(1) 声发射是一种动态检验方法,声发射探测到的能量来自被测试物体本身,而不像超声或射线检测方法那样由无损检测仪器提供;

(2) 声发射检测方法对线性缺陷较为敏感,能探测到在外加结构应力下这些缺陷的活动情况,稳定的缺陷不产生声发射信号;

(3) 在一次试验过程中,声发射检测能够整体探测和评价整个结构中缺陷的活动状态;

(4) 声发射检测可提供缺陷随载荷、时间、温度等外参数变化的实时或连续信息,因而适用于工业过程在线监测及早期或临近破坏预报;

(5) 由于对被检件的接近要求不高,声发射检测适于其他方法难于或不能接近环境下的检测,如高低温、核辐射、易燃、易爆及极毒等环境;

(6) 对于在用机械设备的定期检验,声发射检测方法可以缩短设备的检验停产时间或者不需要停产;

(7) 对于新制造机械设备的验证性加载试验,声发射检测方法可以预防由未知不连续缺陷引起的机械设备构件的灾难性失效和限定设备的最高工作载荷;

(8) 由于对构件的几何形状不敏感,声发射适于检测其他无损检测方法因受到限制而无法检测的形状复杂构件。

声发射检测是一种动态检测方法,而且探测的是机械波,因此具有如下的局限性:

(1) 声发射特性对材料极为敏感,又易受到机电噪声的干扰,因而对数据的正确解释要有丰富的数据库和现场检测经验;

(2) 声发射检测需要进行适当的加载,多数情况下,可利用现成的加载条件,但有时还需要专门准备加载装置和工艺;

(3) 声发射检测一般只能给出声发射源的部位、活性和强度,不能给出声发射源内缺陷的性质和大小,仍需依赖于其他无损检测方法进行复检。

表 1.2 列出了声发射检测方法和其他常规无损检测方法的特点对比。

表 1.2　声发射检测方法和其他常规无损检测方法的特点对比

声发射检测方法	其他常规无损检测方法
缺陷的增长/活动	缺陷的存在
与作用应力有关	与缺陷的形状有关

续表

声发射检测方法	其他常规无损检测方法
对材料的敏感性较高	对材料的敏感性较低
对几何形状的敏感性较低	对几何形状的敏感性较高
需要接触或进入被检对象的要求较少	需要接触或进入被检对象的要求较多
可进行局部或整体监测	只能进行局部扫描
主要问题:噪声、数据解释	主要问题:接触、几何形状

1.10　本章小结

本章系统论述了人们经过 60 多年研究已取得的声发射技术的研究成果和目前的国内外研究进展,具体总结如下:

(1) 声发射的定义为材料中局域源能量快速释放而产生瞬态弹性波的现象,用仪器探测、记录、分析声发射信号和利用声发射信号推断声发射源的技术称为声发射技术,人们将声发射仪器形象地称为材料"听诊器"。

(2) 现代声发射技术的开始以 Kaiser 于 20 世纪 50 年代初在德国所做的研究工作为标志,经过 60 多年的研究,目前声发射技术已在国内外石油化工、电力、航空航天、交通运输、机械制造、建筑等行业得到广泛应用。

(3) 材料在应力作用下的变形与裂纹扩展,是主要的声发射源;近年来,流体泄漏、摩擦、撞击、燃烧等与变形和断裂机制无直接关系的另一类弹性波源,被称为其他或二次声发射源;声发射的能量一般由外加负载、相变潜热、外加磁场等提供。

(4) 材料内产生的声发射信号具有很宽的动态范围,其位移幅度可以从小于 10^{-15} m 到 10^{-9} m,达到 10^6 量级(120dB)的范围。另外,声发射信号的产生率也是变化无常的,所以目前人为地将声发射信号分为突发型和连续型。

(5) 声发射检测方法在许多方面不同于其他常规无损检测方法,其主要优点表现为:①声发射是一种动态检验方法,其探测到的能量来自被测试物体本身,而不像超声或射线检测方法那样由无损检测仪器提供;②声发射检测方法对线性缺陷较为敏感,能探测到在外加结构应力下这些缺陷的活动情况,稳定的缺陷不产生声发射信号;③在一次试验过程中,声发射检测能够整体探测和评价整个结构中缺陷的活动状态。

第 2 章　声发射检测仪器系统

2.1　声发射检测仪器概述

自 1965 年美国的 Dunegan 公司首次推出商业声发射仪器以来,声发射的硬件技术已经历了 50 年的发展。从具有代表性的技术更新来看,这 50 年来声发射仪器的发展主要分为三个阶段。

第一阶段为 1965~1983 年,是模拟式声发射仪器的时代。其中包括声发射传感器、前置放大器、模拟滤波技术以及硬件特征提取技术的完善与发展。然而,硬件技术本身存在缺陷,如:增益过大易于导致前置和后置放大器阻塞;模拟滤波难以剔除一些噪声信号;由于各个通道的信号采集、传递、计算、存储和显示都要占中央处理单元的时间,不但速度慢而且系统极易出现闭锁状态等。因此,该阶段声发射仪器的可靠性并不令人满意,这也使得该期间应用技术的发展也较缓慢。

第二阶段为 1983~1994 年,是半数字和半模拟式声发射仪的时代,以美国 PAC 于 1983 年开发的 SPARTAN-AT 和随后推出的 LOCAN-AT 系统为代表。该系统采用专用模块组合式,第一次应用多个微处理器组成系统,把采集功能和存储及计算功能相分离,并且利用 IEEE 488 标准总线和并行处理技术解决实时数据通信和数据处理。SPARTAN 仪器每两个通道形成一个单元,配有专用微处理器,形成独立通道控制单元(ICC),完成实时数据采集的任务;而将数据处理的任务比较合理地分配给一些并行的计算单元,使仪器的实时性得到增强。另外,由于主机采用 Z80 微处理计算机,使声发射检测信号的处理和数据分析功能得到大幅度提升。由此推动了声发射技术在许多工程领域的广泛应用。

第三阶段为 1994 年至今,以全数字化声发射仪器的问世为代表。全数字化声发射仪的主要特点是,由 AE 传感器接收到的声发射信号经过放大器放大后,直接经高速 A/D 转换器转换为数字信号,再采用专用数字硬件提取各种相应的参数特征量,而不像早期的模拟式声发射仪那样,经过一系列模拟、数字电路才能形成数字特征量。这种全数字化声发射仪的优点是,系统设计模块化、积木式并行结构,其基本单元由模拟波形数据的 A/D 转换和数字信号处理(DSP)或(和)可编程逻辑电路(FPGA)构成,用来提取声发射参数。全数字化声发射仪的另一个重要功能是能记录瞬态波形并进行波形分析和处理。这类数字仪器有很高的信噪比、良好的抗干扰性,且动态范围宽、可靠性高,不易受到温度等环境因素的影响。现阶段声发射仪的发展动向是全数字全波形声发射仪,其特点是硬件仅采集数字声发射信号波形,其他任务如参数产生、滤波甚至门限功能,都可实时或事后由软件完成。如果声发射技术走向以波形信号分析为主,全波形声发射仪将自然成为首选。

目前,声发射检测仪器按最终存储的数据方式可分为参数型、波形型及混合型。参数型声发射仪最终存储的是到达时间、幅度、计数、能量、上升时间、持续时间等声发射波形信号的特征参数数据,数据量小,数据通信和存储容易,但信息量相对波形数据少。波形型声发射仪最终存储的是声发射信号波形数据,数据量大,是特征参数数据的上千倍,信息丰富,对数据通信和存储要求高。图 2.1 是典型声发射仪器的功能框图。

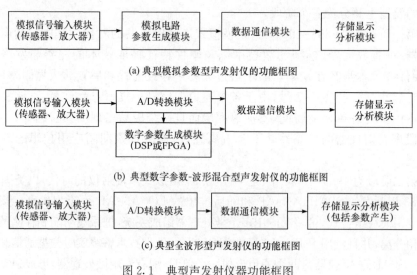

(a) 典型模拟参数型声发射仪的功能框图

(b) 典型数字参数-波形混合型声发射仪的功能框图

(c) 典型全波形型声发射仪的功能框图

图 2.1　典型声发射仪器功能框图

2.2　声发射信号的探测

固体介质中传播的声发射信号含有声发射源的特征信息,要利用这些信息反映材料特性或缺陷发展状态,就要在固体表面接收这种声发射信号。声发射信号是瞬变随机波信号,垂直位移极小,为 $10^{-14} \sim 10^{-7}$ m,频率分布在次声到超声频率范围(几赫兹到几十兆赫兹)。这就要求声发射检测仪器具有高响应速度、高灵敏度、高增益、宽动态范围、强阻塞恢复能力和频率检测窗口可以选择等性能。在实际的声发射检测过程中,检测到的信号往往是经过多次反射和波形变换的复杂信号。声发射信号由传感器接收并转换成电信号,传感器根据特定的校准方法给出频率-灵敏度曲线,据此可根据检测目的和环境选择不同类型、不同频率和灵敏度的传感器。

2.2.1 压电效应

在声发射检测过程中,使用的传感器通常是由基于压电效应的换能器组成。压电效应是可逆的,它是正压电效应和逆压电效应的总称。习惯上,把正压电效应称为压电效应。当某些电介质沿一定方向受外力作用而变形时,在相应的两个表面上产生正负异号电荷,当外力去掉后,又恢复到不带电的状态,这种现象就称为正压电效应。电介质受力所产生的电荷与外力的大小成正比,比例系数为压电常数,它与机械形变方向有关,对一定材料、一定方向则为常量。电介质受力产生电荷的极性取决于变形的形式(压缩或伸长)。

具有明显压电效应的材料称为压电材料,常用的有石英晶体、铌酸锂($LiNbO_3$)、镓酸锂($LiGaO_3$)和锗酸铋($Bi_{12}GeO_{20}$)等单晶和经极化处理后的多晶体,如钛酸钡压电陶瓷、锆钛酸铅系列压电陶瓷(PZT)。新型压电材料有高分子压电薄膜[如聚偏二氟乙烯(PVDF)]和压电半导体(如 ZnO、CdS)。单晶材料的压电效应是由于这些单晶受外应力时其内部晶格结构变形,使原来宏观表现的电中性状态被破坏而产生电极化。经极化(一定温度下加以强电场)处理后的压电陶瓷、高分子压电薄膜的压电性是电畴、电极偶子取向极化的结果。利用正压电效应制成的压电式传感器,将压力、振动、加速度等非电量转换成电量,从而可对其进行精密测量。

当在电介质的极化方向施加电场,某些电介质在一定的方向上将产生机械变形或机械应力,当外电场撤去后,变形或应力也随之消失,这种物理现象称为逆压电效应。利用逆压电效应可制成超声波发生器、压电扬声器、频率高度稳定的晶体振荡器(如每昼夜误差$<2\times10^{-5}$s 的石英钟、表)等。逆压电效应可用于产生模拟声发射信号。

由于压电转换元件具有自发电和可逆两种重要性能,加上它体积小、重量轻、结构简单、工作可靠、固有频率高、灵敏度和信噪比高等优点,压电式传感器的应用获得迅速的发展。在测试技术中,压电转换元件是一种典型的力敏元件,能测量最终可变换成力的物理量,如压力、加速度、机械冲击和振动等,因此在声学、力学、医学和宇航等广阔领域中都得到广泛应用。压电转换元件的主要缺点是无静态输出,要求有很高的电输出阻抗,需用低电容的低噪声电缆,很多压电材料的工作温度只有 250℃左右。

2.2.2 传感器

当前,由于电子技术、微电子技术、电子计算机技术的迅速发展,使电学量具有便于处理、便于测量等特点,因此传感器通常由敏感元件、转换元件和转换电路组成,输出电学量。这些元件的功能如下。

(1)敏感元件:直接感受被测量参数,并以确定关系输出某一物理量(包括电学量）。

（2）转换元件：将敏感元件输出的非电物理量，如位移、应变、应力、光强等转换成电学量（包括电路参数量、电压、电流等）。

（3）转换电路：将电路参数量（如电阻、电感、电容等）转换成便于测量的电参量，如电压、电流、频率等。

有些传感器只有敏感元件，如热电偶，它感受被测温差时直接输出电动势；有些传感器由敏感元件和转换元件组成，无需转换电路，如压电式加速度传感器；有些传感器由敏感元件和转换电路组成，如电容式位移传感器；有些传感器的转换元件不止一个，要经若干次转换才能输出电学量。

目前，由于空间限制或者技术原因，转换电路一般不与敏感元件、转换元件装在一个壳体内，而是装在电箱内。但不少传感器需通过转换电路才能输出便于测量的电学量，而转换电路的类型又与不同工作原理的传感器有关。因此，把转换电路作为传感器的组成环节之一。

传感器的种类繁多，应用极广。但为了满足各种参数的检测，除了需要研制新型敏感元件、增加元件品种以及改善性能之外，还需要采用正确的构成传感器的方法，即用敏感元件、转换元件、转换电路的不同组合方法，以达到检测各种参数的目的。下面主要介绍压电原理的声发射传感器。

1. 传感器的结构

声发射传感器一般由壳体、保护膜、压电元件、阻尼块、连接导线及高频插座组成。压电元件通常采用锆钛酸铅、钛酸钡和铌酸锂等。根据不同的检测目的和环境采用不同结构和性能的传感器。其中，谐振式高灵敏度传感器是声发射检测中使用最多的一种。单端谐振式传感器的结构简单，如图 2.2 所示。将压电元件的负电极面用导电胶粘贴在底座上，另一面焊出一根很细的引线与高频插座的芯线连接，外壳接地。

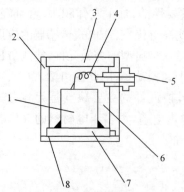

图 2.2　单端谐振式传感器
1-压电元件；2-壳；3-上盖；4-导线；
5-高频插座；6-吸声材料；
7-底座；8-保护膜

2. 传感器的转换系数和灵敏度

传感器的输入端作用是力、位移或者速度，输出则为电压。可以认为，力、位移或者速度转化为电压的整个系统为线性系统。在分析线性系统时，并不关心系统内部各种不同的结构情况，而是要研究激励与响应同系统本身特性之间的联系。一般的线性系统的激励与响应所满足的关系可以用图 2.3 来表示。

传感器输出 $u(t)$ 是电学量的电压标量,输入 $d(t)$ 可以是表面原子的位移、力学量的力矢量 $F(x,t)$、速度矢量 $V(x,t)$ 等。简化处理假定只有垂直分量作用在传感器上,这样就可以建立输入与输出两组标量之间的转换关系。

图 2.3　线性系统激励与响应示意图

传感器有一定的大小,作用在每一点上的力学量不同,而实际测出的是作用在作用面上的平均值。传感器的输入和它所在的位置有关,假定传感器所在区域的输入参量是均匀的,就可排除与位置的相关性。传感器的存在会改变所在部位的输入的大小,假定传感器的输入就是无传感器时的输入。传感器与标定试块的机械阻抗匹配影响传感器的标定结果,通常声发射传感器采用钢材来进行标定。

根据以上假定,传感器的灵敏度可以定义为

$$| T(\omega) | = \left| \frac{U(\omega)}{D(\omega)} \right| \qquad (2.1)$$

式中,T 为灵敏度,可用对数表示;ω 为频率;U 为传感器的输出电压;D 为单位时间表面原子的垂直位移分量或表面压力垂直分量。

3. 传感器的频率-灵敏度曲线和标定方法

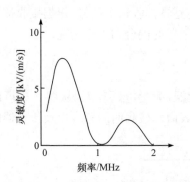

图 2.4　铌酸锂传感器的频率-灵敏度曲线

传感器可以根据特定的校准方法,给出频率-灵敏度曲线,据此可根据检测目的和环境选择不同类型、不同频率和灵敏度的传感器。图 2.4 给出了晶片厚度 d 为 7mm 的铌酸锂传感器的标定频率-灵敏度曲线。这条曲线是采用传感器接收表面单位时间产生的位移与产生的电压之比表示灵敏度的方法来测定的,在 0.4MHz 附近灵敏度最高,为 7.5kV/(m/s)。

在一般情况下,传感器的灵敏度要求不低于 0.5kV/(m/s)。由传感器接收到的信号转换为电信号后,由同轴屏蔽电缆馈送给前置放大器。在前置放大器中信号得到放大,提高信噪比。一般要求前置放大器具有 34~60dB 的增益,噪声电平不超过 5μV,并有比较大的输出动态范围和频率宽度。声发射源的物理变化过程引起具有不同幅度、波形和频率的声发射信号,声发射传感器应真实地检测出声发射源的所有信息,即传感器将检测到的信号转换为电信号时,应尽量地减少畸变。

传感器的标定方法因激励源和传播介质不同,可以组成多种多样的方法,但无论哪种方法,目前都没有被普遍承认。激励源可分为噪声源、连续波源和脉冲波源三种类型。属于噪声源的有氩气喷射、应力腐蚀和金镉合金相变等;连续波源可以由压电传感器、电磁超声传感器和磁致伸缩传感器等产生;脉冲波源可以由电火花、玻璃毛细管破裂、铅笔芯折断、落球和激光脉冲等产生。传播介质可以是钢、铝或其他材料的棒、板和块。

作为传感器标定的激励源,在测量的频率范围内,希望具有恒定的振幅。显然,没有一个模拟噪声源可以认为是真正的白噪声,提供一个振幅恒定的包括各种频率的单纯正弦连续波也是难以做到的。单脉冲函数 $\delta(t)$ 满足

$$G(\omega) = \int_{-\infty}^{\infty} \delta(t) \mathrm{e}^{-\mathrm{j}\omega t} \, \mathrm{d}t = 1 \tag{2.2}$$

可见,理想的激励源应该是 δ 源。

在脉冲源中,激光脉冲设备昂贵,限制了它的应用;玻璃毛细管很难做到壁厚均匀,在使用中难以获得良好的重复性;落球法获得的信号频率低;电火花法易受气候、湿度和其他因素影响;铅笔芯折断法易受操作人和材料表面条件影响。上述几种方法,都有学者进行了系统研究,最终发现铅笔芯折断源设备简单,容易携带,最适用于现场工程应用的传感器标定。

多通道声发射系统工程应用中还常用声发射传感器自身产生的声发射信号来进行传感器性能的简易标定。具体方法是,向系统中某声发射传感器输入电脉冲使其产生声信号并在应用对象中传播,其他传感器接收这个信号,根据接收信号的有无、幅度大小、波形频率特征等情况判断传感器的耦合和工作情况。

2.2.3　传感器的耦合和安装

声发射信号经传输介质、耦合介质、换能器、测量电路获取,从图 2.5 可以看出,影响信号接收的因素很多,因此在传感器表面和检测面的耦合以及传感器的安装等细节方面都需要严格要求。

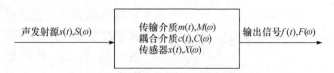

图 2.5　影响声发射信号接收的因素

1. 耦合剂

使用耦合剂的目的首先是充填接触面之间的微小空隙,不使这些空隙间的微量空气影响声波的穿透;其次是通过耦合剂的“过渡”作用,使传感器与检测面之间的声阻抗差减小,从而减小能量在此界面的反射损失;另外,还起到“润滑”作用,减小传感器面与检测面之间的摩擦。

耦合剂的好坏与得到的信号质量密切相关。质量不好的耦合剂可使声波能量损失较大,分辨力降低,甚至损坏传感器。耦合剂的性能要求如下:

(1) 声衰减系数小,透声良好;

(2) 声阻抗介于传感器的面材与检测面之间,匹配良好;

(3) 黏附力小,容易擦掉;

(4) 黏滞性适中,使用时不会流淌,又容易挤出;

(5) 保湿性适中,不容易干燥;

(6) 外观上色泽鲜明,透明度高,不含气泡;

(7) 均匀性好,不含颗粒或杂质,使用时不堵塞管口;

(8) 稳定性好,不变色、不改变黏稠度、不分层、不析出、不变质、不腐败;

(9) 不腐蚀或损坏传感器与被测试对象的表面。

声发射检测常用的耦合剂有真空脂、凡士林、黄油等材料。

2. 固定方法

传感器的固定方法主要包括机械固定、黏结固定和磁吸附固定。选择何种固定方法主要根据传感器的类型、待测面表面情况和对声发射信号的影响情况来决定。

3. 波导

有些情况不能将声发射传感器直接放在被测试对象的表面上,如高温、高压、低温、表面疏松等,而需要通过波导实现声连接,即通过波导接收声发射信号。常见的波导有金属棒或金属管组成的波导,一端固定(焊接或机械连接)在检测对象表面,另一端面上放置声发射传感器。

2.2.4　传感器的分类及用途

传感器是声发射检测系统的重要部分,是影响系统整体性能的关键因素。传感器设计不合理,可使实际接收到的信号和希望接收到的声发射信号有较大差别,直接影响采集到的数据真实度和数据处理结果。在声发射检测中,大多使用的是谐振式传感器和宽带响应的传感器。目前,常使用的声发射传感器的主要类型如下。

(1) 谐振式传感器:应用最多的一种高灵敏度传感器。

(2) 宽频带传感器:通常由多个不同厚度的压电元件组成,或采用凹球面形与楔形压电元件达到展宽频带的目的,但检测灵敏度比谐振式传感器会有所降低。

(3) 高温传感器:适用于 80~400℃的声发射检测,通常由铌酸锂或钛酸铅陶瓷制成。

（4）差动传感器：由两只正负极反接的压电元件组成，输出相应的差动信号，信号因叠加而增大，可提高检测信号的信噪比。

（5）其他传感器：微型传感器、磁吸附传感器、低频抑制传感器和电容式传感器等。

就声发射源定位而言，实际应用中大多遇到的是结构稳定的金属材料（如压力容器等），这类材料的声向各向异性较小，声波衰减系数也很小，声发射信号频率大多在 25～750kHz 范围内，因此选用谐振式传感器比较适合。

对于声发射信号参数采集技术，谐振式传感器的使用基于如下两个基本假设：

（1）声发射信号是阻尼正弦波；

（2）声波以某一固定的速度传播。

根据这一假设，对声发射信号参数（如上升时间、峰值幅度、持续时间等）测量，记录所得到的声发射特征是合理的。在传播特性上，上述假设意味着声发射信号在传播过程中除了单纯衰减以外，其声波形状是不变的。它是以不变的波形和不变的声速获取声发射信号参数的。

事实上，工程上大部分使用的构件是由厚度为 2～30mm 的板材组成的，在板材中（包括广泛使用的实验室试件），传输的声波都不是一个单一的传播模式，而是在每一种模式中包含不同波速传播的多种频率在内的多种波形模式，其在某一特定情况下，某种传播模式占优。

1. 谐振式传感器

在工程应用上，对于金属材料及其构件通常使用公称频率为 150kHz 的谐振式窄带传感器来测量声发射信号，采用计数、幅度、上升时间、持续时间、能量等这些传统的声发射参数。谐振式窄带传感器的灵敏度较高并且有很高的信噪比，价格便宜，规格多，尤其在已了解材料声发射源特性的情况下，可有针对性地选择合适型号的谐振式传感器以获取某一频带范围的声发射信号或提高系统灵敏度。应当指出，谐振式窄带传感器并不是只对某频率信号敏感，而是对某频带信号敏感，对其他频带信号灵敏度较低。图 2.6 为声华 SR150M 型谐振式传感器的幅度灵敏度曲线。

2. 宽带传感器

在与源有关的力学机理尚不清楚的情况下，用谐振式传感器测量声发射信号有其局限性。为了测量到更加接近真实的声发射信号以研究声源特性，就需要使用宽带传感器来获取更宽频率范围的信号。宽带传感器的主要特点是采集到的声发射信号丰富、全面，当然其中也包含着噪声信号；该传感器为宽带、高保真位移或速度传感器以便捕捉到真实的波形。图 2.7 为声华 WG50 型宽带传感器的幅度灵敏度曲线。

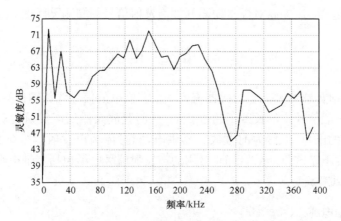

图 2.6　声华 SR150M 型谐振式传感器的幅度灵敏度曲线

0dB 定义为 1V/(m/s)

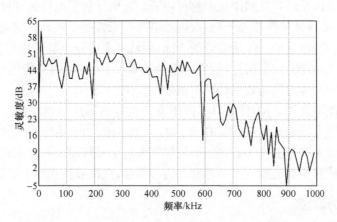

图 2.7　声华 WG50 型宽带传感器的幅度灵敏度曲线

0dB 定义为 1V/(m/s)

3. 传感器的选择

在进行声发射试验或检测时,选择合适传感器的原则主要有两个,一是根据试验或检测目的,二是根据被测声发射信号的特征。对于不了解材料或构件声发射特性的声发射试验,应选择宽带传感器,以获得试验对象的声发射信号特征,包括频率范围和声发射信号参数范围,同时获得试验过程中可能出现的非相关声发射信号的特征。对于已知材料或构件声发射信号特征的声发射试验或检测,可以根据试验或检测目的,选择谐振式传感器,增加感兴趣的声发射信号的灵敏度,抑制其他非相关声发射信号的干扰。例如,钢材中焊接缺陷开裂产生的声发射信号频率范围为 90～300kHz,钢质压力容器的声发射检测一般采用中心频率为 150kHz

的谐振式传感器,以提高对焊接缺陷开裂声发射信号的探测灵敏度。

2.3　信　号　电　缆

从声发射传感器到前置放大器需要一个非供电的信号线传输传感器探测的声发射信号,一般信号线的长度不超过 2m。从前置放大器到声发射检测仪主机,需要一个较长的电缆,不仅为前置放大器供电,同时传输声发射信号到声发射仪主机,一般长度不超过 300m。目前,常用的声发射信号电缆包括同轴电缆、双绞线电缆和光导纤维电缆。

2.3.1　同轴电缆

同轴电缆是由一根空心的外圆柱导体和一根位于中心轴线的内导线组成,内导线和圆柱导体及外界之间用绝缘材料隔开。金属屏蔽层能将磁场反射回中心导体,同时使中心导体免受外界干扰,故同轴电缆比双绞线电缆具有更高的带宽和更好的噪声抑制特性。根据传输频带的不同,同轴电缆可分为基带和宽带两种类型。基带同轴电缆只传输数字信号,信号占整个信道,同一时间内只能传送一种信号;宽带同轴电缆可传送不同频率的模拟信号。

同轴电缆的这种结构,使其具有高带宽和极好的噪声抑制特性。声发射仪器中使用的同轴电缆为高质量的 75Ω 或 50Ω 同轴电缆,用于传感器与前置放大器之间以及前置放大器与主放大器之间的模拟声发射信号传输。有时采用耐高温的同轴电缆用于传感器与前置放大器之间的信号传输,抵抗被测物体上的高温。

2.3.2　双绞线电缆

双绞线电缆(TP)是将一对以上的双绞线封装在一个绝缘外套中,为了降低信号的干扰程度,电缆中的每一对双绞线一般是由两根绝缘铜导线相互扭绕而成,典型直径为 1mm。双绞线电缆分为非屏蔽双绞线电缆(UTP)和屏蔽双绞线电缆(STP)两种。目前,市面上出售的 UTP 分为 3 类、4 类、5 类和超 5 类四种;3 类双绞线传输速率支持 10Mbit/s,外层保护胶皮较薄,皮上注有"cat3";4 类双绞线在网络中不常用;5 类双绞线传输速率支持 10Mbit/s 或 100Mbit/s,外层保护胶皮较厚,皮上注有"cat5";超 5 类双绞线在传送信号时比 5 类双绞线的衰减更小、抗干扰能力更强,在 100Mbit/s 网络中,受干扰程度只有 5 类双绞线的 1/4。屏蔽式双绞线具有一个金属甲套,对电磁干扰具有较强的抵抗能力。声发射仪器中仅用双绞线电缆传输数字信号,如采用前端数字化的声发射检测系统。

2.3.3　光导纤维电缆

光导纤维电缆是由一组光导纤维组成的、用来传播光束的、细小而柔韧的传输介质。应用光学原理，先由光发射机产生光束，将电信号变为光信号，再把光信号导入光纤，在另一端由光接收机接收光纤上传来的光信号，并把它变为电信号，经解码后再处理。与其他传输介质比较，光纤的电磁绝缘性能好、信号衰减小、频带宽、传输速率快、传输距离大。由于光纤传输相对同轴电缆结构复杂，两端需要光电编码器和解码器，目前应用较少，主要用于传输距离大于 300m 的声发射检测或监测应用。

2.3.4　电缆中的噪声问题

电子设备中噪声包括两大类，一类为来自信号电缆和电源电缆上产生的传导噪声，另一类为空间辐射的辐射噪声。这两大类又分别分为共模噪声和差模噪声两种。差模传导噪声是由电子设备内噪声电压产生的与电源电流或信号电流相同路径的噪声电流。减小这种噪声的方法是在电源线和信号线上串联电感（差模扼流圈）、并联电容或用电感和电容组成低通滤波器，减小高频的噪声。共模传导噪声是在设备内噪声电压的驱动下，经过设备与地之间的寄生电容，在电缆与地之间流动的噪声电流。减小这种噪声的方法是在电源线或信号线中串联电感（共模扼流圈）、在导线与地之间并联电容器、使用 LC 滤波器。共模辐射噪声是由于电缆端口上有共模电压，在这个共模电压的驱动下，从电缆到地之间有共模电流流动而产生的。辐射的电场强度与观测点到电缆的距离成反比，当电缆长度比电流的波长短时，辐射的电场强度与电缆的长度和频率成正比。减小这种辐射的方法包括通过在线路板上使用地线网格或地线面降低地线阻抗，在电缆的端口处使用共模扼流圈或 LC 低通滤波器。另外，尽量缩短电缆的长度和使用屏蔽电缆也能减小辐射。

2.3.5　阻抗匹配

阻抗匹配是指负载阻抗与激励源内部阻抗互相适配，得到最大功率输出的一种工作状态。对于不同特性的电路，匹配条件是不同的。在纯电阻电路中，当负载电阻等于激励源内阻时，输出功率最大，这种工作状态称为匹配，否则称为失配。

在声发射检测仪器系统中，传感器、前置放大器、仪器主机、信号传输电缆之间都应考虑阻抗匹配问题，大多标准规定阻抗匹配条件为 50Ω。

2.3.6　接头

同轴电缆两端通常采用 BNC 接头连接，BNC 接头由 BNC 接头本体、屏蔽金属套筒、芯线插针三件组成。在进行声发射检测过程中，应注意保护 BNC 接头不变形或损坏。

2.4　信　号　调　理

2.4.1　前置放大器

传感器输出的信号电压有时低至微伏数量级，这样微弱的信号，若经过长距离的传输，信噪比必然要降低。因此，靠近传感器设置前置放大器，将信号放大到一定程度，再经过高频同轴电缆传输到信号处理单元。常用增益有 34dB、40dB 和 60dB 三种。前置放大器的输入是传感器输出的模拟信号，输出是放大后的模拟信号，前置放大器内部为模拟电路。前置放大器的参数主要包括放大倍数、带宽和输入噪声三个指标。

传感器的输出阻抗比较高，前置放大器需要具有阻抗匹配和变换的功能。有时传感器的输出信号过大，要求前置放大器具有抗电冲击的保护能力和阻塞现象的恢复能力，并且具有比较大的输出动态范围。前置放大器的一个主要技术指标是输入噪声电平，一般应小于 $5\mu V$。有些特殊用途的前置放大器，输入噪声电平应小于 $2\mu V$。对于单端传感器要配用单端输入前置放大器，对于差动传感器要配用差动输入前置放大器，后者比前者具有一定的抗共模干扰能力。

前置放大器一般采用宽频带放大电路。频带宽度可以在 $50\text{kHz}\sim 2\text{MHz}$ 范围内，在通频带内增益的变动量不超过 3dB。使用这种前置放大器时，往往插入高通或者带通滤波器抑制噪声。这种电路结构的前置放大器适应性强，应用较普遍。但也有采用调谐或电荷放大电路结构的前置放大器。

在声发射系统中，前置放大器占有重要的地位，整个系统的噪声由前置放大器的性能决定。前置放大器在整个系统中的作用就是要提高信噪比，要有高增益和低噪声的性能。除此以外，还要具有调节方便、一致性好和体积小等优点。此外，由于声发射检测通常在较强的机械噪声（频带通常低于 50kHz）、液体噪声（通常在 $100\text{kHz}\sim 1\text{MHz}$）和电气噪声等环境中进行，因此前置放大器还应具有一定的抗干扰能力和排除噪声的能力。

前置放大器主要由输入级放大电路、中间级放大电路、滤波电路、输出级放大电路组成。输入级放大电路是控制噪声的关键部分，最好选用超低噪声的宽带集成放大器；中间级放大电路的主要作用是提高放大倍数，采用宽带、高增益、低噪声运算放大器，主要问题是如何防止和消除自激；滤波电路的作用是有效监测我们所关心的声发射信号；输出级放大电路要选择低输出阻抗的运算放大器，以便提高带负载能力。

前置放大器也可与传感器组成一体化的带前置放大器的传感器，即将前置放大器置入传感器外壳内,通常需要设计体积小的前置放大器电路。

2.4.2　主放大器

　　声发射信号经前置放大器前级放大后传输到仪器主机,首先需采用主放大器对其进行二级放大以提高系统的动态范围。主放大器的输入是前置放大器输出的模拟信号,输出是放大后的模拟信号,因此主放大器是模拟电路。

　　主放大器需具有一定的增益,与前置放大器一样,要具有 50kHz 到 1MHz(或2MHz)的频带宽度,在频带宽度范围内增益变化量不超过 3dB。另外,还要具有一定的负载能力和较大的动态范围。

　　通常,主放大器提供给前置放大器直流工作电源,交流声发射信号经隔直流处理后再进入主放大器进行放大。为了更好地适用于不同幅度、不同频带的声发射信号,主放大器往往具有放大倍数调整、频带范围调节等功能。

2.4.3　滤波器

　　在声发射检测工作中,为了避免噪声的影响,在整个电路系统的适当位置(如在主放大器之前)插入滤波器,用以选择合适的"频率窗口"。滤波器的工作频率是根据环境噪声(多数低于 50kHz)及材料本身声发射信号的频率特性来确定,通常在 60～500kHz 范围内选择。若采用带通滤波器在确定工作频率 f 后,需要确定频率窗口的宽度,即相对宽度 $\Delta f/f$。若 $\Delta f/f$ 太宽,易于引入外界噪声,失去了滤波作用;若 $\Delta f/f$ 太窄,检测到的声发射信号太少,降低了检测灵敏度。因此,一般采用 $\Delta f=0.1f～0.2f$。此外,在确定滤波器的工作频率时,应注意滤波器的通频带要与传感器的谐振频率相匹配。滤波器可采用有源滤波器,也可采用无源滤波器,一般都要求衰减大于每倍频程 24dB。

　　另外,也可采用软件数字滤波器进行信号滤波。软件数字滤波器的特点是设置使用灵活方便且功能强大,但由于要求信号波形数字化,有时会导致数据量过大,对仪器硬件能力要求较高。

2.4.4　门限比较器

　　为了剔除背景噪声,设置适当的阈值电压,也称为门限电压。低于所设置门限电压的噪声被剔出,高于该门限电压的信号则通过。门限比较器就是将输入声发射信号与设置的门限电压进行比较,高则通过、低则滤掉。较早期的声发射仪通常是在模拟电路中设置门限比较器硬件电路,目前的数字化声发射仪在数字电路中实现门限比较。

　　门限测量单元通常由声发射信号输入、门限电平产生、门限比较器及信号输出四部分组成,其中主要部分为门限电平产生和门限比较器。

门限电压可以分为固定门限电压和浮动门限电压两种。对于固定门限电压，可在一定信号水平范围内连续调整或者断续调整，可采用 D/A 转换器件产生需要的门限电压。早期的门限比较器电路采用施密特触发电路，由于电子器件集成化的发展，目前多采用电压比较器电路。

浮动门限电压随背景噪声的高低而浮动，如图 2.8 所示。采用浮动门限能够最大限度地采集真正有用的声发射信号，基本上不受噪声起伏的影响。此外，也可以采用浮动门限电压表示连续型声发射信号的大小，观察其活动随时间的变化规律。

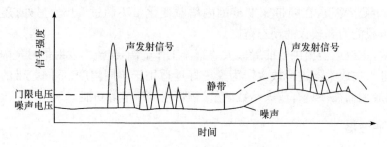

图 2.8　浮动门限电压随噪声电压的变化

图 2.9 为浮动门限电路工作原理图，它由一个噪声电压检波器、无倒向电压相加器和一个门限比较器组成。主放大器输出包括声发射信号和背景噪声信号，噪声电压检波器检出噪声电压包络信号，这个信号与一个可控制的门限电压在无倒向电压相加器中相加，其输出就是浮动门限电压，将其作为参考电压输入门限比较器，与主放大器的输出信号比较，若主放大器的输出信号高于浮动门限电压，比较器就有信号输出，反之则没有。

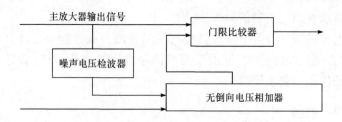

图 2.9　浮动门限电路方框图

2.5　声发射检测系统

2.5.1　单通道声发射检测仪

单通道声发射检测仪一般采用一体化结构，主要用于不需要定位的承压设备泄漏检测和动设备的故障诊断等。早期的模拟参数声发射仪由传感器、前置放大器、衰减器、主放大器、门限电路、声发射率计数器、总数计数器以及模数转换器组成，仪器显示和输出的声发射信号参数较少，一般为计数、能量和幅度等参数。目前，市面上销售的全部为数字化单通道声发射仪，可实现多个声发射信号参数的显示和输出，有些仪器也可实现声发射信号的波形采集、存储、分析及显示。

　　图 2.10 为声发射课题参加单位声华兴业公司研制的 SPAES 便携式单通道声发射检测仪，其主要功能如下。

　　(1) 连续实时硬件声发射参数提取及信号处理。

　　(2) 电池供电，单手持握，可移动检测。

　　(3) 仪器内置前置放大器，也可选择外接前置放大器，仪器可为前置放大器供电。

　　(4) 数字滤波器可任意设置，可与模拟滤波联合使用，滤波可累加增强滤波效果。

　　(5) 触摸屏操作，显示内容丰富清楚，操作简易。

　　(6) 外壳及插接口坚固、防水，适用于野外快速高效的检测。

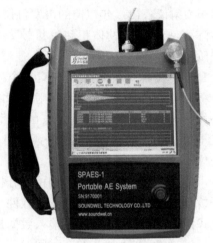

图 2.10　SPAES 声发射检测仪

　　(7) 可实时显示参数表、波形图、FFT 频谱图、相关图。

　　(8) 专用阀门泄漏检测功能，用户可自行选择使用 ASL 及 RMS 作为判定泄漏检测的相关参数，设定判定标准，可判定不同的泄漏量状况。

　　(9) 专用传动故障诊断功能，用户可自选参数种类，设定判定标准，快速诊断不同级别的传动故障情况。

　　(10) 数据可导出到计算机，使用其他软件做进一步分析。

SPAES 便携式单通道声发射检测仪的基本技术参数如下。

　　(1) 采样率/采样精度：10MHz/16 位。

　　(2) 信号带宽：1kHz～1MHz。

　　(3) 采样长度：最大 4k 采样点。

　　(4) 动态范围：70dB(内置前置放大器)。

　　(5) 模拟滤波器：3 个高通、3 个低通滤波器，通过软件选择各种组合。

　　(6) 内置前置放大器：26dB。

　　(7) 外接参量：1 通道，16 位采样精度，±10V 输入范围。

　　(8) 数据通信接口：USB 2.0 接口。

　　(9) 显示屏：彩色触摸 LCD 屏，5.7″，640×480 像素。

（10）电池容量:连续工作 8h。

（11）工作温度:－5～45℃。

（12）主机质量:≤1.13kg(带电池)。

2.5.2　多通道声发射检测系统

为了对大型结构进行一次性加载检测和确定声发射源位置,人们开发出多通道声发射仪。1983 年以前的声发射仪最多可达 36 通道,每 4 个通道形成一个定位阵列,检测仪器的体积和重量较大,不便于进行现场检测。1983～1994 年第二阶段的声发射仪,最多可达 64 通道,仪器体积和重量减小,两个人即可轻易移动和安装仪器,而且可实现任意三个或四个通道之间的面定位,可进行实时信号分析和显示,从而推动了声发射技术在现场的各种工程应用。1994 年以后,各公司推出的全数字化声发射仪的体积更小、重量更轻,一个人可轻松携带一台32 通道的声发射仪,仪器通道最多可达 256 通道,进一步推动了声发射技术的推广应用。

多通道声发射检测系统的检测分析软件按数据类型可分为:基于参数数据的分析软件和基于波形数据的分析软件。按分析内容可分为:特征分析、定位分析和模式识别。参数分析软件的输入数据是参数,其特征分析主要是各种参数关联图分析,如幅度分布、撞击数在时间的分布等。定位分析有多种不同的定位方法,如线性定位、平面定位、三维定位、三角形定位、矩形定位、区域定位等。模式识别有两大类:有教师训练和无教师训练。波形分析软件的输入数据是波形数据,其特征分析主要是各种波形数据的时域和频域分析,如小波分析、频谱分析等。由于波形数据可以产生参数数据,并可任意设置产生参数的条件,如门限电压、撞击定义时间等,甚至设计新的参数,因此波形分析软件可以包括所有参数分析的功能,并具有更大的灵活性。

下面主要介绍本课题组最近十年内开发的几种典型的声发射检测仪器系统。

1. SAEU2S 集中式多通道声发射检测系统的开发

图 2.11 为 SAEU2S 集中式多通道声发射检测系统示意图。该系统由传感器、前置放大器、主机和安装有采集分析软件的计算机等四个主要部分组成。主机中集成多个采集卡,每个采集卡有两个独立通道,根据采样率、精度的不同,有40MHz/18 位、20MHz/18 位、10MHz/16 位、5MHz/16 位、3MHz/16 位五种型号可供用户选择。采集分析软件可安装在任何型号的计算机上。声发射系统主机与计算机有多种通信方式可供选择,最常用的为 USB 2.0/3.0 接口直接连接,采用USB 延长线接口,可使计算机与声发射主机的最大距离为 100m;采用 WiFi 无线网或通过光纤可延长声发射检测仪主机与计算机的距离至 40km 以上;采用互联

网方式,客户端计算机可通过互联网控制世界各地的远程服务端计算机与声发射检测仪主机。

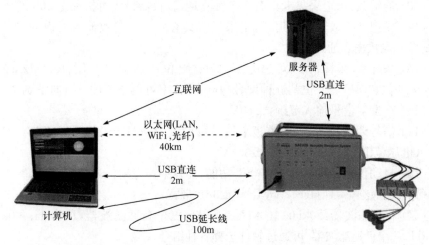

图 2.11　SAEU2S 集中式多通道声发射检测系统

SAEU2S 集中式多通道声发射检测系统的主要技术指标如下。

(1) 数据通信:声发射仪主机与计算机通信可选择 USB 2.0 接口、100m USB 延长线、WiFi、LAN、光纤、互联网等多种连接方式。

(2) 主机联用:可自行设置每个机箱的主板编号,多主机可级联组成联合系统,每个主机也可单独使用。

(3) 仪器架构:声发射仪主机与计算机分离,可相距 100km 以上,并可随时更换高性能计算机来提高系统的整体性能。

(4) 采集卡控制:采集卡插入仪器专用集中主板,通过主板实现对各个采集卡的控制及时间同步。

(5) 声发射信号处理:每个采集卡硬件具有声发射特征参数实时提取功能,波形与参数可分别设置触发门限。

(6) 参数通过率:实时连续声发射特征参数数据通过率大于 40 万组/s(USB)。

(7) 波形通过率:实时连续声发射波形数据通过率大于 30MB/s(USB)。

(8) 硬件实时数字滤波器:1kHz～3MHz 频率范围内任意设置直通、高通、低通、带通及带阻。每个通道连续信号经数字滤波后波形重构,以重构后的波形产生声发射参数。

(9) 硬件实时 FFT 分析:采集卡可直接实现连续信号 FFT 频域波形及功率谱参数输出。

(10) 波形采样长度:最大单个波形采样长度,每通道可同时达 128k 采样点。

(11) 波形前/后采集功能:触发前预采集长度可达 128k 采样点。

（12）连续波形功能：可确保 5MHz 采样率、16 位精度、2 通道连续波形 24h 不间断采集和上传。

（13）通道数：每个采集卡具有 2 个独立通道，仪器最大可扩展至 200 通道。

（14）模拟外参数输入通道：每个采集卡具有 4 个外参数输入通道，仪器可支持 12 个外参数输入通道。

（15）采样率/采样精度：可选配 40MHz/18 位、20MHz/18 位、10MHz/16 位、5MHz/16 位、3MHz/16 位共五种型号，其中采样率可通过软件自行向下调整。

（16）声发射信号输入范围：±10V。

（17）信号调理器：每一通道板卡增益可设置为 0dB、−6dB、−9.5dB，对应信号输入电压范围为 ±10V、±5V、±3.3V。

（18）自动传感器测试：内置 AST 功能，能发射声发射信号用于测试。

（19）响应频率：1kHz～2.5MHz（±3dB 带宽）。

（20）模拟滤波器：20kHz、100kHz、400kHz 三个高通滤波器，100kHz、400kHz、1200kHz 三个低通滤波器，可通过软件选择各种组合。

（21）主机噪声：＜10dB（空载）。

（22）最大信号幅度：100dB（使用 40dB 前置放大器）。

（23）动态范围：90dB。

（24）声发射特征参数：过门限到达时间、峰值到达时间、幅度、振铃计数、持续时间、能量、上升计数、上升时间、有效值 RMS、平均值 ASL、12 个外参、质心频率、峰值频率、5 个局部功率谱。

（25）外参数采样精度：12 位/16 位可选。

（26）外参数采样率：每秒 32k 采样点。

（27）外参数输入范围：±10V，可通过软件变换为信号源的物理单位。

（28）报警输出：主机以开关量方式输出报警控制信号。

（29）工作温度：−10～45℃。

SAEU2S 集中式多通道声发射检测系统检测分析软件的主要功能如下。

（1）运行条件：支持 64 位 Windows 7 及 Windows 8 等最新版本操作系统；可同时安装多台计算机使用，不限制用户数量，便于多人同时事后分析、共同研究。

（2）信号采集卡硬件设置：可任意启用、关闭每个声发射采集卡；可任意设置采样率、采样长度等波形生成条件；可任意设置参数间隔（HDT）、锁闭时间（HLT）、峰值间隔（PDT）等参数生成条件；每一通道可单独设置波形触发门限、参数触发门限、模拟滤波器、板卡增益、前置放大器增益、主放大器增益、波形前/后采集长度等；数字滤波器可任意设置频率窗口，任选带通、带阻、高通、低通等滤波方式；可快速组合模拟滤波器，每个通道可单独设置不同的波段，数字滤波器与模拟滤波器可联合使用，滤波阻带衰减可累加增强滤波效果。

（3）数据采集功能：实时声发射参数、波形采集及外参数输入采集的数据可同步分析、显示与存储；采集设置及视图设置可存储，方便回放分析调用；波形与参数数据独立保存，便于单独回放分析；采集过程可实时做参数滤波。

（4）参数分析与显示功能：可同时建立多个视图组，每个视图组可显示多个视图，一组数据可实时在所有视图组的视图中同步显示分析结果；绘制声发射参数相关图，两个数轴可任意选择不同参数，多种统计模式可选，Y 轴可选多个变量；可针对关注的参数找到对应的波形；数据回放时可做事后滤波设置，参数滤波功能可任选参数做依据，滤波条件可任意设置，可选多重条件做多重滤波。图 2.12 为典型数据采集和参数分析软件界面。

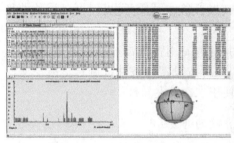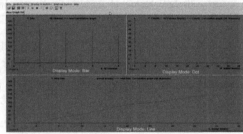

图 2.12　典型数据采集和参数分析软件界面

（5）定位功能：能进行线性、平面、柱面、球面、立方体定位、柱体定位及罐底板定位；不同定位计算可同时进行，可任意选择通道参与所需的定位计算；定位图中，传感器既可自动布置也可手动布置，简单灵活；可自定义传感器分组，每组最多可使用 8 个，实现多传感器复合定位；可对定位区进行活度分析，找出每个定位点对应的参数；定位校准功能可通过拟合实际声源坐标与检测定位点坐标来调整声速。图 2.13 为典型定位分析软件界面。

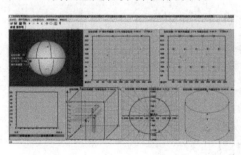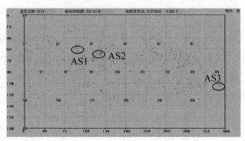

图 2.13　典型定位分析软件界面

（6）波形分析功能：波形回放可做 FFT 分析和小波分析；事后数字滤波器可对波形回放做滤波后再分析；可使用时域波形、频域波形及参数做神经网络模式识别。图 2.14 为典型波形分析软件界面。

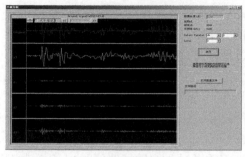
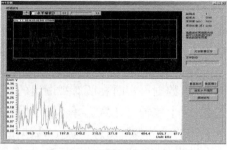

(a) 信号原始波形　　　　　　　　　　　(b) 傅里叶变换

图 2.14　典型波形分析软件界面

（7）报警功能：可任选参数做报警依据，报警条件可任意设置，可多重条件复合报警。

（8）二次开发功能：可为用户定制专用功能、专用特征参数；数据格式可转化为 txt、excel 格式等输出，可只转化当前帧，也可按设定的条件批量转化整个文件或多个文件；可提供驱动及动态库给用户，便于二次开发软件。

2. SAEW2 分布式多通道声发射检测系统的开发

SAEW2 分布式多通道声发射检测系统是由多个独立的声发射信号采集器通过有线及无线网络交换机及远程 WiFi 或 LAN 与计算机建立通信连接，组成一个多通道声发射检测系统。该系统的组网方式有多种选择，除选择纯无线方式组成采集系统连接设备外，也可以采用有线以太网来连接设备，必要时还可以采用有线与无线并用的混合组网方式来连接设备。按照计算机软件设置的条件对声发射数据进行采集，将数据传输至远程监控的终端计算机，每个采集器之间的数据时间同步通过接收 GPS 时间来实现。图 2.15 为 SAEW2 分布式多通道声发射检测系统结构图。

SAEW2 分布式多通道声发射检测系统与 SAEU2S 集中式多通道声发射检测系统使用相同的检测分析软件，基本技术参数如下。

（1）通道数：每个采集器有声发射、外参数各 1 个通道，仪器最大支持 64 通道数联用。

（2）时钟同步精度：$30\mu s$。

（3）无线通信协议：WiFi 802.11b/g（采集器）、802.11n（远程 WiFi 模块）。

（4）数据通过率：2MB/s 或 3 万个参数/s。

（5）无线传输距离：200m（采集器）、10000m（远程 WiFi 模块）。

（6）声发射信号处理：采集器硬件具有声发射特征参数实时提取功能。

（7）波形功能：实时上传声发射波形，单独设置波形门限，采样长度 4k 采样点。

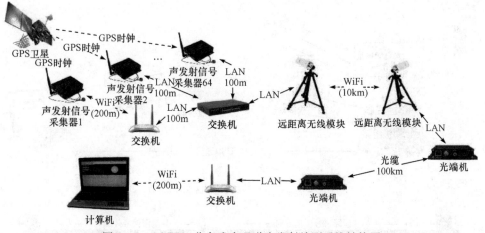

图 2.15　SAEW2 分布式多通道声发射检测系统结构图

（8）声发射响应频率：1kHz～1.6MHz。

（9）采样率/采样精度：可选配 10MHz/16 位、5MHz/16 位、3MHz/16 位。

（10）信号动态范围：≥70dB。

（11）系统噪声：≤30dB。

（12）内置前置放大器：40dB。

（13）硬件数字滤波器：1kHz～3MHz 频率范围内任意设置直通、高通、低通、带通及带阻。

（14）模拟滤波器：低通（100kHz、400kHz、1200kHz）、高通（20kHz、100kHz、400kHz）。

（15）声发射信号输入范围：±100mV。

（16）外参数输入范围：±10V。

（17）采集器外形尺寸：170mm×120mm×40mm。

（18）采集器质量：0.6kg。

（19）工作温度：－10～45℃。

3. PLDL 系列管道泄漏检测定位系统的开发

　　管道内高压介质泄漏喷出时，会与泄漏口处摩擦产生声信号并沿管道向两边传播，PLDL 利用布置在泄漏点两侧的传感器探测这种声信号，在对信号进行小波、数字滤波等处理后做相关分析，得到泄漏源的精确位置和泄漏当量等源特征信息。PLDL 适用于压力管道泄漏检测定位、阀门泄漏渗漏检测等，特别是针对埋地管道，可避免盲目开挖。管壁材质可以为金属、塑料等，管道内介质可以为液体、气体、气液混合体。PLDL 系列管道泄漏检测定位系统具备现场无线实时检测定位、无人值守自动定时检测、远程遥控监测等功能。图 2.16 为 PLDL 系列管道泄漏检测定位系统结构图。

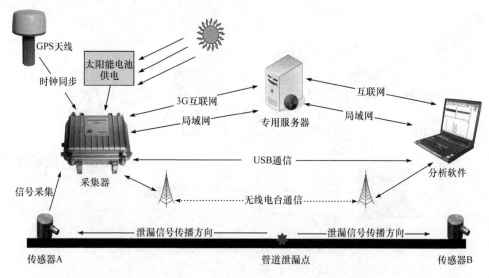

图 2.16　PLDL 系列管道泄漏检测定位系统结构图

PLDL 系列管道泄漏检测定位系统分为 PLDL-1 离线型、PLDL-2 无线数传电台型和 PLDL-3 网络遥测型三种。PLDL-1 离线型采用 GPS 授时技术确保不同采集器之间的时间同步，实现离线声源定位，定位精度高；采用高速高精度数据采集分析，有效采集宽带频谱信号；适用于气体、液体介质，金属、塑料各种材质管道的泄漏检测；采集器通过 USB 接口与计算机上的分析软件通信；采集器采用大容量锂电池，金属外壳，防水防尘，适合恶劣环境使用。PLDL-2 无线数传电台型除具有 PLDL-1 全部功能外，还利用无线数传电台与采集器进行通信；采用无线通信可进行实时数据采集、实时数据分析和泄漏检测定位；除 GPS 授时同步外，也可利用电台同步，适用于没有 GPS 信号的场合。PLDL-3 网络遥测型在 PLDL-1 全部功能基础上，还增加了远程网络功能；根据用户的组网需要选择局域网或互联网连接采集器，连接方式可是 3G、WiFi 或 LAN 等；可通过局域网或互联网服务器来设置采集器，上传采集的信号数据；可通过客户端与局域网或互联网服务器通信，上传对采集模块的设置，提取采集到的信号数据，实现网络遥控设置、数据采集及泄漏检测定位。

PLDL 系列管道泄漏检测定位系统信号采集与处理分析功能强大，可通过 USB 接口、无线数传电台、网络（局域网/互联网）三种通信方式，实现对采集器的查询/设置/数据上传等功能；可查询采集器的 ID 号、电池剩余容量、GPS 信号接收状态等工作状态；可设置采集器的采样时间、采样次数、采样间隔、采样率、增益、采样长度；具有实时采样上传波形功能，可通过实时数据分析进行泄漏检测定位，也可为定时采样设置条件提供依据；可任意设置数字滤波器，对信号滤波消除干扰噪声后再做相关定位分析；可对泄漏信号做傅里叶变换进行频谱分析；可对泄漏信号做小波分析，可任意选择不同频段的小波作相关定位分析；根据设定的概率门限等条件，可通过相关分析结果给出具体的泄漏位置；可通过批量数据相关分析，排除偶然误差，提高泄漏点定位准确性。图 2.17 为 PLDL 系列管道泄漏检测定位系统典型采集分析软件界面。

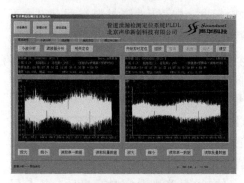
(a) 信号实时采集与数据读取

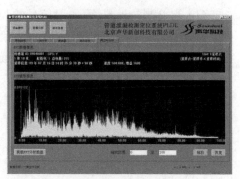
(b) 傅里叶变换与频谱分析

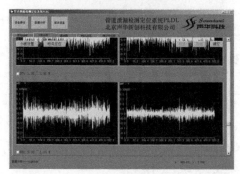
(c) 小波分析

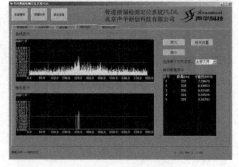
(d) 相关分析判定泄漏点位置

图 2.17　PLDL 系列管道泄漏检测定位系统典型采集分析软件界面

PLDL 系列管道泄漏检测定位系统的主要技术参数如下。

(1) 单组采集器检测范围：10～1000m。

(2) 可检出最小泄漏点直径：≤1mm。

(3) 采样精度：12 位。

(4) 最大采样率：每秒 500k 采样点。

(5) 信号增益：1～6400 倍分挡可调。

(6) 带宽：200Hz～200kHz。

(7) 采集器存储容量：128MB。

2.6 选择检测仪器需考虑的因素

在进行声发射试验或检测前,需首先根据被检测对象和检测目的选择检测仪器,主要应考虑如下因素。

(1) 被检测的材料:声发射信号的频域、幅度、频度特性随材料类型有很大不同。例如,金属材料的频域为数千赫兹到数兆赫兹;复合材料为数千赫兹到数十万赫兹;岩石与混凝土为数赫兹到数十万赫兹。对不同材料需考虑不同的工作频率。

(2) 被检测的对象:根据被检测对象的大小和形状、发射源可能出现的部位和特征的不同,决定选用检测仪器的通道数量。对实验室材料试验、现场构件检测、各类工业过程监测等不同的应用,需选择不同类型的系统。例如,对实验室研究,多选用通用型;对大型构件,采用多通道型;对过程监测,选用专用型。

(3) 需要得到的信息类型:根据所需信息类型和分析方法,需要考虑检测系统的性能与功能,如信号参数、波形记录、源定位、噪声鉴别及实时或事后分析与显示等。

表 2.1 列出了选择检测仪器时需要考虑的主要因素。

表 2.1　影响检测仪器选择的因素

性能及功能	影响因素
工作频率	材料频域、传播衰减、机械噪声
传感器类型	频响、灵敏度、使用温度、环境、尺寸
通道数	被检对象几何尺寸、波的传播衰减特性、整体或局部监测
源定位	不定位、区域定位、时差定位
信号参数	连续信号与突发信号参数、波形记录与谱分析
显示	定位、经历、关系、分布等图表的实时或事后显示
噪声鉴别	空间滤波、特性参数滤波、外变量滤波、前端与事后滤波
存储量	数据量(包括波形记录)
数据率	高频度声发射、强噪声、多通道多参数、实时分析

2.7 检测仪器的调试和校准

2.7.1 传感器的选择和安装

1. 传感器响应频率的选择

根据被检测对象的特征和检测目的选择传感器的响应频率,如金属压力容器检测用传感器的响应频率为 100～400kHz,压力管道和油罐底部泄漏检测传感器的响应频率为 30～60kHz 等。

2. 传感器间距和阵列的确定

声发射检测所需传感器数量取决于被检试件大小和所选传感器间距。传感器间距又取决于波的传播衰减,而传播衰减值又来自用铅笔芯模拟源实际测得的距离-衰减曲线。时差定位中,最大传感器间距所对应的传播衰减不宜大于预定最小检测信号幅度与检测门限值之差。例如,门限值为 40dB,预定最小检测信号幅度为 70dB,则其衰减不宜大于 30dB。区域定位相比于时差定位可允许更大的传感器间距。在金属容器中,常用的传感器间距为 1～6m,传感器阵列采用三角平面或曲面定位,多数容器的检测需布置 8～40 个传感器。

3. 传感器的安装

传感器表面与试件表面之间良好的声耦合为传感器安装的基本要求。试件的表面须平整和清洁,松散的涂层和氧化皮应清除,粗糙表面应打磨,表面油污或多余物要清洗。对半径大于 150mm 的曲面可看成平面,而对小半径曲面应采取适当措施,如可采用转接耦合块或小直径传感器。对于接触界面,应填充声耦合剂,以保证良好的声传输。耦合剂不宜涂得过多或过少,耦合层应尽可能薄,表面要充分浸湿。耦合剂的类型对声耦合效果影响不大,多采用真空脂、凡士林、黄油、快干胶及其他超声耦合剂。对高温检测,也可采用高真空脂和液态玻璃等。同时,须考虑耦合剂与试件材料的相容性,即不得腐蚀或损伤试件材料表面。多用机械方式来固定传感器,常用固定方式包括:松紧带、胶带、弹簧夹、磁性固定器、紧固螺丝等。施加在传感器上的压力在 0.7MPa 左右为宜。

2.7.2　仪器调试和参数设置

1. 检测门限设置

检测系统的灵敏度,即对小信号的检测能力,决定于传感器的灵敏度、传感器间距和检测门限设置。其中,检测门限设置为其主要的可控制因素。

检测门限多用 dB_{AE} 来表示。检测门限越低,测得信息越多,但易受噪声的干扰,因此在灵敏度和噪声干扰之间应作折中选择。多数检测是在门限为 35～55dB 的中灵敏度下进行,最常用的门限值为 40dB。不同的门限设置与适用范围见表 2.2。常用的金属压力容器的检测门限一般为 40dB,但长管拖车的检测门限为 32dB,纤维增强复合材料压力容器的检测门限一般为 48dB。

表 2.2 门限设置与适用范围

门限/dB$_{AE}$	适用范围
25~35	高灵敏度检测,多用于低幅度信号、高衰减材料、基础研究
35~55	中灵敏度检测,广泛用于材料研究和构件无损检测
55~65	低灵敏度检测,多用于高幅度信号、强噪声环境下的检测

2. 系统增益设置

增益是仪器主放大器对声发射波形信号放大倍数的设置。有些在 20 世纪 70 年代生产的声发射系统有分开的可变增益(dB)和门限电压(V);在某些系统中,增益或门限中的一个可能被固定,通过提高增益或降低门限电压能获得较高的灵敏度。

20 世纪 80 年代以后生产的仪器,均采用集成电路系统,对于操作者设定的增益(dB)和门限(dB$_{AE}$),系统能计算出合适的电压,并把它放在门限比较器上。因此,门限的主要功能为控制灵敏度,改变增益设置将不改变灵敏度。增益设置并不影响所测量的计数、持续时间、上升时间或幅度,但增益设置也是十分重要的,它直接影响能量的测量和声发射信号的能量计数。

对于目前常用的声发射仪器,为了保持系统在一个合适的动态范围内,应根据检测灵敏度的要求来选定门限值,而增益加门限值应处于一定的范围,如有些设备在 55~88dB。

3. 系统定时参数设置

定时参数是指撞击信号测量过程的控制参数,包括:峰值定义时间(PDT)、撞击定义时间(HDT)和撞击闭锁时间(HLT)。

峰值定义时间是指为正确确定撞击信号的上升时间而设置的新的最大峰值等待时间间隔。如将其选得过短,会把高速、低幅度前驱波误作为主波处理,但仍以尽可能选得短为宜。

撞击定义时间是指为正确确定一个撞击信号的终点而设置的撞击信号等待时间间隔。如将其选得过短,会把一个撞击测量为几个撞击;而如选得过长,又会把几个撞击测量为一个撞击。

撞击闭锁时间是指在撞击信号中为避免测量反射波或迟到波而设置的关闭测量电路的时间间隔。

声发射波形随试件的材料、形状、尺寸等因素而变,因此定时参数应根据试件中所观察到的实际波形进行合理选择,其推荐范围如表 2.3 所示。

表 2.3　定时参数选择

材料与试件	PDT/μs	HDT/μs	HLT/s
复合材料	20～50	100～200	300
金属小试件	300	600	1000
高衰减金属构件	300	600	1000
低衰减金属构件	1000	2000	20000

2.7.3　仪器校准信号的产生技术

　　声发射检测系统的校准包括在实验室内对仪器硬件系统灵敏度和一致性的校准,以及在现场对已安装好传感器的整个声发射系统灵敏度和定位精度的校准。对仪器硬件系统的校准,需采用专用的电子信号发生器来产生各种标准函数的电子信号。对现场已安装好传感器的整个声发射系统灵敏度和定位精度的校准,则采用在被检构件上可发射机械波的声发射模拟源信号。模拟声发射信号的产生装置一般包括两种:一种是采用电子信号发生器驱动声发射压电陶瓷传感器发射机械波;另一种是直接采用铅笔芯折断信号来产生机械波,铅笔芯模拟源如图 2.18 所示。

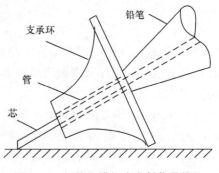

图 2.18　铅笔芯模拟声发射信号装置

2.7.4　仪器的校准

1. 仪器硬件灵敏度和一致性的校准

　　对仪器硬件系统的校准,是将专用的电子信号发生器产生的各种标准函数的电子信号直接输入前置放大器或仪器的主放大器,并测量仪器采集这些信号的输出。例如,NB/T 47013.9—2011 标准中规定:仪器的门限精度应控制在±2dB范围内;处理器内的幅度测量电路测量峰值幅度值的精度为±2dB;处理器内的能量测量电路测量信号能量值的精度为±5%,同时要满足信号能量的动态范围不低于40dB;系统测量外接参数电压值的精度为满量程的2%。

2. 现场声发射检测系统灵敏度的校准

　　通过直接在被检构件上发射声发射模拟源信号进行校准。灵敏度校准的目的是确认传感器的耦合质量和检测电路的连续性。各通道灵敏度的校准为在距传感器一定距离(压力容器规定为100mm)发射三次声发射模拟源信号,分别测量其响应幅度,三个信号幅度的平均值即为该通道的灵敏度。多数金属压力容器的检测标准规定,每通道对铅笔芯模拟信号源的响应幅度与所有传感器通道的平均值偏差为±3dB 或±4dB,而玻璃钢构件为±6dB。

3. 现场声发射检测系统源定位的校准

通过直接在被检构件上发射声发射模拟源信号进行校准。源定位校准的目的是确定定位源的唯一性以及与实际模拟声发射源发射部位的对应性。一般通过实测时差和声速以及设置仪器内的定位闭锁时间来进行仪器定位精度的校准。定位校准的最终结果为,施加的模拟信号应被一个定位阵列所接收,并提供唯一的定位显示,区域定位时,应至少被一个传感器接收到。多数金属容器检测方法中规定,源定位精度应在两倍壁厚或最大传感器间距的 5% 以内。

2.8　本 章 小 结

本章系统论述了目前常用的声发射检测仪器及系统的结构与各部分的功能及要求,并重点介绍了作者课题组最近十年开发的三种先进声发射检测仪的性能,具体总结如下:

(1) 自 1965 年美国 Dunegan 公司首次推出商业声发射仪以来,声发射仪的发展主要经历了模拟式、半数字和半模拟式、全数字化三个阶段,目前市场上销售的仪器均为全数字化声发射仪,按最终存储的数据方式可划分为参数型和波形型两大类。

(2) 声发射信号由传感器接收并转换成电信号,通常使用的传感器是由基于压电效应的换能器组成的,其主要性能由频率-灵敏度曲线来表示;根据检测目的和环境可选择不同类型、不同频率和灵敏度的传感器;在声发射检测中,大多使用的是谐振式传感器和宽带传感器。

(3) 前置放大器、主放大器、滤波器和门限比较器是声发射仪中对声发射信号进行调理的主要部件,其性能与工作参数指标决定了声发射仪的性能和工作参数指标。

(4) 声发射检测仪分为单通道声发射检测仪和多通道声发射检测系统。单通道声发射检测仪一般采用一体化结构,主要用于不需要定位的承压设备泄漏检测和动设备的故障诊断等;多通道声发射检测系统用于对大型结构进行一次性加载检测和确定声发射源位置,目前常用的多通道声发射检测系统一般为 8～32 通道,最多可达 256 通道。

(5) 按声发射信号的传输方式,声发射检测仪可分为有线声发射仪和无线声发射仪。有线信号传输方式的声发射仪,传感器距仪器主机的距离一般不超过

300m；基于物联网技术的无线声发射仪，其数据传输不受距离和空间的限制，特别适合对大型结构的长期健康监测。

（6）根据被检测对象和检测目的来选择检测仪器，主要应考虑的因素为：①根据被检测对象的大小和形状、发射源可能出现的部位和特征的不同，决定选用检测仪器的通道数量；②根据被检测对象材料声发射信号的频域、幅度、频度特性等，选择传感器的类型；③根据检测目的确定所需信息类型和分析方法，如信号参数、波形记录、源定位、噪声鉴别及实时或事后分析与显示等，选择检测分析软件。

第 3 章　声发射信号处理和分析方法

3.1　声发射信号处理和分析方法概述

声发射传感器将声发射源产生的机械波转换为连续的电信号,前置放大器将这一电信号放大并传输给声发射仪器中的主处理器,主处理器对声发射信号进行处理然后存入存储器等待后续的信号分析和显示。因此,声发射信号的处理是后续对材料的声发射信号进行存储、分析和结果评价的基础。目前对声发射信号进行采集和处理的方法可分为两大类:第一类为对声发射信号直接进行波形特征参数测量,仪器只存储和记录声发射信号的波形特征参数,然后对这些波形特征参数进行分析和处理,以得到材料中声发射源的信息;第二类为直接存储和记录声发射信号的波形,以后可以直接对波形进行各种分析,也可以对这些波形进行特征参数测量和处理。

进行声发射信号处理和分析的主要目的包括:①确定声发射源的部位;②分析声发射源的性质;③确定声发射信号发生的时间或载荷;④评定声发射源的级别或材料损伤的程度。最终确定被检件上是否有活性缺陷。

简化波形特征参数分析方法是自 20 世纪 50 年代以来逐步完善和广泛使用的经典声发射信号分析方法,目前在声发射检测中仍得到广泛应用,且几乎所有声发射检测标准对声发射源的判据均采用简化波形特征参数。本章给出了声发射波形特征参数的定义,结合现场压力容器声发射信号对各种处理和分析方法加以介绍,并总结提炼出了现场压力容器典型声发射信号的特征,提出了通过关联分析识别泄漏和电子噪声的方法。

声发射源的部位可通过声发射源定位技术来确定,目前采用的声发射定位技术包括独立通道区域定位技术,对突发型声发射信号基于时差计算的线定位技术、面定位技术和三维立体定位技术。而对于泄漏产生的连续型声发射信号,无法采用时差计算来进行声发射源定位,作者课题组通过研究,提出了采用相关技术来进行连续型声发射信号定位的方法,在 3.3 节中进行介绍。

声发射检测的最终目的是确定声发射源的性质,由于通过应用定位分析、分布分析、关联分析等传统的声发射特征参数分析方法只能识别泄漏和电子噪声产生的声发射信号,而不能识别裂纹扩展、焊接缺陷开裂、残余应力释放、氧化皮剥落、摩擦等钢结构中经常遇到的声发射源信号,因此寻求更好的声发射源信号识别方法是急需解决的问题。对复合材料和土木工程结构等声发射信号参数进行的模式识别结果可以区分不同类别的信号,因此课题组通过对压力容器声发射检测中常见的裂纹扩展、焊接缺陷开裂、残余应力释放、氧化皮剥落、摩擦等声发射源信号特征参数进行了模式识别分析和基于人工神经网络的模式识别分析研究,同时对它们的波形信号进行了小波分析和现代谱分析方法的研究,研究建立了金属压力容器基于参数与波形分析、特征提取和模式识别的声发射在线检测新方法,实现了对压力容器上裂纹扩展、焊接缺陷开裂、残余应力释放、机械摩擦、氧化皮剥落、泄漏、电子噪声等各种典型的声发射源性质的模式识别,从而实现了对压力容器进行声发射在线检测和安全评价,3.4 节将重点介绍这些研究成果。

3.2　经典声发射信号处理和分析方法

3.2.1　声发射波形特征参数的定义

图 3.1 为突发型标准声发射信号简化波形参数的定义,由这一模型可以得到如下参数:

(1) 撞击(事件)计数;

(2) 振铃计数;

(3) 能量;

(4) 幅度;

(5) 持续时间;

(6) 上升时间。

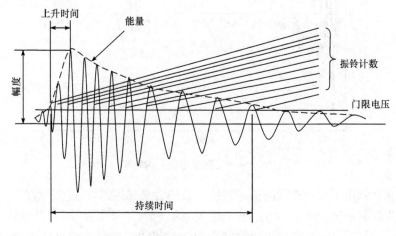

图 3.1　声发射信号简化波形参数的定义

对于连续型声发射信号,上述模型中只有振铃计数和能量参数可以适用。为了更确切地描述连续型声发射信号的特征,又引入如下两个参数:

（1）平均信号电平；

（2）有效值电压。

声发射信号的幅度通常以 dB$_{AE}$ 表示，定义传感器输出 $1\mu V$ 时为 0dB，则幅值为 V_{AE} 的声发射信号的幅度 dB$_{AE}$ 可由下式算出：

$$dB_{AE} = 20lg(V_{AE}/1\mu V) \tag{3.1}$$

表 3.1 列出了常用整数幅度 dB$_{AE}$ 对应的传感器输出电压值。

对于实际的声发射信号，由于试样或被检构件的几何效应，声发射信号波形为如图 3.2 所示的一系列波形包络信号。因此，对每一个声发射通道，通过引入声发射信号撞击定义时间（HDT）将一连串的波形包络划入一个撞击或划分为不同的撞击信号。对于图 3.2 的波形，当仪器设定的 HDT 大于两个波包过门限的时间间隔 T 时，则这两个波包被划归为一个声发射撞击信号；但如仪器设定的 HDT 小于两个波包过门限的时间间隔 T 时，则这两个波包被划归分为两个声发射撞击信号。

表 3.1　常用整数幅度 dB$_{AE}$ 对应的传感器输出电压值

dB$_{AE}$	0	20	40	60	80	100
V_{AE}	$1\mu V$	$10\mu V$	$100\mu V$	$1mV$	$10mV$	$100mV$

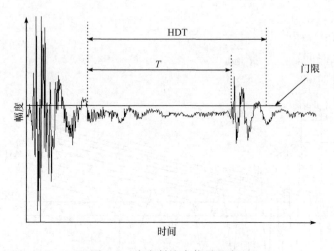

图 3.2　声发射撞击信号的定义

表 3.2 列出了常用声发射信号特性参数的含义和用途。这些参数的累加可以被定义为时间或试验参数（如压力、温度等）的函数，如总事件计数、总振铃计数和总能量计数等。这些参数也可以被定义为随时间或试验参数变化的函数，如声发射事件计数率、声发射振铃计数率和声发射信号能量率等。这些参数之间也可以任意两个组合进行关联分析，如声发射事件-幅度分布、声发射事件能量-持续时间关联图等。

表 3.2　声发射信号特性参数

参数	含义	特点与用途
撞击(hit)和撞击计数	超过门限并使某一通道获取数据的任何信号称为一个撞击。所测得的撞击个数,可分为总计数、计数率	反映声发射活动的总量和频度,常用于声发射活动性评价
事件计数	产生声发射的一次材料局部变化称为一个声发射事件,可分为总计数、计数率。一阵列中,一个或几个撞击对应一个事件	反映声发射事件的总量和频度,用于源的活动性和定位集中度评价
计数	越过门限信号的振荡次数,可分为总计数、计数率	信号处理简便,适于两类信号,又能粗略反映信号强度和频度,因而广泛用于声发射活动性评价,但受门限值大小的影响
幅度	信号波形的最大振幅值,通常用 dB_{AE} 表示(传感器输出 $1\mu V$ 为 0dB)	与事件大小有直接的关系,不受门限的影响,直接决定事件的可测性,常用于波源的类型鉴别、强度及衰减的测量
能量计数(MARSE)	信号检波包络线下的面积,可分为总计数、计数率	反映事件的相对能量或强度。对门限、工作频率和传播特性不甚敏感,可取代振铃计数,也用于波源的类型鉴别
持续时间	信号第一次越过门限至最终降至门限所经历的时间间隔,以 μs 表示	与振铃计数十分相似,但常用于特殊波源类型和噪声的鉴别
上升时间	信号第一次越过门限至最大振幅所经历的时间间隔,以 μs 表示	受传播的影响,其物理意义变得不明确,有时用于机电噪声鉴别
有效值电压(RMS)	采样时间内,信号的均方根值,以 V 表示	与声发射的大小有关,测量简便,不受门限的影响,适用于连续型信号,主要用于连续型声发射活动性评价
平均信号电平(ASL)	采样时间内,信号电平的均值,以 dB 表示	提供的信息和用途与 RMS 相似,对幅度动态范围要求高而时间分辨率要求不高的连续型信号,尤为有用,也可用于背景噪声水平的测量
到达时间	一个声发射波到达传感器的时间,以 μs 表示	决定了波源的位置、传感器间距和传播速度,用于波源的位置计算
外变量	试验过程外加变量,包括时间、载荷、位移、温度及疲劳周次等	不属于信号参数,但属于声发射信号参数的数据集,用于声发射活动性分析

3.2.2　声发射信号参数的列表显示和分析方法

列表显示是将每个声发射信号参数进行时序排列和直接显示,包括信号到达时间,各个声发射信号参数、外变量、声发射源的坐标等。表 3.3 为压力容器升压过程中采集到的裂纹扩展声发射信号的特性参数数据列表。在声发射检测前对声发射系统进行灵敏度测定和模拟源定位精度测试时,直接观察数据列表。对声发射源的强度进行精确分析时也经常采用数据列表显示和分析。

表 3.3　声发射信号特征参数数据列表

到达时间 (MM:SS. mmmuuun)	压力 /(kg/cm²)	通道	上升时间 /μs	计数	能量 /eu	持续时间 /μs	幅度 /dB
01:18.9101730	36.60	3	81	92	57	3222	59
01:18.9103205	36.60	12	133	49	48	6243	51
01:18.9104999	36.60	4	69	62	86	6899	55
01:18.9112070	36.60	8	29	27	53	1947	51

3.2.3　声发射信号单参数分析方法

由于早期的声发射仪器只能得到计数、能量或者幅度等很少的参数,人们早期对声发射信号的分析和评价通常采用单参数分析方法。最常用的单参数分析方法为计数分析法、能量分析法和幅度分析法。

1. 计数分析法

计数分析法是处理声发射脉冲信号的一种常用方法。目前应用的计数法有声发射撞击(或事件)计数率与振铃计数率以及它们的总计数,另外还有一种对振幅加权的计数方式,称为"加权振铃"计数法。声发射事件是由材料内局域变化产生的单个突发型信号,声发射计数(振铃计数)是声发射信号超过某一设定门限的次数,信号单位时间超过门限的次数为计数率,声发射计数率依赖于传感器的响应频率、换能器的阻尼特性、结构的阻尼特性和门限的水平。对于一个声发射事件,由换能器探测到的声发射计数为

$$N = \frac{f_0}{\beta} \ln \frac{V_p}{V_t} \tag{3.2}$$

式中,f_0 为换能器的响应中心频率;β 为波的衰减系数;V_p 为峰值电压;V_t 为阈值电压。计数分析法的缺点是易受样品几何形状、传感器的特性及连接方式、门限电压、放大器和滤波器的工作状况等因素的影响。

2. 能量分析法

由于计数法测量声发射信号存在上述缺点,尤其对连续型声发射信号更为明

显,因而通常采用测量声发射信号的能量对连续型声发射信号进行分析。目前,声发射信号的能量测量是定量测量声发射信号的主要方法之一。声发射信号的能量正比于图 3.1 中声发射波形的面积,通常用均方根电压(V_{ms})或均方电压(V_{ms})进行声发射信号的能量测量。但目前声发射仪器多用数字化电路,因而也可直接测量声发射信号波形的面积。对于突发型声发射信号可以测量每个撞击的能量。

一个信号 $V(t)$ 的均方电压和均方根电压定义如下:

$$V_{ms} = \frac{1}{\Delta T} \int_0^{\Delta T} V^2(t)\,dt \tag{3.3}$$

$$V_{rms} = \sqrt{V_{ms}} \tag{3.4}$$

式中,ΔT 是平均时间;$V(t)$ 是随时间变化的信号电压。根据电子学理论,可以得到 V_{ms} 随时间的变化就是声发射信号的能量变化率,声发射信号从 t_1 到 t_2 时间内的总能量 E 可由下式表示:

$$E \propto \int_{t_1}^{t_2} V_{rms}^2\,dt = \int_{t_1}^{t_2} V_{ms}\,dt \tag{3.5}$$

声发射信号能量的测量可以直接与材料的重要物理参数(如发射撞击的机械能、应变率或形变机制等)联系起来,而不需要建立声发射信号的模型。能量测量同样解决了小幅度连续型声发射信号的测量问题。另外,测量信号的均方根电压或均方电压也有很多优点。首先,V_{rms} 和 V_{ms} 对电子系统增益和换能器耦合情况的微小变化不太敏感,且不依赖于任何阈值电压,不像计数技术那样与阈值的大小有紧密关系。其次,V_{rms} 和 V_{ms} 与连续型声发射信号的能量有直接关系,但对计数技术来说,根本不存在这样的简单关系。最后,V_{rms} 与 V_{ms} 很容易对不同应变率或不同样品体积进行修正。

3. 幅度分析法

信号幅度和幅度分布是一种可以更多地反映声发射源信息的处理方法,信号幅度与材料中声发射源的强度有直接关系,幅度分布与材料的形变机制有关。声发射信号幅度的测量同样受换能器的响应频率、换能器的阻尼特性、结构的阻尼特性和门限电压水平等因素的影响。通过应用对数放大器,既可对声发射大信号也可对声发射小信号进行精确的峰值幅度测量。

人们对声发射信号的幅度、撞击和计数得到如下经验公式:

$$N = \frac{Pf\tau}{b} \tag{3.6}$$

式中,N 为声发射信号累加振铃计数;P 为声发射信号撞击总计数;f 为换能器的响应频率;τ 为声发射撞击的下降时间;b 为幅度分布的斜率参数。

3.2.4　声发射信号参数经历分析方法

　　声发射信号参数经历分析方法是通过对声发射信号参数随时间或外变量变化的情况进行分析,从而得到声发射源的活动情况和发展趋势。最常用和最直观的方法是图形分析,图3.3(a)~(d)为一台压力容器上的裂纹在加压过程中扩展并最终导致泄漏的声发射信号随时间的变化图。采用经历图分析方法对声发射源进行分析可达到如下目的:

　　(1)声发射源的活动性评价;

　　(2)费利西蒂比和凯塞效应评价;

　　(3)恒载声发射评价;

　　(4)起裂点测量。

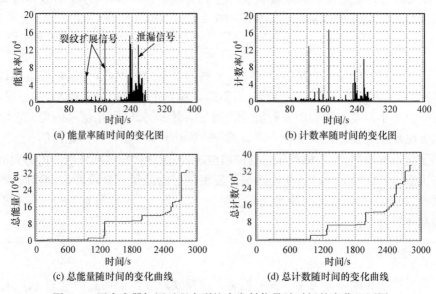

图3.3　压力容器加压过程中裂纹声发射信号随时间的变化经历图

3.2.5　声发射信号参数分布分析方法

　　声发射信号参数分布分析方法是将声发射信号撞击计数或事件计数按信号参数值进行统计分布分析。一般采用分布图进行分析,纵轴选择撞击计数或事件计数,而横轴可选择声发射信号的任一参数。横轴选用某一个参数即为该参数的分布图,如幅度分布、能量分布、振铃计数分布、持续时间分布、上升时间分布等,其中幅度分布应用最为广泛。分布分析可用于发现声发射源的特征,从而达到鉴别声发射源类型的目的,如金属材料的裂纹扩展与塑性变形、复合材料的纤维断裂与基材开裂等;该方法也经常用于评价声发射源的强度。图3.4为一台压力容器在加压过程中裂纹扩展声发射信号撞击数和定位源事件的部分参数分布图。

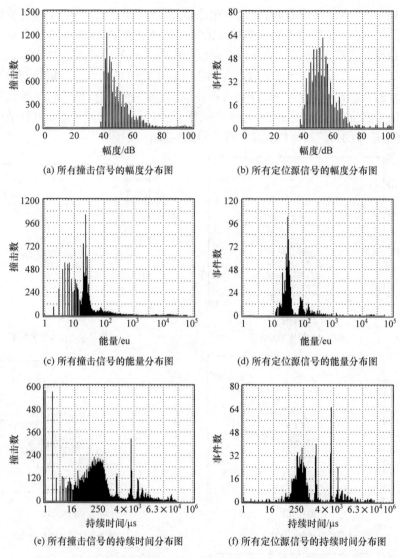

(a) 所有撞击信号的幅度分布图　　　　(b) 所有定位源信号的幅度分布图

(c) 所有撞击信号的能量分布图　　　　(d) 所有定位源信号的能量分布图

(e) 所有撞击信号的持续时间分布图　　(f) 所有定位源信号的持续时间分布图

图 3.4　压力容器在加压过程中裂纹扩展声发射信号的参数分布图

3.2.6　声发射信号参数关联分析方法

　　关联分析方法也是声发射信号分析中最常用的方法,对任意两个声发射信号的波形特征参数可以作它们之间的关联图进行分析,图中二维坐标轴各表示一个参数,每个显示点对应于一个声发射信号撞击或事件。通过作出不同参量两两之间的关联图,可以分析不同声发射源的特征,从而能起到鉴别声发射源的作用。例如,有些电子干扰信号通常具有很高的幅度,而能量却很小,通过采用幅度-能量关联图将其区分出来;对于压力容器来说,内部介质泄漏信号与容器壳体产生的信号相比,具有长得多的持续时间,通过应用能量-持续时间或幅度-持续时间关联图分析,很易发现压力容器的泄漏。美国 MONPAC 声发射检验俱乐部以声发射信号计数与幅度的关联图的形态来评价金属压力容器声发射检验数据的质量。

图 3.5(a)～(h)为一台压力容器在加压过程中裂纹扩展声发射信号部分典型的关联图。图 3.6(a)和(b)为一台压力容器在加压过程中裂纹扩展并最终导致泄漏的声发射信号能量和计数与持续时间的关联图,从图中可见,在同等能量和计数值的情况下,泄漏信号的持续时间比裂纹扩展信号的持续时间大得多。

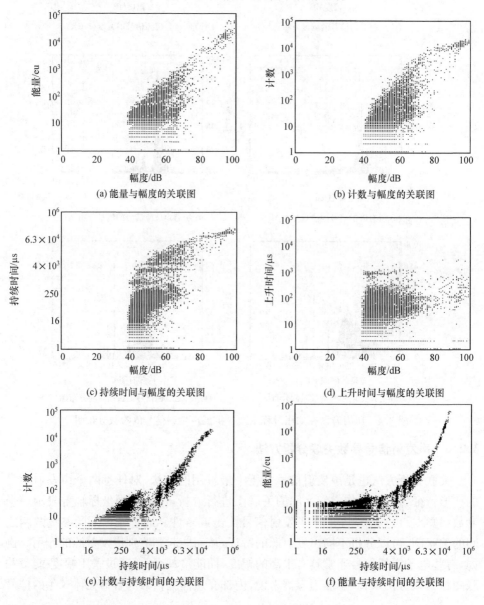

(a) 能量与幅度的关联图

(b) 计数与幅度的关联图

(c) 持续时间与幅度的关联图

(d) 上升时间与幅度的关联图

(e) 计数与持续时间的关联图

(f) 能量与持续时间的关联图

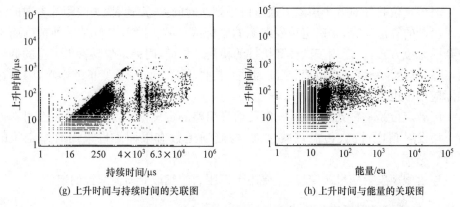

(g) 上升时间与持续时间的关联图　　　　　　(h) 上升时间与能量的关联图

图 3.5　压力容器在加压过程中裂纹扩展声发射信号参数的关联图

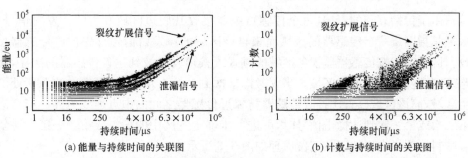

(a) 能量与持续时间的关联图　　　　　　　(b) 计数与持续时间的关联图

图 3.6　压力容器在加压过程中裂纹扩展和泄漏声发射信号参数的关联图

3.3　声发射源定位技术

　　声发射源的定位需由多通道声发射仪器来实现,这也是多通道声发射仪最重要的功能之一。对于突发型声发射信号和连续型声发射信号需采用不同的声发射源定位方法,图 3.7 列出了目前人们常用的声发射源定位方法。

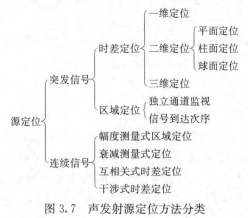

图 3.7　声发射源定位方法分类

　　时差定位是经对各个声发射通道信号到达时间差、声速、探头间距等参数的测量及复杂的算法运算,来确定声发射源的坐标或位置。时差定位是一种精确而又复杂的定位方式,广泛用于试样和构件的检测。然而,时差定位易丢失大量的低幅度信号,其定位精度又受声速、衰减、波形、构件形状等许多易变量的影响,因而在实际应用中也受到种种限制。

　　区域定位是一种处理速度快、简便而又粗略的定位方式,主要用于复合材料等由于声发射频度过高、传播衰减过大、检测通道数有限而难以采用时差定位的场合。

　　连续型声发射信号源定位,主要用于带压力的气液介质泄漏源的定位。

3.3.1　独立通道区域定位技术

　　由于传播衰减的影响,每个传感器主要接收其周边区域发生的声发射信号。区域是指围绕一个传感器的区域而来自该区域的声发射信号首先被该传感器接收。区域定位按传感器监视各区域的方式或按声发射波到达各传感器的次序,粗略确定声发射源所处的区域。当仅考虑首次到达撞击信号时,可提供波源所处的主区域,而该区域以首次接收传感器与邻近传感器之间的中点连线为界。当考虑第二次或第三次到达撞击信号时,可进一步确定主区中的第二或第三分区。在复合材料检测中常用的区域定位原理如图 3.8 所示。

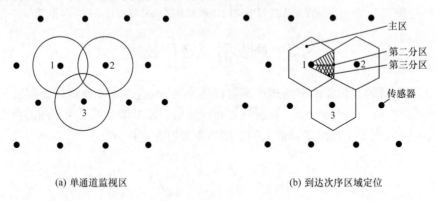

(a) 单通道监视区　　　　　　　　　　　(b) 到达次序区域定位

图 3.8　区域定位原理图

3.3.2　线定位技术

　　当被检测物体的长度与半径之比非常大时,易采用线定位进行声发射检测,如管道、棒材、钢梁等。时差线定位至少需要两个声发射探头,其定位原理如图 3.9(a)所示。例如,在 1 号和 2 号探头之间有 1 个声发射源产生 1 个声发射信号,到达 1 号探头的时间为 T_1,到达 2 号探头的时间为 T_2,因此该信号到达两个

探头之间的时差为 $\Delta t = T_2 - T_1$，如以 D 表示两个探头之间的距离，以 V 表示声波在试样中的传播速度，则声发射源距 1 号探头的距离 d 可由下式得出：

$$d = \frac{1}{2}(D - \Delta t V) \tag{3.7}$$

由上式可以算出，当 $\Delta t = 0$ 时，声发射信号源位于两个探头的正中间；当 $\Delta t = D/V$ 时，声发射源位于 1 号探头处；当 $\Delta t = -D/V$ 时，声发射源位于 2 号探头处。

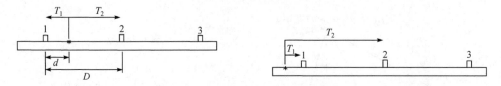

(a) 声源位于传感器阵列内部　　　　　　　　　　　　(b) 声源位于传感器阵列外部

图 3.9　声发射源时差线定位原理图

图 3.9(b)为声发射源在探头阵列外部的情况，此时，无论信号源距 1 号探头有多远，时差均为 $\Delta t = T_2 - T_1 = D/V$，声发射源被定位在 1 号探头处。

3.3.3　平面定位技术

1. 两个探头阵列的平面定位计算方法

考虑将两个探头固定在一个无限大平面上，假设应力波在所有方向的传播均为常声速 V，两个探头的定位结果如图 3.10 所示，由此得到如下方程：

$$\Delta t V = r_1 - R \tag{3.8}$$
$$Z = R\sin\theta \tag{3.9}$$
$$Z^2 = r_1^2 - (D - R\cos\theta)^2 \tag{3.10}$$

由上面三个方程可以导出如下方程：

$$R = \frac{1}{2}\frac{D^2 - \Delta t^2 V^2}{\Delta t V + D\cos\theta} \tag{3.11}$$

方程(3.11)是通过定位源 (X_s, Y_s) 的一个双曲线，在双曲线上的任何一点产生的声发射源到达两个探头的次序和时差是相同的，而两个探头位于这一双曲线的焦点上。

2. 三个探头阵列的平面定位计算方法

图 3.10 中两个探头的声发射源定位显然不能满足平面定位的需要，但如果增加第三个探头即可以实现平面定位。如图 3.11 所示，可获得的输入数据为三个探头的声发射信号到达次序和到达时间及两个时差，由此可以得到如下系列方程：

$$\Delta t_1 V = r_1 - R \tag{3.12}$$
$$\Delta t_2 V = r_2 - R \tag{3.13}$$

$$R = \frac{1}{2} \frac{D_1^2 - \Delta t_1^2 V^2}{\Delta t_1 V + D_1 \cos(\theta - \theta_1)} \qquad (3.14)$$

$$R = \frac{1}{2} \frac{D_2^2 - \Delta t_2^2 V^2}{\Delta t_2 V + D_2 \cos(\theta_3 - \theta)} \qquad (3.15)$$

方程(3.14)和(3.15)为两条双曲线方程,通过求解就可以找到这两条双曲线的交点,也就可以计算出声发射源的部位。

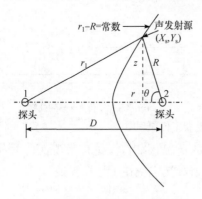

图 3.10　在无限大平面中两
个探头的声发射源定位

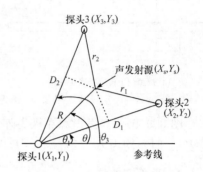

图 3.11　三个探头阵列的
声发射源平面定位

3. 四个探头阵列的平面定位计算方法

对任意三角形的平面声发射源定位求解方程(3.14)和(3.15),有时得到双曲线的两个交点,即一个真实的声发射源和一个伪声发射源,但如采用图 3.12 所示的四个探头构成的菱形阵列进行平面定位,则只会得到一个真实的声发射源。

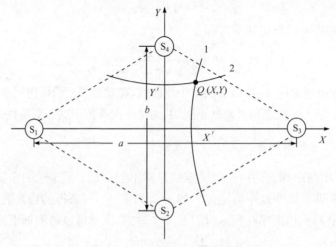

图 3.12　四个探头阵列的声发射源平面定位

若由探头 S_1 和 S_3 间的时差 Δt_X 所得双曲线为 1，由探头 S_2 和 S_4 间的时差 Δt_Y 所得双曲线为 2，声发射源为 Q，探头 S_1 和 S_3 的间距为 a，S_2 和 S_4 的间距为 b，波速为 V，那么，声发射源就位于两条双曲线的交点 $Q(X,Y)$ 上，其坐标可表示为

$$X = \frac{L_X}{2a}\left[L_X + 2\sqrt{\left(X - \frac{a}{2}\right)^2 + Y^2}\right] \tag{3.16}$$

$$Y = \frac{L_Y}{2b}\left[L_Y + 2\sqrt{\left(Y - \frac{b}{2}\right)^2 + X^2}\right] \tag{3.17}$$

式中

$$L_X = \Delta t_X V, \quad L_Y = \Delta t_Y V \tag{3.18}$$

3.3.4　影响声发射源定位精度的因素

引起突发型声发射信号定位源误差的原因有两大类，即信号处理过程产生的误差和自然现象产生的误差。处理过程误差可以通过调整探头的数量和间距、采用合适的时钟频率、用三个以上的通道判断定位源的位置等进行控制，但诸如波的衰减、波型转换、反射、折射和色散等自然现象引起的误差是不可控制的。总之，由单一源产生的声发射信号逐次计算得到的定位源不是一个单一的点，而是围绕真实源部位的一个定位集团，这一定位集团的大小和集中度依赖于定位源在探头阵列中的位置以及上述提到的所有影响因素。下面分别对一些主要影响因素加以介绍。

1. 不唯一解

对于任何一个给定的由三个探头组成的阵列，求解方程(3.14)和(3.15)可能得到双曲线的两个交点，即得到一个真实的声发射定位源和一个伪声发射定位源，如图 3.13 所示。为了判别两个声发射源的真伪，一般采用增加第 4 个探头以到达次序来识别。图中真实定位源的声发射信号到达次序为 1、2、3 号探头，而伪定位源部位如产生声发射信号则到达次序为 1、4、3 号探头。另外，如对整个结构进行整体监测，则可以只考虑三角阵列内部的定位源。

2. 图形畸变

进行声发射检测时，通常在计算机内画一个图形来表示真实的被检测物体，除平板和管道等线状结构不产生畸变外，其他大部分三维物体被展开放到二维平面上进行定位都将产生畸变。例如，将圆柱形容器或球形容器展开为平面图，上下部位的畸变就很严重。另外，在这些压力容器上还存在着一些人孔、接管等开孔，从而使声波不能按直线进行传播，导致定位源的精度有偏差。

为解决这一问题，在实际检测中一般采用断铅信号等模拟声发射源校核的方

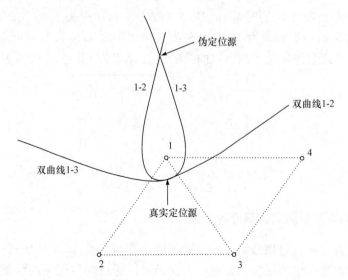

图 3.13　两个双曲线交点产生的真实定位源和伪定位源示意图

法,在被检测物体上找到真实的声发射源部位。

3. 弱声发射源

对于大型结构的声发射检测和监测,声发射探头之间都有一定的间距,如对于压力容器的检测,声发射探头间距一般为 3～5m。对于弱信号的声发射源,由于衰减的原因,如不能被至少三个探头探测到,则声发射仪器不能计算出声发射定位源。在某些应用情况下,这一因素是导致声发射定位源误差的主要原因。

4. 探头位置

在声发射检测中,探头自身几何尺寸的大小几乎不影响定位精度。然而,探头阵列覆盖了很大的区域,探头部位的精确程度严重影响定位源的精度。因此,在进行声发射检测时,应尽量将声发射探头布置为等腰或等边三角形,而且在探头安放时应尽可能准确。

5. 声速

目前采用声发射仪最基本的计算过程是输入一个假设已知的常数声速,如钢板为 3000m/s。如果被检测物体的真实声速为常数,但不同于已输入的声速,计算的位置误差将依赖于测量的时差值。在探头阵列的中间部位,探头间的时差很小,声速的差异不容易被发现。然而,声发射信号源越靠近探头,时差越大,声发射定位源的误差也越大。为解决这一问题,推荐在进行声发射检测时实测声速。

在实际的声发射检测中,变声速的情况也经常出现,如一个探头收到的是纵波,而另一个探头收到的是 Rayleigh 波分量。还有一种情况是色散,即声速为声波频率的函数。在波的传播过程中如遇到焊缝、开孔接管、外焊附件等不连续结构,可以引起声波传播路径的变化,并最终引起声速的变化。

总之,目前的多通道声发射系统还不能处理变声速的情况,因此在检测过程中,声速的变化必须引起操作者的注意,一般采用折中方案。

6. 时差测量

现代声发射仪的时差测量是基于各通道的到达时间,而每个通道到达时间的测量与触发电平的设置和仪器的时钟频率有关。目前仪器的采样时间可以精确到250ns 以上,因此对时差测量已不会产生大的影响。然而,仪器触发电平设置的不同,可以引起几微秒到几十微秒以上的误差,从而导致测量时差的误差,最终影响定位源的计算精度。

3.3.5 连续声发射源定位技术

流体的泄漏和某些材料在塑性变形时均产生连续型声发射信号。对于连续型声发射信号,突发型声发射信号常用的声发射参数(计数、计数率、上升时间、持续时间、幅度分布、时差等)已变得毫无意义。突发型声发射信号采用的时差定位方法,连续型声发射信号也无法应用。根据连续型声发射信号的特点,人们发展了基于信号幅度衰减测量的区域定位方法、基于波形互相关式时差测量的定位方法和基于波形干涉式的定位方法。

1. 幅度衰减测量区域定位方法

区域定位方法只需要确定最大输出信号的探头和第二大输出信号的探头,十分简便,但这种方法的缺点是得到的定位区域太大,有时无法接受。如果除对声发射信号的大小进行排序之外,还测量声发射信号的幅度及被测物体的衰减特性,则可以得到泄漏源较精确的定位。

连续型声发射源定位的幅度测量方法包括如下三个步骤:

(1)通过识别最大和第二大声发射输出信号,从声发射探头阵列中找到最靠近泄漏源的两个探头。在探头阵列之外的泄漏源不能采用幅度测量法进行定位。

(2)以分贝来确定两个探头输出的差值,并与被测物体的衰减特征进行比较。

(3)对于二维平面,两个探头确定了一条通过泄漏源的双曲线,因此需要第三个探头来得到另一条双曲线,两条双曲线的交点即为泄漏源部位。此方法与突发型声发射信号的时差定位原理一致。

下面给出一个一维定位的例子来进一步说明这一过程。被测物体为一个直径

150mm、长 84m 充满气体的钢管,图 3.14 为实测的衰减特征曲线。采用 100kHz 探头,两个探头之间的衰减不超过 25dB。实际测量采用 9 个探头,探头之间的间距为 10.5m,衰减为 24.3dB。图 3.15 给出了 3 号和 4 号探头间几个任意泄漏源的情况,如果泄漏源位于两个探头的正中间,则两个探头输出的信号幅度是相同的,幅度差为 0dB。

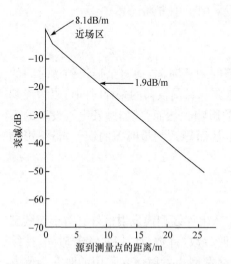

图 3.14　直径为 150mm 钢管的声衰减特性

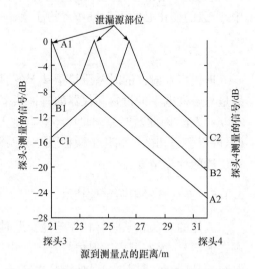

图 3.15　10.5m 探头间几个泄漏源的衰减模式

幅度测量法定位与两个探头之间的相对幅度值紧密相关,而与探头输出的绝对幅度值无关。然而,这些测量必须基于如下两个先决条件:

(1) 必须将所有通道(包括探头和放大器)的灵敏度调整为相同;

(2) 无任何电子或机械背景噪声。

这两个条件中,将各个通道的灵敏度调整为一致是易于达到的,而彻底消除背景噪声是不可能的。

噪声的存在将引起定位源计算的误差,假设测量信号 $S_{测}$ 的均方根电压 (RMS)值是噪声 RMS 值 n 与信号真实 RMS 值 $S_{真}$ 之和,则有

$$S_{测} = (S_{真}^2 + n^2)^{1/2} \tag{3.19}$$

如果噪声已知,则可计算出真实的信号。通常,在泄漏发生前预先测量信号的电平或者观察与泄漏源很远距离的探头都可测到背景噪声信号。后一种方法不适用于仅采用两个探头的情况或探头阵列中的背景噪声为不均匀的情况。

2. 互相关式定位方法

常用的测量两个突发型声发射信号之间时差的技术不适用于连续型声发射源,而互相关技术既适用于断续波之间的时差或时间延迟测量,也适用于连续波之

间的时差或时间延迟测量,这一技术已被成功地应用于管道声发射检测的泄漏源定位。

任意一个波 $A(t)$ 和另一个延迟时间为 τ 的波 $B(t+\tau)$ 之间的互相关函数(CCF)可由下式给出:

$$R_{AB}(\tau) = \frac{1}{T}\int_0^T A(t)B(t+\tau)\mathrm{d}t \qquad (3.20)$$

式中,T 是一个有限的时间间隔。从方程(3.20)可见,如果 τ 是变化的,则互相关函数是 τ 的函数。$R_{AB}(\tau)$ 的特性可以通过将 $A(t)$ 和 $B(t)$ 分为 n 个小的相等时间段的积来观察。

令 $t=t_i,A(t)=a_i,B(t)=b_i(i=0,1,2,\cdots,n)$,如果 $B(t)$ 相对于 $A(t)$ 有一时间延迟 τ',当 $j=0,1,2,\cdots,n$ 时:

$$R_{AB}(\tau_j) = \sum_{i=0}^n a_{i+j}b_i \qquad (3.21)$$

当 $j=-1,-2,\cdots,-n$ 时:

$$R_{AB}(\tau_j) = \sum_{i=0}^n a_i b_{i-j} \qquad (3.22)$$

当 $j=0$ 时:

$$R_{AB}(\tau_j) = \sum_{i=0}^n a_i b_i \qquad (3.23)$$

方程(3.21)中 a_{i+j} 和 b_{i-j} 的下标随 $R_{AB}(\tau_j)$ 中 τ_j 的变化而变化。

互相关函数是在有限时间范围内的积分。在实际应用中,数据采样仅利用了每个波的有限部分,而在被利用部分之外的波幅为零,即如果 $i>n$,则 $a_i=b_i=0$;如果 $j>0$ 且 $i+j>n$,则 $a_{i+j}=0$;如果 $j<0$ 且 $i-j>n$,则 $b_{i-j}=0$。因此,当 $|j|$ 增加时,$i+j$ 增加,方程(4.22)中的某些求和项将为零。随着 $|j|$ 的增加,求和项数将越来越少,$R_{AB}(\tau_j)$ 的幅值逐渐下降。最终,当 $|j|>n$ 时,所有 a_{i+j} 和 b_{i-j} 项为 0,$R_{AB}(\tau_j)=0$。当 $\tau_j=\tau'$ 时,由于 A 和 B 为同相位,则 $R_{AB}(\tau')$ 达到最大值。因此,从 $R_{AB}(\tau_j)$ 的最大峰值部位可以获得 $B(t)$ 相对于 $A(t)$ 的时差或时间延迟 τ'。

下面举一个例子来说明互相关函数的计算步骤和特性。假设 $A(t)$ 和 $B(t)$ 是正弦函数,$A(t)=A_0\sin(\omega t),B(t)=B_0\sin(\omega t-\pi/6),A_0=B_0=1$。如图 3.16(a) 和(b)所示,将 $A(t)$ 和 $B(t)$ 的 ωt 轴上的一个周期分为 12 等分,则对应 $A(t)=a_0,a_1,a_2,\cdots,a_{12}$ 和 $B(t)=b_0,b_1,b_2,\cdots,b_{12}$。在 $j=-12,-11,\cdots,0,\cdots,11,12$ 时,运用方程(3.23)可以计算出互相关函数 $R_{AB}(\tau_j)$,计算结果如图 3.16(c)所示。从图 3.16(c)可以看出,当 $\omega\tau=\omega\tau_{-1}=-\pi/6$ 时,$R_{AB}(\tau_{-1})$ 为最大值。随着 $\omega\tau$ 的增加,$R_{AB}(\tau)$ 的峰值绝对值下降,当 $\omega\leqslant-2\pi$ 及 $\omega\geqslant2\pi$ 时,$R_{AB}(\tau)=0$。这一例子说明了在有限时间间隔内的互相关函数的特征,如果积分时间的间隔趋于无限大,互

相关函数 $R_{AB}(\tau)$ 将成为无最大峰值的连续余弦波,这也是互相关选择有限时间间隔的原因。

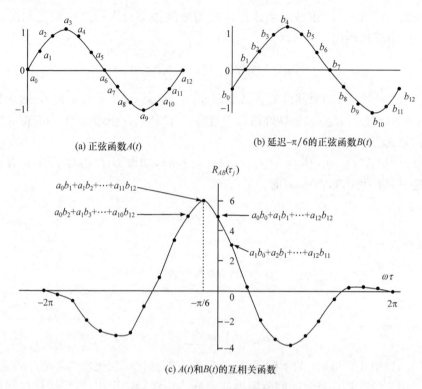

(a) 正弦函数 $A(t)$　　　　　(b) 延迟 $-\pi/6$ 的正弦函数 $B(t)$

(c) $A(t)$ 和 $B(t)$ 的互相关函数

图 3.16　互相关函数计算示意图

对于任意一函数 $A(t)$ 和时间延迟为 τ' 的函数 $B(t)$,两个函数 $A(t)$ 和 $B(t+\tau')$ 在有限时间间隔内的互相关函数 $R_{AB}(\tau)$ 在 $\tau=\tau'$ 必然包含一个最大值,这一互相关方法可用于连续型声发射源的定位。如探头 A 接收到来自连续型声发射源的波 $A(t)$,探头 B 接收到来自声发射源的波 $B(t+\tau')$,相对于波 $A(t)$ 的时间延迟为 τ',那么波从源传播到两个探头间的时差可以从其互相关函数 $R_{AB}(\tau)$ 的最大峰值部位来得到,即 $\Delta t_{AB}=\tau'$。

图 3.17 给出了由两个声发射探头探测的来自一个连续型声发射源的两个波的典型互相关函数,互相关函数从 -40ms 到 40ms 的 80ms 时间间隔内作为 τ 的函数被绘出。当 $\tau=-3.05\text{ms}$ 时,互相关函数的峰值最大。另外,为了降低可能存在的噪声的影响,图 3.17 中的曲线实际为来自同一源相同探头的 16 个互相关函数的平均值。

一旦由互相关技术测量得到连续源的时差,对于声发射源定位的时差计算方法与前述突发型声发射信号的时差定位方法相同,但应使用正确的声速,尤其需对

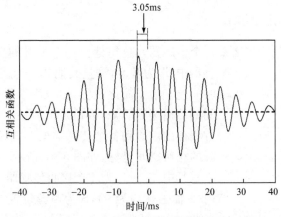

图 3.17 典型的互相关函数图形

复杂结构中传播的复合波模式给予注意。

通常可以应用双通道快速傅里叶变换(FFT)分析来实现互相关函数分析。从频域 υ 中互相关谱 $G_{AB}(\upsilon)$ 的逆傅里叶变换可以得到时域 τ 中的互相关函数 $R_{AB}(\tau)$:

$$R_{AB}(\tau) = \frac{1}{T}\int_{-\infty}^{+\infty} G_{AB}(\upsilon)\exp(\mathrm{i}2\pi\upsilon\tau)\mathrm{d}\upsilon \qquad (3.24)$$

式中,$G_{AB}(\upsilon)$ 是 $A(t)B(t+\tau)$ 的傅里叶变换。

3. 干涉式定位方法

上述介绍的衰减测量方法和互相关方法都是基于先探测到泄漏,然后确定泄漏源的位置。然而,在某些情况下可以反向进行,即通过源定位处理的结果来指示泄漏的存在。这一方法已被人们用于液态金属热交换器泄漏的定位和探测。

这一方法假设由传感器阵列探测到的泄漏信号是相干的,在无泄漏的情况下探测的信号是噪声,相干性很低。干涉式定位方法的步骤如下:

(1) 在感兴趣的二维或三维空间内定义一个位置;

(2) 计算信号从定义位置到所有传感器之间的传播路径长度,通过已知声速计算波到达阵列中所有传感器的传播时间和各个传感器的时间延迟;

(3) 按预定的时间同时捕捉每一个传感器的输出,按照第(2)步计算的延迟时间推迟各通道的采样时间;

(4) 确定所有延迟的传感器间的相干性,高水平的相干性表示在假设的源部位有泄漏发生;

(5) 如果相干性较低,则假设另外一个部位,从第(2)步重复进行。

这一处理过程依赖于源位置的预定义,再验证声发射信号是否与泄漏一致。

3.3.6　三维立体定位技术

三维立体定位至少需要 4 个传感器。这里建立一个三维的坐标系,以 4 个传

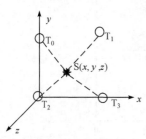

图 3.18　三维坐标系中传感
器和声源的位置

感器中 T_2 为基准,测量其他 3 个传感器与基准信号的时间差。为了简化说明,假设声发射信号在该三维空间的传播速度已知,为恒定值。根据空间的几何关系方程得出声源到各个传感器的距离差,进而计算出声源的相对空间坐标,如图 3.18 所示。

其中 $T_0 \sim T_3$ 为 4 个接收传感器,位于同一平面之内(z 轴坐标均为 0),S 为声源位置。设 T_2 为坐标原点 $(0,0,0)$,T_0 为 (x_0, y_0, z_0),T_1 为 (x_1, y_1, z_1),T_3 为 (x_3, y_3, z_3),S 为 (x, y, z),则可列出距离差:

$$|ST_0| - |ST_2| = d_{02}$$
$$|ST_1| - |ST_2| = d_{12}$$
$$|ST_3| - |ST_2| = d_{32}$$

于是有

$$\sqrt{(x-x_0)^2 + (y-y_0)^2 + (z-z_0)^2} - \sqrt{x^2+y^2+z^2} = d_{02}$$
$$\sqrt{(x-x_1)^2 + (y-y_1)^2 + (z-z_1)^2} - \sqrt{x^2+y^2+z^2} = d_{12}$$
$$\sqrt{(x-x_3)^2 + (y-y_3)^2 + (z-z_3)^2} - \sqrt{x^2+y^2+z^2} = d_{32}$$

化简后可得

$$2(x_0 x + y_0 y + z_0 z) + 2d_{02}\sqrt{x^2+y^2+z^2} = x_0^2 + y_0^2 + z_0^2 - d_{02}^2$$
$$2(x_1 x + y_1 y + z_1 z) + 2d_{12}\sqrt{x^2+y^2+z^2} = x_0^2 + y_0^2 + z_0^2 - d_{12}^2 \qquad (3.25)$$
$$2(x_3 x + y_3 y + z_3 z) + 2d_{32}\sqrt{x^2+y^2+z^2} = x_0^2 + y_0^2 + z_0^2 - d_{23}^2$$

令

$$x_0^2 + y_0^2 + z_0^2 - d_{02}^2 = 2d_0$$
$$x_1^2 + y_1^2 + z_1^2 - d_{12}^2 = 2d_1$$
$$x_3^2 + y_3^2 + z_3^2 - d_{32}^2 = 2d_3$$

将上两式相比较后得到一组独立方程组:

$$(x_0 x + y_0 y + z_0 z - d_0)/(x_1 x + y_1 y + z_1 z - d_1) = c_{01}$$
$$(x_0 x + y_0 y + z_0 z - d_0)/(x_3 x + y_3 y + z_3 z - d_3) = c_{01}$$
$$(x_0 - c_{01} x_1) x + (y_0 - c_{01} y_1) y + (z_0 - c_{01} z_1) z - d_0 + c_{01} d_1 = 0$$
$$(x_0 - c_{03} x_3) x + (y_0 - c_{03} y_3) y + (z_0 - c_{03} z_3) z - d_0 + c_{03} d_3 = 0$$

代入初始条件 $z_0 = z_1 = z_2 = z_3 = 0$,得到

$x=(d_0-c_{01}d_1)(y_0-c_{03}y_3)-(d_0-c_{03}d_3)(y_0-c_{01}y_1)/(x_0-c_{01}x_1)(y_0-c_{03}y_3)$

　　$-(x_0-c_{03}x_3)(y_0-c_{01}y_1)$

$y=(d_0-c_{03}d_3)(y_0-c_{01}y_1)-(d_0-c_{01}d_1)(y_0-c_{03}y_3)/(x_0-c_{03}x_3)(y_0-c_{01}y_1)$

　　$-(x_0-c_{01}x_1)(y_0-c_{03}y_3)$

$z=\{\{[d_0-(x_0x+y_0x)]/d_{02}\}^2-(x^2+y^2)\}^{1/2}$

$$(3.26)$$

　　由以上表达式共可得到两个解,两个解在 z 方向坐标为相反数,可以根据实际情况取得其中一个正确解。虽然以上公式从空间解析几何关系可以获得推导,但实际工程应用中因存在各种干扰,使得时延估计有偏差,因此由上式往往无法定位。另外,还可以采用牛顿迭代法来解方程(3.25)。

　　由以上分析可以知道,这种算法需要布置 4 个传感器,而且在解方程的过程中会出现错误解,所以采用这种传感器布置方法一般要布置 7 个或 8 个传感器。因此,根据传感器的个数选择就可以得到不同的算法和程序。

　　首先,可以采用固定的传感器布置,这时传感器布置主要有两种方式,如图 3.19 所示,一种为 4 个传感器布置,一种为 8 个传感器布置,当然可以根据三维物体的实际尺寸来选择传感器的数目,可以更多地增加传感器的数目,以达到缩小定位传感器之间距离的目的来提高精度。对于这两种传感器布置方法,4 个传感器布置可以使得试验设备简化,同时更容易获得定位信息。而第二种方法可以获得更多的实体内部的信息,因此更精确。另外,还可以灵活设置可自由移动的探头,通过移动的探头来获得不同的初始值,最后逐步达到精确的定位。

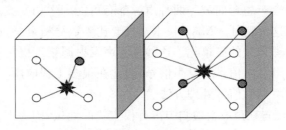

图 3.19　传感器布置示意图

3.4　现代信号处理和分析技术

　　除声发射经典信号处理方法之外,近三十年来人们开发了许多基于波形分析基础的声发射信号高级处理技术和人工神经网络模式识别技术,来进一步分析声发射源的特性。

　　波形分析是通过分析所记录的信号时域波形来获取声发射信号所蕴含信息的一种方法,声发射波形分析的目的是了解所获得的声发射波形的物理本质,其研究重点是将声发射波形与声发射源机制相联系,其主要研究对象是声发射的源机制、声波的传播过程和传播介质的响应。在波形分析中,信号处理方法是提取波形信息的重要手段,好的处理方法才能获取准确的信号信息。基于波形的信号处理方法可以分为时域分析和频域分析。时域分析是描述信号在时间域的完全信息,常用的统计特征参数是波形时域特征描述参数,如最大幅值、相关函数等。频谱分析是建立在傅里叶变换基础上,通过数学变换描述信号在频域上特征的方法。频谱分析又分为基于 FFT 的频谱分析和谱估计。小波变换是近二十年来发展起来的一种信号处理方法,与前面提及的时域分析和频域分析不同的是,小波变换具有同时在时域和频域表征信号局部特征的能力,既能够刻画某个局部时间段信号的频谱信息,又可以描述某一频谱信息对应的时域信息。

3.4.1　模态声发射分析技术

模态声发射(MAE)是利用 Lamb 波理论研究板中声发射波的特点,将声发射波形与特定的物理过程相联系,首先于 1991 年由美国学者 Gorman 提出。MAE 究其本质是一种基于波形分析的声发射信号处理技术。虽然对研究对象做了大量简化处理且技术本身仍在完善之中,但由于其着眼于将声发射信号波形与声发射的物理过程相联系,所以表现出极强的生命力。MAE 理论的基本点是,对于工程上大量使用的板状结构,由于板厚远小于声波波长,声发射源在板中主要激励起扩展波(最低阶对称波 S_0)、弯曲波(最低阶反对称波 A_0)和水平切变波(SH)三种模式的声波。板平面内(IP)声源主要产生的是扩展波,而平面外(OOP)声源主要会产生弯曲波。两种声源都有可能产生切变波。大量的非声发射源或噪声没有这种特征。MAE 技术本身要比参数分析复杂,而带来的结果却是声发射信号处理方法的简单化。这种基于声发射源物理机制的分析可以极大地帮助我们区分声发射信号和噪声信号,因此在很多工程应用问题中,它可以是一种十分有效的声发射信号处理方法。

确定声源的位置在声发射检测中占有很重要的地位,因为声发射源总是同损伤源相联系,确定了声发射源就等于是确定了损伤位置。时差定位是声发射源定位中用得最多的办法。时差定位的前提条件是材料中的声传播速度(C)已知。对超声检测,这并不是问题,因为根据所用声波的种类(纵波、横波、表面波等),声速很容易确定。但对声发射检测而言,情况则完全不同。即使对可认为是各向同性的航空铝合金结构件,声速也取决于板厚、声源性质、声源与接收传感器之间的距离等因素,到达传感器的声波可以是纵波、横波、表面波、扩展波和弯曲波等不同形式的声波,前 4 种波的传播速度分别是 6370m/s、3110m/s、2910m/s、5700m/s,而弯曲波速度与频率有关。图 3.20 给出了一个平面外声发射源在薄板中产生的典型信号,主要是扩展波,但并不是没有弯曲波,只是弯曲波幅度相对较小而已。显

　　然,所接收声波的类型取决于门限电压 V_t(图中横线),计算时差的电路有可能采用扩展波,也有可能利用弯曲波。当考虑介质中的声能量衰减以及不同传感器与声源的距离后,对同一阈值,有些(离声源较近)传感器所在通道是被扩展波触发,而另一些则很有可能是被弯曲波触发。如不加区分地利用同一声速来求时差,无疑会产生很大定位误差。因此,模态声发射的一个最基本应用是根据同一模态的声发射波进行定位,这样可大大减小定位误差。

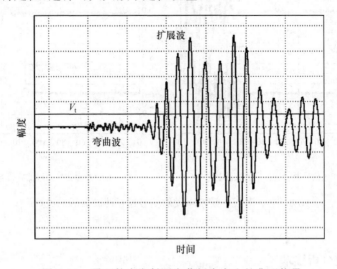

图 3.20　平面外声发射源在薄板中产生的典型信号

　　当然,解决实际工程应用问题时不可能采用观察波形的方法。由于扩展波和弯曲波的频率成分不同,在工程上可以采用选取不同频率段信号的方法。经验表明,通过高通滤波器(低频截止频率 100kHz)或高频带通滤波器(带通范围 100～1000kHz),可主要获得扩展波和横波成分,而通过低频带通滤波器(带通范围 20～70kHz),主要给出弯曲波分量。Dunegan 在三种不同厚度钢板上进行了模拟 IP 和 OOP 声发射源试验,并分别使信号通过高、低通滤波器,其试验结果见图 3.21,验证了上述设想。IP 源信号通过高频带通滤波器后,虽然板厚不同、主要频率不同,但主要给出扩展波,其速度基本不变(5500m/s)。OOP 源信号通过低频带通滤波器后,主要成分是弯曲波(零阶反对称波),频率-板厚积越高[图 3.21(b)中,从上到下三条曲线分别相应于 0.285MHz·mm、0.35MHz·mm 和 0.563MHz·mm],声速也越高。显然,利用这样获得的信号进行定位可大大减小定位误差,并使定位误差的主要来源变为材料各向异性对声速的影响。目前,人们利用模态声发射已经在复合材料损伤、疲劳裂纹萌生与扩展、航空材料日历损伤(腐蚀)的声发射监测和评估等方面取得了成功的应用。

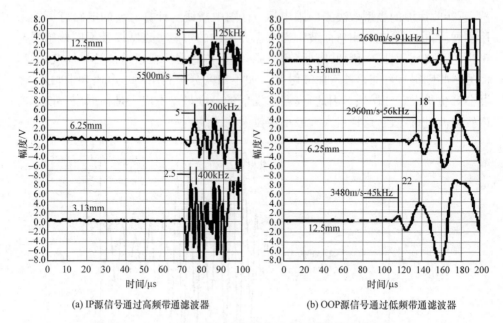

(a) IP源信号通过高频带通滤波器　　　　(b) OOP源信号通过低频带通滤波器

图 3.21　钢板中模拟声发射信号通过滤波器后的波形

图中 3.13mm、6.25mm、12.5mm 为板厚

3.4.2　频谱分析技术

　　频谱分析方法可以获得信号的谱特征。频谱分析可分为两大类,经典谱分析和现代谱分析。经典谱分析以傅里叶变换为基础,又称为线性谱分析方法。经典谱分析主要包括相关图法和周期图法,以及在此基础上的改进方法。其中最基本和最重要的方法就是快速傅里叶变换(FFT)。现代谱分析以非傅里叶分析为基础,是近二十年来迅速发展起来的一门新兴学科,大致可分为参数模型法和非参数模型法两大类。参数模型法包括有理参数模型和特殊参数模型,有理参数模型可用有理系统函数表示,包括自回归(AR)模型、滑动平均(MA)模型和自回归滑动平均(ARMA)模型;特殊参数模型即指数模型,它把信号定义为一些指数信号的线性组合。非参数模型法包括不需建立参数模型的、以基于自相关矩阵或数据矩阵进行特征分离为主的其他现代谱分析方法,主要有最小方差法、迭代滤波法、皮萨年科法等。

　　频域的谱分析技术以其相对简单及实用性强被广泛应用于声发射信号的研究中,并作为重要的辅助分析手段。例如,在小波分析之前,可以应用谱分析的方法作为预处理手段,人工神经网络也如此。而更为普遍应用的方法就是以 FFT 为主的谱分析方法。FFT 算法将时域的数字信号迅速地变换为它所对应的谱,从谱中便可以得到关于信号的各种特征。经典谱估计速度快,方便简单。而时域的相关技术以其同样的简单和实用被广泛采用作为分析信号的手段。下面主要结合应用的实例来阐述基于 FFT 技术的应用。

1. 基于 FFT 分析方法的原理

1) FFT 的原理

离散傅里叶变换(DFT)的定义为

$$X(k) = \sum_{n=0}^{N-1} x(n) \mathrm{e}^{-\mathrm{j}2\pi nk/N}, \quad k = 0, 1, \cdots, N-1 \tag{3.27}$$

$$x(n) = \frac{1}{N} \sum_{k=0}^{N-1} X(k) \mathrm{e}^{\mathrm{j}2\pi nk/N}, \quad n = 0, 1, \cdots, N-1 \tag{3.28}$$

式中,$X(k)$ 是离散频谱的第 k 个值;$x(n)$ 是时域采样的第 n 个值。时域与频域的采样数目是一样的($=N$)。频域的每一个采样值(谱线)都是从对时域的所有采样值的变换而得到的,反之亦然。

直接的 DFT 运算,对 N 个采样点要作 N^2 次运算,速度太慢。1965 年,Cooley 和 Tukey 提出的规范化快速算法,被定名为快速傅里叶变换(FFT)。FFT 算法把 N^2 步运算减少为 $(N/2)\log_2 N$ 步,极大地提高了运算速度,给数字信号处理带来了革命性的进步。FFT 是 DFT 的一种快速算法,并没有对 DFT 作任何近似,因此精度没有任何损失。

由于 DFT 是对于在有限的时间间隔(称为时间窗)内采样数据的变换,这有限的时间窗即是 DFT 的前提,同时又会在变换中引起某些不希望出现的结果,即谱泄漏和栅栏效应。

2) 窗函数的加权

为了消除谱泄漏,最理想的方法当然是选择时间窗长度使它正好等于周期性信号的整数倍,然后作 DFT,但这实际上不可能做到。实际的办法是对时间窗用函数加权,使采样数据经过窗函数处理再做变换。其中,加权函数称为窗函数,或简称为窗。在加权的概念下,我们所说的时间窗就可以看作一个加了相等权的窗函数,即时间窗本身的作用相当于宽度与它相等的一个矩形窗函数的加权。

选择窗函数的简单原则如下:

(1) 使信号在窗的边缘为 0,这样就减少了截断所产生的不连续效应;

(2) 信号经过窗函数加权处理后,不应该丢失太多的信息。

基于上述分析,在声发射信号的处理中,通常在进行 FFT 时,将窗函数作为预处理方法,以实现信号的谱连续性。

2. 基于 FFT 分析方法的应用

谱分析的特点是在频域上提取声发射信号的各种特征。其中,谱分析技术中最基本和最主要的方法就是 FFT,从应用来看,其适用范围也非常广,这里举一个合成绝缘子的例子来说明。

绝缘子是高压输电线路中架空线路的关键部件之一,其性能优劣将影响整条线路的运行安全。随着电网向超高压大容量发展,作为统治高压输电线路近百年的瓷绝缘子越来越明显地暴露出性能上固有的缺陷与弱点,如笨重、易破碎、机械强度低、易劣化、表面呈亲水性、易产生污闪事故、清扫维护量大等,已不适应电力工业发展的要求。合成绝缘子由于具有优良的防污与机电性能,较好地克服了瓷绝缘子的不足之处。

合成绝缘子虽然性能优异,但是也偶有事故发生,其原因主要有两点:一是端部金具连接不可靠;二是护套不可靠或接头密封不好。根本原因在于其端部的连接方式不可靠。接头结构的质量好坏直接影响到芯棒抗拉强度的发挥,进而影响到合成绝缘子的机械性能。所以,在合成绝缘子的生产环节中,接头的生产是一个很重要的环节,这一步的好坏将直接影响到合成绝缘子质量的好坏。

在实际使用中,接头工艺主要有楔接式和压接式两种。在绝缘子研究的早期阶段,大部分生产工艺都采用内楔式接头。但是内楔式接头的生产工艺复杂,生产步骤多,而且要在芯棒端部锯出一定长度的锯缝,对芯棒的机械性能会造成一定的影响。相比之下,现在国外多采用液压同轴压接工艺,其不仅具有较好的负荷-时间特性,更好的耐动态负荷性能,而且生产过程方便快速,是一种比较先进的生产方式。目前国内已经有厂家在采用压接式这种先进的压接技术。

压接式接头的生产对压接工艺的要求很高。在实际生产中,压制的轻重(或者说压力的大小)、金具的性能和外形、芯棒的性能和外形都会对绝缘子的质量产生直接的影响。如果金具的塑性变形和(或)芯棒的弹性变形太小,不能产生足够的预压力(这种情况称为"欠压"),当加载时不能产生足够的轴向摩擦力和轴向剪切力,就会在额定或低于额定机械负荷的情况下出现端部金具滑移的现象。如果金具的塑性变形和(或)芯棒的弹性变形太大,将可能导致芯棒发生塑性变形乃至断裂(分别称为"过压"和"断裂")。这三种绝缘子都属于不合格的产品,应该通过一定的检测手段将其筛选出来,再重新进行处理。

应用声发射检测技术手段,经过对大量不同压接状态(欠压、正常、过压以及断裂)绝缘子的研究,发现压接时的信号具有一定的规律。下面以 160kN 级绝缘子的压接过程采集的典型声发射信号为例说明(图 3.22)。

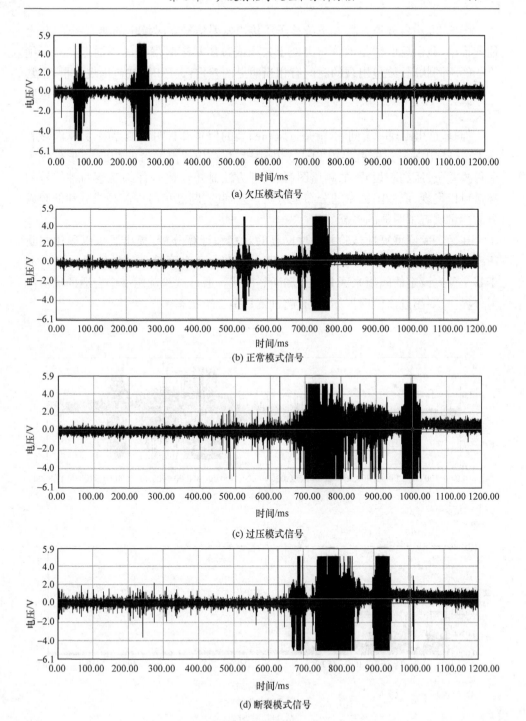

(a) 欠压模式信号

(b) 正常模式信号

(c) 过压模式信号

(d) 断裂模式信号

图 3.22 各种质量模式下的绝缘子压接声发射信号

　　图 3.22 为各种质量模式下绝缘子压接声发射信号在时域中的典型例子,从上述图形中,我们可以清楚地分辨出处于欠压或过压状态时信号的不同点。对于绝缘子的不同状况,波包出现的时间有相当明显的差别:欠压时,波包出现最早;正常时,波包出现较晚;而过压和断裂时,波包出现最晚。这主要是和压力上升的速度有关。

　　但是,这里出现一个问题,就是过压和断裂的信号没有明显的界限,只从时域方面无法分辨出来。这时就要用 FFT 分析手段,从频域找出两者的特征。图 3.23 为两种模式(过压和断裂)下的频谱图(预处理方法是矩形窗),仔细观察两种信号的频谱可以发现,能量随频率的分布是有明显差别的:断裂信号中高频成分和低频成分的能量比有了明显的提高。

　　在做了大量重复性试验并经过反复的观察和计算分析,提出了可以通过判断频率范围为[140kHz,160kHz]和[40kHz,60kHz]两个同等带宽的能量比是否大于某个预先设定的阈值来区分过压和断裂模式。通过试验确定一个合适的比值作为分界,只要超过该值即损坏,没有超过就只是过压状态。

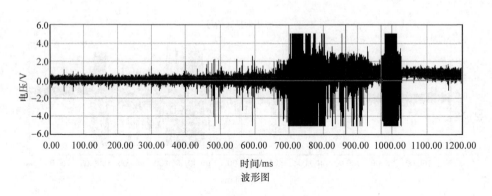

波形图

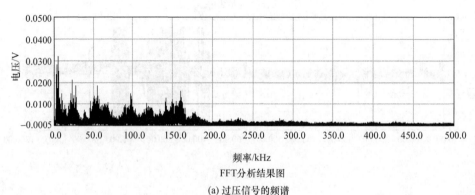

FFT分析结果图

(a) 过压信号的频谱

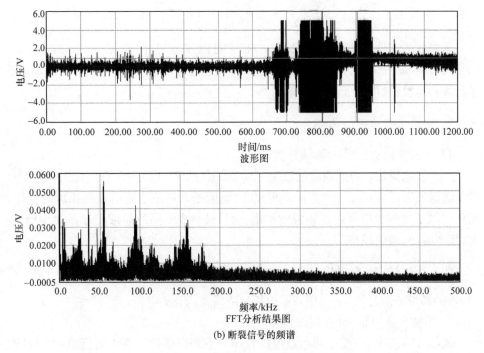

图 3.23　两种模式声发射信号的频谱

3.4.3　小波分析技术

小波变换是近二十年来发展起来的一种信号处理方法,与前面提及的时域分析和频域分析不同的是,小波变换具有同时在时域和频域表征信号局部特征的能力,既能够刻画某个局部时间段信号的频谱信息,又可以描述某一频谱信息对应的时域信息。这对于分析含有瞬态现象的声发射信号是最合适的。

1. 小波变换的定义

对于任意平方可积的函数 $\psi(t)$,其傅里叶变换为 $\psi(\omega)$,若 $\psi(\omega)$ 满足:

$$\int_{\mathbf{R}} \frac{|\psi(\omega)|^2}{|\omega|} \mathrm{d}\omega < \infty$$

则称 $\psi(t)$ 为小波基函数,将小波基函数进行伸缩和平移后得到:

$$\psi_{a,b}(t) = a^{-1/2}\psi\left(\frac{t-b}{a}\right), \quad a,b \in \mathbf{R}; a \neq 0$$

称其为一个小波序列,其中 a 为尺度因子,b 为时间因子。

对于任意平方可积的函数 $f(t) \in L^2(\mathbf{R})$,其连续小波变换的定义为

$$W_f(a,b) = \langle f, \psi_{a,b} \rangle = |a|^{-1/2} \int_{\mathbf{R}} f(t) \psi^* \left(\frac{t-b}{a} \right) dt \tag{3.29}$$

若对式(3.29)中的尺度因子 a 和时间因子 b 进行离散化,即取 $a = a_0^m$ $(a_0 > 1)$,$b = nb_0 a_0^m (b_0 \in \mathbf{R}; m, n \in \mathbf{Z})$,则可定义函数 $f(t)$ 的离散小波变换。为了便于计算机运算,尺度因子 a 通常取为2。

2. 小波变换的时频局部分析

1) 小波变换对信号的频域分析

令小波基函数 $\psi(t)$ 的频谱函数为 $\psi(\omega)$,根据傅里叶变换的性质,小波序列 $\psi_{a,b}(t)$ 的频谱函数为 $a^{1/2} \psi(a\omega) e^{-j\omega b}$。由此可见,时间因子 b 只是改变信号在频域的相位,而尺度因子 a 则对信号起着频限的作用:信号被分成不同的频带成分,尺度因子越大,频率越小,频带越窄。

假定用采样率 $2f_s$ 对信号 $f(t)$ 进行 j 尺度小波分析,则 $f(t) = \sum_{i=1}^{j} D_i + A_j$,其中 A_j 的频带范围是 $[0, f_s/a^j]$,D_i 的频带范围是 $[f_s/a^i, f_s/a^{i-1}]$,$1 \leqslant i \leqslant j$。

2) 小波变换对信号的时频分析

式(3.29)表明,小波序列函数可以看作一系列窗函数。在 b 时间点对 $f(t)$ 进行局部分析,设小波基函数 $\psi(t)$ 的中心为 t^*,时间窗宽为 $2\Delta t$,则式(3.29)在时间窗

$$[at^* + b - a\Delta t, at^* + b + a\Delta t] \tag{3.30}$$

内对 $f(t)$ 进行时域局部分析。

类似的,令小波基函数 $\psi(t)$ 的频谱函数 $\psi(\omega)$ 的中心频率为 ω^*,频带宽 $2\Delta\omega$,则根据傅里叶变换的性质,与式(3.30)时间窗对应的频窗为

$$\left[\frac{\omega^*}{a} - \frac{\Delta\omega}{a}, \frac{\omega^*}{a} + \frac{\Delta\omega}{a} \right] \tag{3.31}$$

对于较小的尺度 a,对应的是高频信号,根据式(3.30)和式(3.31)可知,小波变换对函数 $f(t)$ 的局部分析在时域采用较小的时窗,而在频域采用较大的频窗;对于较大的尺度 a,对应的低频信号的分析则刚好相反。正是因为小波函数具有可变的时窗和频窗,使得小波变换在时域和频域同时具有良好的局部化特性,对于含有瞬态变化的信号具有很好的分析能力。

3.4.4　模式识别技术

模式识别(pattern recognition,PA)是近三十年来得到迅速发展的一门新兴边缘学科。关于什么是模式或者机器所能辨认的模式,迄今还没有一个确切而严格的定义。有些专家提出,"模式是对各种物质的或精神的对象进行的分类、描述和

理解"。在一些应用领域中,有些专家则干脆将模式识别称为数量(数值)分类学。模式识别的过程是,首先对已知样品进行特征提取和选择,以找出合适的分类器;然后对未知类型的样品进行识别和分类。虽然模式识别技术的理论还很不完善,但它作为人的能力的辅助和延伸起着相当重要的作用。到目前为止,模式识别技术已在语音识别、文字识别、语音合成、目标识别与分类、图像分析与识别等领域得到应用。近二十年来,模式识别技术在声发射信号分析中也得到广泛应用。

针对模式特征的不同选择及其判别方法的不同,人们发展出了不同类型的模式识别方法,这些方法主要包括:模板匹配法、统计特征法、句法结构方法、逻辑特征方法、模糊模式识别方法和人工神经网络模式识别方法。根据声发射数据的结构特点分析发现,统计特征法和人工神经网络模式识别方法比较适合对声发射信号特征参数进行分析。

统计特征法是对已知类别的模式样本进行各种特征的提取和分析,选取对分类有利的特征,并对其统计均值等按已知类别分别进行学习,按贝叶斯最小误差准则,根据以上统计特征设计出一个分类误差最小的决策超平面。识别过程就是对未知模式进行相同的特征提取和分析,通过决策平面方程决定该特征相应的模式所属的类别。

图 3.24 为采用特征映射模式识别方法对现场压力容器声发射源进行的典型模式识别的图谱。图 3.25 为采用 Fisher 线性分类模式识别方法对现场压力容器声发射源进行的典型模式识别的图谱。

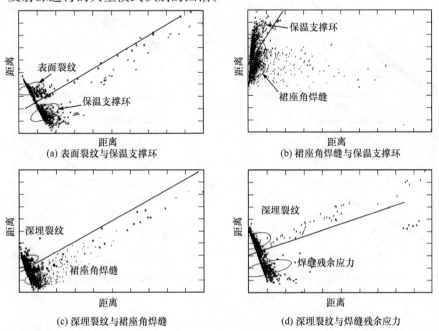

(a) 表面裂纹与保温支撑环　　　　　　(b) 裙座角焊缝与保温支撑环

(c) 深埋裂纹与裙座角焊缝　　　　　　(d) 深埋裂纹与焊缝残余应力

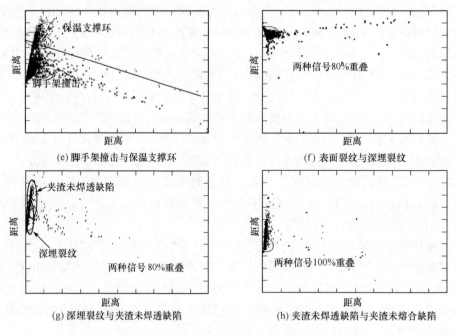

(e) 脚手架撞击与保温支撑环

(f) 表面裂纹与深埋裂纹

(g) 深埋裂纹与夹渣未焊透缺陷

(h) 夹渣未焊透缺陷与夹渣未熔合缺陷

图 3.24　压力容器声发射源的特征映射模式识别图谱

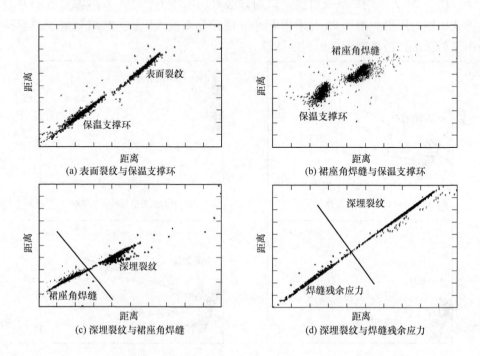

(a) 表面裂纹与保温支撑环

(b) 裙座角焊缝与保温支撑环

(c) 深埋裂纹与裙座角焊缝

(d) 深埋裂纹与焊缝残余应力

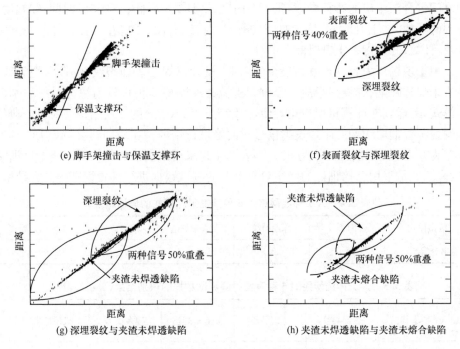

(e) 脚手架撞击与保温支撑环　　　　　　　(f) 表面裂纹与深埋裂纹

(g) 深埋裂纹与夹渣未焊透缺陷　　　　　(h) 夹渣未焊透缺陷与夹渣未熔合缺陷

图 3.25　压力容器声发射源的 Fisher 线性分类模式识别图谱

3.4.5　人工神经网络模式识别技术

近年来,人们对声发射信号进行大量的人工神经网络模式识别分析研究,可以判断一些声发射源的性质,本节给出一个采用人工神经网络直接分析声发射信号的特征参数以确定压力容器声发射源的性质的实例。

BP 网络模型即误差后向传播神经网络模型,是人工神经网络模型中使用最广泛的一类。图 3.26 给出了一个 11 个输入模式、3 个输出模式、输入层和隐层均为 5 个神经元以及输出层为 3 个神经元的三层 BP 网络结构。图 3.27 为误差后向传播原理图。

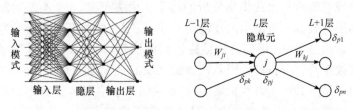

图 3.26　一个三层 BP 网络结构　　图 3.27　误差后向传播原理图

经大量测试分析发现,对每一个声发射撞击取如下 11 个特征作为人工神经网络的输入是较佳的选择,这 11 个参数中前 6 个为原始波形特征参数,后 5 个为它们之间组合派生出的特征参数：①上升时间；②计数；③能量；④持续时间；⑤幅度；⑥到峰计数；⑦上升时间/持续时间；⑧计数/持续时间；⑨能量/持续时间；⑩到峰计数/计数；⑪幅度×上升时间。

根据现场压力容器声发射检测的需要，设计以焊接表面裂纹、焊接深埋裂纹、夹渣未焊透缺陷、焊缝残余应力释放和机械碰撞摩擦 5 种声发射源为最终识别分类模式，考虑到在计算机中应用方便，网络为 $50×50×5$ 的三层结构。对每个典型声发射源各抽取约 500 个声发射信号对网络进行培训。在培训到第 400 次时其均方差为 0.14，而识别正确率为 93%。表 3.4 是采用培训信号数据对网络的培训结果，表 3.5 是采用已培训好的网络对每个源的测试数据进行模式识别的分类结果。

表 3.4 人工神经网络对 5 种声发射源模式的培训结果

输出模式	表面裂纹	深埋裂纹	夹渣未焊透	残余应力	机械撞击摩擦
输出分类率/%	89.0	97.5	86.5	98.1	99.5

表 3.5 人工神经网络对 5 种声发射源测试数据的识别结果(分类率：%)

输入数据 \ 输出模式	表面裂纹	深埋裂纹	夹渣未焊透	残余应力	机械撞击摩擦
机械撞击	0	0	0	0	100
残余应力	0	0	0	100	0
表面裂纹	84	0	16	0	0
深埋裂纹	2.4	94.2	1.5	1.9	0
夹渣未焊透	0	0	84	16	0

由表 3.4 可见，已训练好的网络对于培训数据的最低正确识别率为 86.5%。对于测试数据，由表 3.5 可见，表面裂纹和夹渣未焊透缺陷的正确识别率最低，但仍为 84%。由此证明，该网络的训练效果较好，具有较高的泛化能力。

表 3.6 列出了应用这一已培训好的人工神经网络对表 3.7 给出的 6 种现场压力容器的声发射源进行模式识别分析的结果。由表可见，6 个声发射源中有 5 个源的识别结果与表 3.7 所给出的复验结果基本一致，总的正确识别率为 83%。只有 2 号声发射源被 100% 识别为机械碰撞摩擦信号，与表 3.7 中复验结果给出的焊疤表面裂纹不符。分析其原因是该表面裂纹的最大深度只有 3mm，在 2.0MPa 的试验压力下是不会产生裂纹扩展的，而本网络用于培训的表面裂纹信号，大部分是由裂纹扩展产生的，因此两种源的模式确实不应该相同。另外，这一结果也说明，该表面裂纹产生的声发射信号与裂纹面的摩擦有关。

表 3.6　人工神经网络对表 3.7 给出的 6 种现场压力容器的声发射源的
模式识别分析的结果(分类率:%)

输入数据＼输出模式	表面裂纹	深埋裂纹	夹渣未焊透	残余应力	机械撞击摩擦
1 号声发射源	9.8	82.5	5.4	2.3	0
2 号声发射源	0	0	0	0	100
3 号声发射源	10.8	0	83.8	5.4	0
4 号声发射源	0	0	0	0	100
5 号声发射源	0	0	25.2	13.0	61.8
6 号声发射源	0	0	39.6	25.5	34.5

表 3.7　现场压力容器的声发射源及复验结果

编号	声发射源的描述	常规 NDT 复验结果
1	1000m³ 球罐纵缝上出现的声发射信号源	超声波探伤发现 1 个长 15mm、宽 10mm、深 5mm 的深埋裂纹和一些夹渣缺陷
2	1000m³ 球罐焊疤部位出现的声发射信号源	磁粉探伤发现 3 条长度分别为 15mm、20mm 和 30mm 的表面裂纹,最大深度 3mm
3	400m³ 球罐纵缝上出现的声发射信号源	射线探伤在附近 3 个部位发现大量气孔、夹渣、未熔合、未焊透等超标缺陷和 1 条长 20mm 的深埋裂纹等
4	换热器裙座垫板与筒体的角焊缝部位出现的大量声发射信号源	磁粉探伤没有发现表面裂纹
5	120m³ 球罐支柱与球壳的角焊缝部位产生的声发射信号源	磁粉探伤发现 1 条长 10mm、深度小于 0.5mm 的浅表面裂纹
6	氢气钢瓶上的保温支撑环部位出现的声发射信号源	目视检查发现该处的保温支撑环已严重腐蚀,支撑环与筒体之间存在大量氧化物

从表 3.6 中可以发现,另外一个较有意义的结果是采用人工神经网络方法可以对产生声发射源信号的各种机制进行定量分析,但由于培训此网络使用的表面裂纹数据中包含夹渣物断裂的分量,而焊接缺陷的声发射信号中又包含残余应力释放的分量,因此采用此网络对声发射信号的分析不能得到各种机制产生声发射信号的准确结果。由此,针对产生声发射信号各种机制的鉴别,需要获得单一声发射源机制产生的声发射信号,对已建立的网络重新进行培训。

3.5　本 章 小 结

本章系统论述了声发射信号的处理和分析方法,这些方法包括经典声发射信号处理和分析方法、声发射源定位技术、现代信号处理和分析技术等。根据这些方法重点给出了作者课题组开展的大量声发射试验和检测应用的实例。具体总结如下：

(1) 进行声发射信号处理和分析的主要目的包括：①确定声发射源的部位；②分析声发射源的性质；③确定声发射信号发生的时间或载荷；④评定声发射源的级别或材料损伤的程度。最终确定被检件上是否有活性缺陷。

(2) 目前对声发射信号进行采集和处理的方法可分为两大类：第一类为对声发射信号直接进行波形特征参数测量，仪器只存储和记录声发射信号的波形特征参数，然后对这些波形特征参数进行分析和处理，以得到材料中声发射源的信息；第二类为直接存储和记录声发射信号的波形，以后可以直接对波形进行各种分析，也可以对这些波形进行特征参数测量和处理。

(3) 声发射源的部位可通过声发射源定位技术来确定，目前采用的声发射定位技术包括独立通道区域定位技术，对突发型声发射信号基于时差计算的线定位技术、面定位技术和三维立体定位技术。此外，对于泄漏产生的连续声发射信号，可采用相关技术进行声发射源的定位。

(4) 简化波形特征参数分析方法是自20世纪50年代以来逐步完善和广泛使用的经典声发射信号分析方法，目前在声发射检测中仍得到广泛应用，主要用于对声发射源活性和强度的表征。简化波形特征参数分析方法主要包括计数分析法、能量分析法、幅度分析法、经历图分析法、分布分析法和关联分析法等。

(5) 声发射源的性质可通过现代信号处理和分析技术来识别，这些分析技术包括模态声发射分析技术、频谱分析技术、小波分析技术、模式识别技术和人工神经网络模式识别技术等，而且对压力容器上裂纹扩展、焊接缺陷开裂、残余应力释放、氧化皮剥落和摩擦等常见声发射源信号进行了成功的识别。

第4章 金属材料的声发射特性研究

4.1 影响声发射特性的因素

声发射技术的应用以材料的声发射特性为基础,材料的声发射特性主要包括材料在受载时变形和断裂过程中产生声发射信号的数量、强度和变化规律。不同材料的声发射特性差异很大。即使对同一材料而言,影响声发射特性的因素也十分复杂,如热处理状态、组织结构、试样形状、加载方式、受载历史和环境等。对同一试样做声发射试验,在同样的内部和外部条件下,由于试样的声发射源不同,也会表现出不同的声发射特性。表 4.1 列出了影响材料声发射信号强度的因素,并把它们分为内部因素和外部因素两大类。

表 4.1 影响材料声发射信号强度的因素

条件	产生高强度信号的因素	产生低强度信号的因素
材料特性 （内部因素）	高强度材料 各向异性材料 不均匀材料 铸造材料 大晶粒 马氏体相变 核辐照过的材料	低强度材料 各向同性材料 均匀材料 锻造材料 细晶粒 扩散型相变 未辐照过的材料
试验条件 （外部因素）	高应变速率 无预载 厚断面 低温 有腐蚀介质	低应变速率 有预载 薄断面 高温 无腐蚀介质
形变和断裂方式 （内外部因素综合作用）	孪生变形 解理型断裂 有缺陷材料 裂纹扩展 复合材料的纤维断裂	非孪生变形 剪切型断裂 无缺陷材料 塑性变形 复合材料的树脂断裂
仪器特性 （外部因素）	通频带宽度 传感器的响应模式和频率 系统总增益 设置的门限电压	

4.2　金属材料形变过程的声发射特性

金属的塑性形变有多种机制,而且受材质、热处理状态和试验条件等各种因素的影响,因而与塑性形变有关的声发射特性也互不相同。金属试样受拉伸时的声发射信号通常有连续型和突发型两种。在实际试验中,往往观察到连续分量和突发分量同时出现。金属材料塑性形变的声发射主要是位错运动引起的,Luders 带的形成、Bauschinger 不均匀形变、孪生、硬化型合金第二相的形变和断裂等都可导致声发射。

Hamstad 和 Mukherjee 在 7075 铝的拉伸试验中发现,连续型声发射信号的均方根电压 V_{rms} 与应变率 $\dot{\varepsilon}_p$ 及试样体积 V 有如下简单关系:

$$V_{rms} \propto \sqrt{\dot{\varepsilon}_p V} \tag{4.1}$$

并推断它对所有产生连续型声发射的材料都是适用的。James 和 Carpenter 试验分析了 LiF 等材料形变过程的声发射特征后得出,声发射振铃计数率 N 与可移动位错密度 ρ_m 的增长率成正比:

$$N = 10^{-4} \frac{d\rho_m}{dt} \tag{4.2}$$

Gills 与 Hamstad 分析了 Fisher 等的试验结果后,估计只有近 1% 的位错运动对声发射有贡献。Ono 及 Hsu 得出声发射的均方根电压 V_{rms} 与位错运动之间有如下关系:

$$V_{rms} = K\bar{v}\sqrt{\rho_m l} \tag{4.3}$$

式中,K 为常数;$\bar{v}$ 为位错运动的平均速度;ρ_m 为可动位错密度;l 为位错段的平均长度。

图 4.1 是典型压力容器用碳钢的单轴拉伸试样在常应变率下的应力-应变曲线和声发射信号率曲线图,图中的声发射参数被归一化,以使得最大的发射率为 1.0。不锈钢和其他压力容器用金属均有类似的声发射行为特征。在拉伸应变下它们的声发射行为具有如下特征:

(1)应变值低于门限应变时,无声发射信号产生,对于典型的压力容器用钢,门限应变约为屈服应变的 60%。

(2)如果应变以常应变率增加,声发射率将从门限应变时的零增加到屈服应变时的极大值。

(3)过了屈服点之后,声发射率将随着应变率的增加而下降。

(4)随着应变的继续增加,声发射率将再次开始上升,此处对应于材料加工硬化的开始。

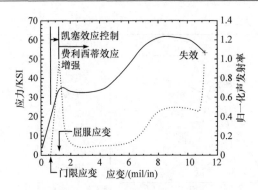

图 4.1　典型压力容器用碳钢拉伸形变的声发射特征

1KSI＝6.895MPa；1in＝1000mil

（5）最终的断裂将产生高能量（信号强度）的突发型声发射信号。

（6）如果在门限应变之上应变保持不变，在一定时间内声发射将继续产生，但最终将停止。

（7）如果在门限应变之上载荷保持不变，随着应变的增加，声发射将继续产生直到材料断裂。

（8）如果试样经过加载、卸载、再加载，在达到第一次最大载荷之前，将不产生声发射信号（即凯塞效应）。通常对于低于屈服应力下的应变，凯塞效应将被很好地遵守。

（9）这种材料也存在违反凯塞效应的情况，即在达到第一次最大载荷之前，将有声发射信号产生（即费利西蒂效应）。在应力值接近屈服应力、应变值位于屈服应变左右而且存在应变梯度的情况下，费利西蒂效应极易被观察到。在金属中，费利西蒂效应是严重结构缺陷存在的指示器。

人们通过进行大量的金属材料声发射特性试验，将塑性形变的声发射特性与塑性形变的机制结合起来，将塑性形变的声发射图形大致分为五种类型，并给出了与之相应的典型金属材料，如表 4.2 所示。

表 4.2　金属材料拉伸形变的声发射特征

类型		图形	声发射类型	声发射源	材料
I	I a		连续	Luders 带形成和传播	碳钢、工业纯铁
	I b		连续＋突发	珠光体中碳化物层断裂	碳钢

类型		图形	声发射类型	声发射源	材料
II	IIa		连续	均匀变形	面心立方金属、高温下的碳钢
	IIb		突发	孪晶	锡、锌
III			连续	类型II＋Luders带形成和传播	黄铜、铝镁合金、铜锌镁合金、高温下的碳钢、镍合金
IV	IVa		连续	类型II＋微观不均匀变形	铝铜镁合金和铝锌镁铜合金
	IVb			类型II＋孪晶	钛和钛合金
V			突发	滑移距离极短	细晶粒钢、冷加工金属、奥氏体钢

　　第Ⅰ种类型:以低碳钢为典型,应力-应变曲线有屈服平台。伴随着屈服平台的出现,在试样表面上可以观察到与拉伸轴向成45°角的Luders带,同时产生大量的声发射信号。进入加工硬化阶段,声发射信号明显减少,但由于珠光体中层状碳化物的断裂引起突发型声发射信号,出现第二个声发射高峰,这就是Ⅰa型的

特征。

第Ⅱ种类型：以 7075 铝合金为典型,应力-应变曲线无屈服平台。随着微观屈服的开始,可动位错数目逐渐增多,逐渐产生大量连续型声发射信号,形成声发射高峰。另一种形变机制是孪生,它是局部不均匀形变,产生突发型声发射信号,也在屈服点出现声发射高峰。

第Ⅲ种类型：屈服阶段具有与Ⅱ类相同的形变机制,形成屈服点高峰;进入加工硬化阶段,由于动态应变时效,应力-应变曲线成锯齿状,并与之对应出现一系列声发射峰。

第Ⅳ种类型：除屈服阶段具有与Ⅱ类相同的形变机制形成屈服点高峰外,在高应变区还可见第二个高峰,此峰仍具有连续和突发两种信号特征。

第Ⅴ种类型：这类试样除断裂时可探测到声发射外,整个形变过程中难以检测到声发射信号。深度冷加工金属会出现这种情况,这些材料形变过程中释放出的应变能小,使声发射信号不能超过噪声电平,难以被探测到。

4.3 金属材料断裂过程的声发射特性

声发射对材料内部的裂纹萌生与扩展十分敏感,因此声发射已发展成为一种确定带裂纹材料(或结构)断裂特性的动态无损检测方法。试验表明,如果采用声发射检测带裂纹试样或结构,在普遍屈服之前就会出现声发射,这是因为此时裂纹尖端局部地区由于应力集中已首先进入或超过了屈服状态。可见,带裂纹结构或试样被施加应力低于普遍屈服应力时,其声发射行为取决于裂纹尖端的应力状态特性参数,这些特性参数包括裂纹长度、应力强度因子、裂纹尖端的断裂应变和裂纹前端的塑性区。

4.3.1 理论模型

1. 塑性形变模型

这一模型建立在声发射与塑性形变过程有关的事实上。在带裂纹试样中,裂纹前端部位因应力集中现象使应力局部增大,甚至达到材料的屈服应力水平,声发射行为与裂纹前端局部塑性形变有关。这一模型中包括四个假设:①当金属或合金被加载到屈服应变时,其声发射率最高。②裂纹前端塑性区的大小和形状由线弹性断裂力学的概念即方程(4.4)所决定：

$$r_y = \frac{1}{\alpha\pi}\left(\frac{K}{\sigma_y}\right) \tag{4.4}$$

式中,r_y 为塑性区的尺寸;K 为应力强度因子;σ_y 为屈服应力;α 为 2 或 6 (分别对应于裂纹尖端为平面应力或平面应变状态)。③裂纹尖端的应变随 $r^{-1/2}$ 而下降,r 是与裂纹尖端的半径距离。④观察到的声发射计数率 N 正比于在屈服应变 ε_y 和均匀应变 ε_u 之间的材料体积增加率 V_p，即

$$N \propto V_p \tag{4.5}$$

根据这些假设，可推导得到平面应力条件 $\alpha=2$ 时

$$V_p \propto K^4 \tag{4.6}$$

$$N \propto K^4 \tag{4.7}$$

Masounave 将这一模型应用于裂纹尖端为压缩应力的延性材料分析，发现声发射不仅发生在裂纹尖端压缩区整体塑性形变的开始，而且发生在载荷-位移曲线偏离线性的点。他修正了裂纹尖端塑性区的尺寸，得到声发射总计数 N 与应力强度因子 K 的关系：

$$N = AK^m \tag{4.8}$$

式中，A 为比例系数；m 是与材料和试验条件有关的常数。

2. 线弹性断裂模型

这一模型是通过研究带开槽试样裂纹尖端应力状态及在加载时的声发射行为而获得的，并已经过试验验证。它建立在线弹性断裂力学的概念上，并假设裂纹前端塑性区的尺寸远小于试验样品的尺寸。

这一模型认为，裂纹断裂时总的声发射计数正比于裂纹前端塑性区的尺寸：

$$N = DS \tag{4.9}$$

式中，N 为总的声发射计数；S 为裂纹前端塑性区的尺寸；D 为正比常数。

正比常数 D 依赖于材料的应变率、温度、厚度和微观结构等。塑性区的尺寸和应力 σ 及初始裂纹长度满足下述方程：

$$S = C\left[\sec\left(\frac{\pi\sigma}{2\sigma_1}\right) - 1\right] \tag{4.10}$$

式中，C 为半裂纹长度；σ_1 为材料的特征应力。

当线弹性断裂力学适用时，材料的特征应力等于屈服应力。对于明显的塑性形变，不连续的临界断裂应力为

$$\sigma_f = \frac{2}{\pi}\sigma_1 \text{arcsec}\left[\exp\left(\frac{\pi K_{IC}^2}{8\sigma_1^2 C}\right)\right] \tag{4.11}$$

式中，K_{IC} 为材料的断裂韧性，不连续失效的总计数为

$$N_f = DC\left[\exp\left(\frac{\pi K_{IC}^2}{8\sigma_1^2 C}\right) - 1\right] \tag{4.12}$$

在小应力情况下，方程(4.12)可以近似为

$$N_f = D\frac{\pi K_{IC}^2}{8\sigma_1^2 C} \tag{4.13}$$

与方程(4.9)相比,方程(4.12)更适合于高韧性的材料。

　　Wadley 等用处理范性形变类似的方法来处理裂纹的扩展问题。假设在已有应力 σ 的材料中,以速度 v 生长一个半径为 a 且与应力方向垂直的圆形裂纹,该过程产生可探测到声发射信号的条件是

$$\sigma a^2 v \geqslant 5 \times 10^{14} \gamma T \tag{4.14}$$

式中,γ 为裂纹源的深度;T 为可探测位移的阈值。若取 $\gamma = 2 \times 10^{-2}\,\mathrm{m}$,$T = 10^{-13}\,\mathrm{m}$,则上式为

$$\sigma a^2 v \geqslant 1 \quad (\mathrm{W}) \tag{4.15}$$

此式表明,在一定应力作用下,裂纹面积足够大或传播速度足够快,就可以产生可探测的声发射信号。实际过程中,晶间断裂和解理断裂很容易被探测到,而微空洞聚合则是不可探测的。

4.3.2　试验测试结果

　　1968 年,Dunegan、Harris 和 Tatro 通过对带裂纹碳钢试样的测试,得到总的声发射计数正比于裂纹尖端塑性区体积的结论。1973 年,Palmer 报道了对C-Mn 钢进行声发射研究的结果,通过采用带疲劳裂纹的紧凑拉伸试样,对 C-Mn 钢裂纹尖端塑性区的声发射特性进行了研究,得到的结论为:裂纹尖端的声发射源来自于裂纹尖端弹性区和塑性区的边界附近,总的声发射计数正比于塑性区的几何尺寸;并认为这一结论适用于除高强钢之外的大部分级别的结构钢,因为高强钢的稳定裂纹增长可以产生声发射信号。Palmer 采用紧凑拉伸试样还对压力容器用 C-Mn 钢断裂的声发射特性进行了系统研究,得到了如下有指导意义的结论:

　　(1) 在正火状态下压力容器用钢内裂纹尖端的屈服过程可以产生大量可探测的声发射信号。

　　(2) 产生的声发射总计数正比于塑性区的尺寸,绝大部分声发射信号来自于裂纹尖端的弹塑性边界。

　　(3) 对这种钢进行球化处理后,材料的屈服过程十分安静,仅产生很少的声发射信号,证明这类钢的声发射行为对组织结构十分敏感,也说明大部分声发射是由珠光体或晶界上的渗碳体断裂引起的。

　　(4) 韧性裂纹扩展是一个"安静"的过程,试样上钝边开槽根部的裂纹生长反而伴随声发射率的迅速下降。

　　(5) 预应变 10%～20%材料的屈服和裂纹生长都是很安静的过程,几乎不产生声发射信号。

　　(6) 当断裂发生在普遍屈服点附近时,如接近韧/脆转变温度曲线的上端,声发射率在断裂前单调上升;在较低的温度下,声发射率无明显的增加;而在室温下,材料在总体屈服时声发射率达到峰值,断裂紧跟在峰值之后发生;韧性断裂向解理

断裂转变时声发射率无明显增加。

（7）材料经过冷加工后，在 300℃ 下短时退火，声发射无明显的恢复现象产生；在 650℃ 下退火，虽然冷加工对材料的影响已被完全去除，但材料的声发射行为只可以产生部分恢复现象；只有在共析温度之上的退火，才能使材料的声发射行为得到完全恢复。

（8）在氧化处理后，试样上裂纹内形成的氧化薄膜在很低载荷情况下的断裂即可产生大量的声发射信号。在压力容器的缺陷中也可产生这些声发射，它们使压力容器的缺陷定位检测成为可能。对试样进行常温下的腐蚀，同样可检测到裂纹内腐蚀物开裂引起的声发射信号。

Blanchette 采用紧凑拉伸试样对压力容器常用钢 A516-70 断裂的声发射特性进行了试验测试，得到如下结论：

（1）声发射可以探测 A516-70 钢总体屈服的发生；

（2）不可能以声发射探测 J_{1c} 表示的稳定裂纹的增长；

（3）声发射可以探测裂纹增长之前发生的结构增韧；

（4）在屈服过程中产生的声发射源主要由位错运动引起；

（5）最终的韧断机制对观察到的声发射无有意义的贡献。

Clark 对三种压力容器用钢 HY130、A533B 和 QT35 以预制疲劳裂纹的单边开槽试样进行三点弯曲试验的声发射测试，发现三种压力容器用钢的声发射行为均与它们的特殊裂纹增长过程有关。从幅度分析发现，QT35 钢的声发射信号幅度分布为单一 b 值，即由单一声发射机制——层状撕裂产生；HY130 钢伴随延性裂纹的增长可产生高幅度的声发射信号；A533B 钢与 HY130 钢有相同的声发射行为，只是声发射信号较弱。

4.4　Q235 钢的声发射特性研究

4.4.1　Q235 钢母材试样拉伸过程的声发射特性研究

1. 拉伸过程的声发射参数特性

图 4.2 为 Q235 钢母材试样拉伸过程的载荷-时间曲线图和声发射主要参数的历程图。根据载荷-时间曲线，试样拉伸过程四个阶段的时间间隔大致如下：0～30s 为线弹性变形阶段，30～60s 为塑性屈服阶段，60～220s 为加工硬化阶段，220～290s 为局部颈缩阶段。根据图 4.2 中声发射信号参数的表现行为，可以看出 Q235 钢母材拉伸试样声发射信号的特征如下。

（1）线弹性变形阶段：材料内部的形变在卸载后就恢复，几乎没有应变能的释放，在低于 60% 的屈服应变时，几乎无声发射信号产生，即使有少量的声发射信号，也是由拉伸机械系统的噪声引起，其信号的 RMS 值、幅度、能量率、振铃计数、

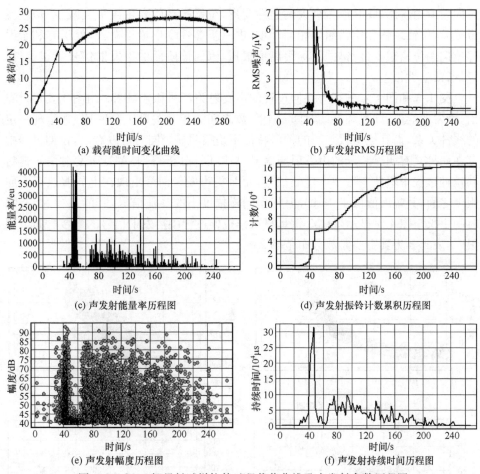

(a) 载荷随时间变化曲线

(b) 声发射RMS历程图

(c) 声发射能量率历程图

(d) 声发射振铃计数累积历程图

(e) 声发射幅度历程图

(f) 声发射持续时间历程图

图 4.2　Q235 钢母材试样拉伸过程载荷曲线及声发射参数历程图

持续时间参数值也很小。

　　（2）塑性屈服阶段：试样屈服时会发生大范围的塑性变形，材料内部的位错运动加剧，密度增加，位错滑移和位错雪崩使得材料塑性变形的能量释放，因此产生了大量的声发射信号。这一阶段的声发射特征主要表现为：在达到上屈服点时，RMS 值、能量率等参数达到极大值，信号的活动性极强，强度高；而在上屈服点至下屈服点过程中，其声发射参数值均迅速下降，出现了短暂的"停滞"；过了下屈服点，信号的活动性开始增强，强度有所提高，但低于上屈服点前。

　　（3）加工硬化阶段：随着载荷的增加，塑性变形加剧，材料开始硬化，位错运动的自由度大大减少，塑性变得很差，该阶段仍有大量的声发射信号产生，相对塑性屈服阶段，其活动性较差，信号的强度（幅度值）仍处于较高水平，但 RMS 值缓慢降低；在硬化阶段后期，能量率有第二峰值出现。

　　（4）局部颈缩阶段：材料发生颈缩后，材料内部的变形由原来的单向拉伸变成三向拉应力状态,此时产生极大的塑性变形,位错运动的自由度极大减少,塑性变得极差,位错塞积和位错纠缠相当严重,进一步塑性变形量很有限,处于有利于滑移位向的位错很少,位错的滑移距离也很短,因而该阶段的声发射信号量很少,能量低,活动性很差。

图 4.3 和图 4.4 分别为拉伸过程的声发射关联图和分布图。由图 4.3 可以看出,声发射能量、计数和持续时间三个参数之间的相互关系十分密切,并呈现一定的线性关系,而其他参数之间的关联特征不是很明显。同时可以看出,拉伸过程中存在两种具有明显差异的声发射源信号 A 和 B。分析得到,A 类声发射信号是材料拉伸过程中塑性变形中产生的信号,而 B 类声发射信号出现在上屈服点至下屈服点之间,其幅度值低于 45dB,但相比同样幅度下的其他信号,其能量更大,持续时间更长。图 4.4 显示,Q235 钢母材试样拉伸过程中声发射信号的参数分布范围很广,表 4.3 为其主要参数分布范围。

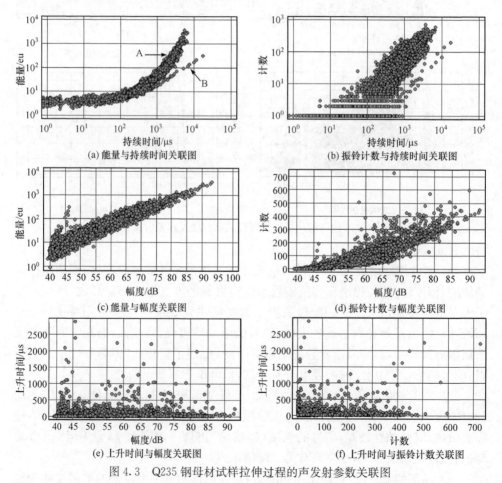

图 4.3　Q235 钢母材试样拉伸过程的声发射参数关联图

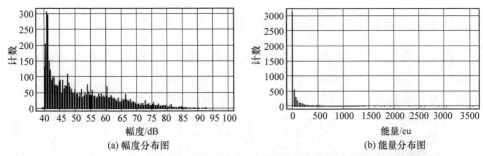

(a) 幅度分布图　　　　　　　　　(b) 能量分布图

图 4.4　Q235 钢母材试样拉伸过程的声发射参数分布图

表 4.3　Q235 钢母材拉伸过程声发射参数的范围

声发射参数	范围	主要范围	声发射参数	范围	主要范围
幅度/dB	40~92	40~80	持续时间/μs	1~7000	1~3000
能量/eu	1~2600	1~300	上升时间/μs	1~1700	1~200
振铃计数	1~500	1~100	RMS/μV	1~7.2	1.1~3

2. 拉伸过程声发射事件的定位特性

图 4.5 为 Q235 钢母材试样拉伸过程的声发射源定位图。由图可知,在试样上出现了一定数量的声发射定位事件,主要集中在三个区域:3~6cm,7~9cm,10.5~12cm,其中 10.5~12cm 区域为试样拉伸试验后期断裂的区域。表 4.4 为这些声发射定位信号的主要参数范围。

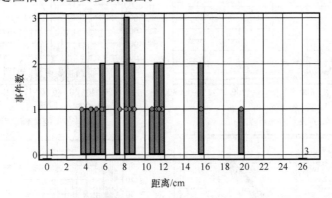

图 4.5　Q235 钢母材试样拉伸过程的声发射源定位图

表 4.4　Q235 钢母材试样拉伸过程声发射定位源信号的主要参数范围

声发射参数	主要范围	声发射参数	主要范围
幅度/dB	40~65	持续时间/μs	1~1000
能量/eu	1~200	上升时间/μs	1~260
振铃计数	1~100		

3. 拉伸过程定位声发射信号的频谱特性

图 4.6 为 Q235 钢母材试样拉伸过程引起定位的声发射信号波形和频谱图。由图可知,定位信号为突发型信号,其频谱分布范围比较宽,在低于 800kHz 的范围内均分布有能量,其主要频带在 100~200kHz,在 150kHz 附近有峰值。

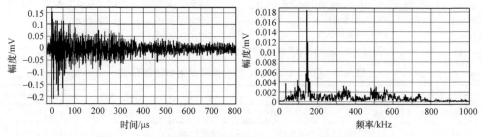

图 4.6　Q235 钢母材试样定位声发射信号的波形和频谱图

4.4.2　Q235 钢带焊缝试样拉伸过程的声发射特性研究

图 4.7 为 Q235 钢带焊缝试样拉伸过程的声发射信号参数历程图、关联图和分布图。据图可看到其主要声发射信号特征如下。

（1）试样在到达上屈服点时,其 RMS 值出现了峰值,但该值为 $5.7\mu V$ 小于母

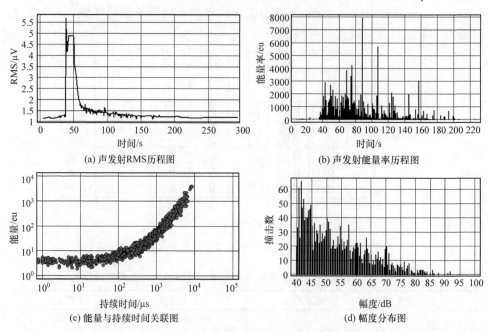

(a) 声发射RMS历程图

(b) 声发射能量率历程图

(c) 能量与持续时间关联图

(d) 幅度分布图

图 4.7　Q235 钢带焊缝试样拉伸过程的声发射信号参数图

材试样的 $7.2\mu V$,且在过了上屈服点后,RMS 值下降趋势缓慢,呈现锯齿形交错下降,而且在整个强化阶段都长时间维持在一个较高水平内,高于屈服前的值。由母材试样拉伸过程的声发射特性可知,塑性变形过程的 RMS 值明显高于其他阶段,而 RMS 参数正是反映连续信号特征的有效参数,因此可以分析得出,在过了上屈服点后,持续有屈服现象产生。在试验后,观察带焊缝试样的中间小截面区域,在焊缝两侧都有明显颈缩现象产生,说明在拉伸试验中颈缩区域有多处屈服产生。

（2）拉伸过程的能量率曲线显示,在上屈服点时,试样的能量率没有出现整个拉伸过程的极大值,全过程极大值出现在加工硬化阶段中期。

（3）由试样的能量与持续时间关联图可知,在 Q235 钢母材试样拉伸过程中上屈服点至下屈服点之间出现的信号幅度较低,但能量大、持续时间长的 B 类声发射信号在焊接试样中没有出现。

图 4.8 为 Q235 钢带焊缝试样拉伸过程的声发射源定位图,定位事件主要集中在 9～14cm 区域,试样断裂位置在 13～14cm 内,因此声发射定位图反映出了断裂事件发生的区域。

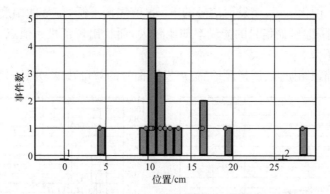

图 4.8　Q235 钢带焊缝试样拉伸过程声发射源定位图

图 4.9 为 Q235 钢带焊缝试样拉伸过程引起定位的声发射信号波形和频谱图,定位信号为突发型信号,其频谱分布范围比较宽,在低于 750kHz 的范围内均分布有能量,其主要频带在 80～180kHz,在 150kHz 附近有峰值。

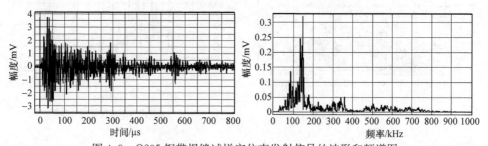

图 4.9　Q235 钢带焊缝试样定位声发射信号的波形和频谱图

4.5 Q345 钢的声发射特性研究

4.5.1 Q345 钢母材试样拉伸过程的声发射特性研究

图 4.10 为 Q345 钢母材试样拉伸过程的声发射信号参数历程图、关联图和分布图,其声发射特征如下。

(1)弹性变形阶段:在低于 60%的屈服应变时,几乎无声发射信号产生,即使有少量的声发射信号,也是由拉伸机械系统的噪声引起,而且信号的 RMS 值、幅度、能量率、振铃计数、持续时间参数值也很小。

(2)塑性屈服阶段:在上屈服点出现前,产生了大量的声发射信号,最大幅度为 70dB,并且能量率曲线和 RMS 曲线都出现了峰值;在上屈服点和下屈服点之间出现了幅度低、能量比同幅度下其他信号更大的 B 类信号;过了下屈服点,产生了大量的声发射信号,且信号的强度有所提高,并高于上屈服点前,RMS 曲线呈现快速下降趋势。

(3)加工硬化阶段:声发射信号的 RMS 值缓慢下降,信号的幅度与过了下屈服点后的大小相当,而信号的能量率却比较大,而且出现了极大值点,信号的持续时间也缓慢下降。

(4)局部颈缩阶段:试样颈缩后,声发射信号的数量减少,并且幅度值降低。

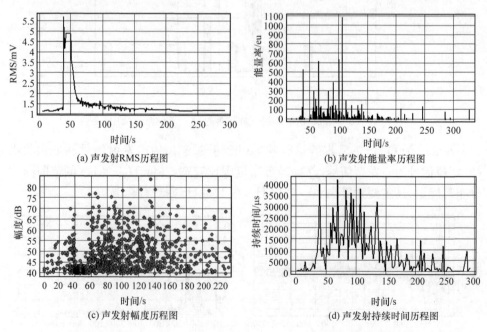

(a) 声发射RMS历程图   (b) 声发射能量率历程图

(c) 声发射幅度历程图   (d) 声发射持续时间历程图

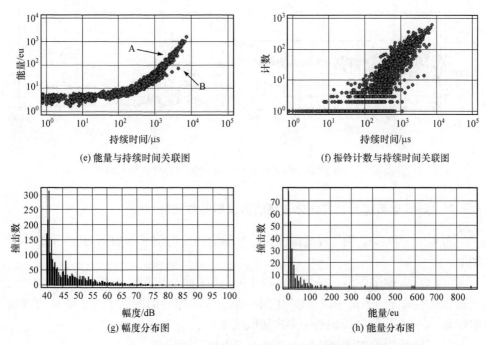

(e) 能量与持续时间关联图　　　　　(f) 振铃计数与持续时间关联图

(g) 幅度分布图　　　　　　　　(h) 能量分布图

图 4.10　Q345 钢母材试样拉伸过程的声发射信号参数图

图 4.11 为 Q345 钢母材试样拉伸过程的声发射源定位图,定位事件主要集中在 10.5～14cm 范围内,其断裂位置也在此区域。图 4.12 为 Q345 钢母材试样拉伸过程声发射定位源信号的波形和频谱图,定位信号为突发型信号,在 50～800kHz频率范围内均有能量分布,其主要频带在 90～170kHz,在 150kHz 附近有峰值。

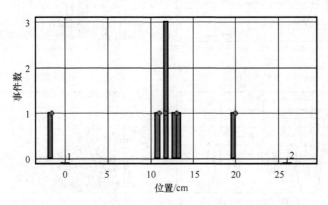

图 4.11　Q345 钢母材试样拉伸过程的声发射源定位图

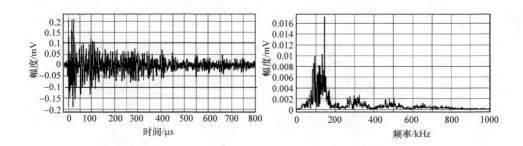

图 4.12　Q345 钢母材试样定位声发射信号的波形和频谱图

4.5.2　Q345 钢带焊缝试样拉伸过程的声发射特性研究

图 4.13 为 Q345 钢带焊缝试样拉伸过程的声发射信号参数图,其声发射特征如下。

(1) Q345 钢带焊缝试样拉伸过程中的 RMS 曲线出现了明显的双峰值现象。试验后观察试样的表面发现,试样中间小截面区域焊缝的两侧出现了明显的双颈缩现象,说明在屈服阶段出现了多次屈服现象。

(2) Q345 钢带焊缝试样拉伸过程中未出现 B 型声发射信号。

(3) 拉伸过程中,在上屈服点出现前,试样中的声发射能量率持续出现较大值;加工硬化阶段后期,约 125s 时,声发射的能量率出现了极大值。

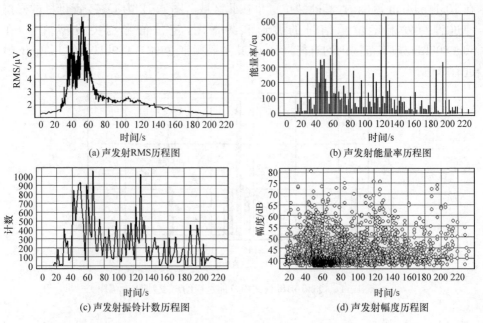

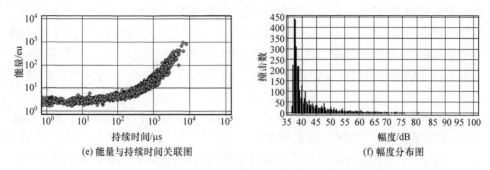

(e) 能量与持续时间关联图　　　　　　　(f) 幅度分布图

图 4.13　Q345 钢带焊缝试样拉伸过程的声发射参数图

图 4.14 为 Q345 钢带焊缝试样拉伸过程的声发射源定位图,定位事件主要集中在 9~14cm。图 4.15 为该试样拉伸过程声发射定位源信号的波形和频谱图,定位信号为突发型信号,在 30~800kHz 频率范围内均有能量分布,其主要频带在 30~170kHz,在 150kHz 附近有峰值。

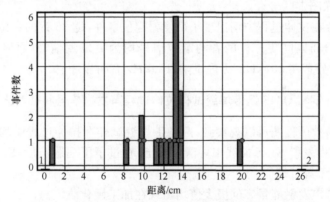

图 4.14　Q345 钢带焊缝试样拉伸过程声发射源定位图

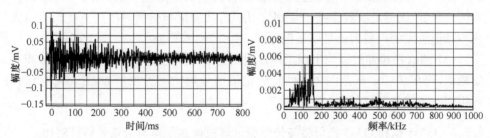

图 4.15　Q345 钢带焊缝试样声发射定位信号的波形和频谱图

4.5.3　Q235 钢和 Q345 钢母材拉伸过程声发射信号特征对比

(1) 两种母材试样在拉伸过程中均出现了丰富的声发射信号,Q235 钢拉伸过程的声发射信号数量比 Q345 钢更多,其声发射参数特征很好地反映了材料内部损伤变化过程:弹性变形阶段声发射信号数量少;塑性屈服阶段因材料位错运动的加剧和密度增加,产生了大量的声发射信号,且活动性强、强度高;加工硬化阶段塑性变形加剧,位错运动的自由度降低,仍有大量的声发射信号产生;局部颈缩阶段产生了极大的塑性变形,位错运动的自由度极大减少,该阶段的声发射信号量很少。

(2)两种母材试样的 RMS 曲线具有相似的特征,屈服阶段其值明显高于其他阶段,在上屈服点时 RMS 值达到最大。

(3)Q235 钢屈服阶段的声发射能量率、振铃计数、持续时间要明显比硬化阶段的高;而 Q345 钢却不同,其能量率的最大值出现在加工硬化阶段,其他参数的最大值与屈服阶段相差不大。

(4)两种母材试样拉伸过程的上屈服点至下屈服点之间产生了一些与其他阶段具有不同特征的 B 类声发射信号。这类信号幅度比较低(低于 45dB),但相比同样幅度值下的其他信号,其能量更大,持续时间更长,这两类信号可以从能量与持续时间的关联图中区分开。

(5)两者在拉伸过程中均出现了声发射定位事件,Q235 钢的定位事件数多于 Q345 钢,且分布区间更广。两者的定位信号均为突发型信号,且其频谱特征相似,主要频率分布在 200kHz 以下,且在 150kHz 有明显峰值。

4.5.4 Q235 钢和 Q345 钢带焊缝试样拉伸过程声发射信号特征对比

(1)从参数历程图可以观察到,两种带焊缝试样在拉伸过程中均出现了多次屈服现象,从声发射 RMS 曲线中可清晰看出,在过了下屈服点后,RMS 值缓慢降低,甚至出现了第二峰。

(2)两者声发射能量率的极大值均出现在加工硬化阶段。

(3)在上屈服点和下屈服点之间富集有大量的幅度值较低(低于 45dB)的声发射信号,但同时也有较多高于 45dB 的信号,从能量与持续时间的关联图上也无法与其他阶段的声发射信号明显区分开。

(4)两者在拉伸过程均出现了声发射定位事件,定位事件的数量相当,分布区间相似,均在 9~14cm 范围内。两者的定位信号均为突发型信号,且与母材试样有相似的频域分布特征。

4.5.5 Q235 钢和 Q345 钢母材与带焊缝试样拉伸过程声发射信号特征对比

(1)在拉伸过程中,带焊缝试样观察到了明显的多次屈服现象,并且从声发射参数中能够反映出来,尤其是 RMS 曲线和能量率曲线。另外,母材试样在屈服阶段的 RMS 峰值大于带焊缝试样的 RMS 峰值,但在其他阶段,两者的数值相差不大。

（2）两者拉伸过程声发射参数的关联图特征相似,但母材试样在上屈服点至下屈服点之间出现的幅度较低,而同样幅度下能量更大、持续时间更长的 B 类声发射信号无法在带焊缝试样的关联图中区分出来。

（3）母材与带焊缝试样拉伸过程均产生了声发射定位事件,但带焊缝试样产生的声发射定位事件更多,这是由焊缝中存在微小气孔和非金属夹杂物引起的。

4.6　15CrMo 钢常温和高温状态下的声发射特性研究

对 15CrMo 钢母材和带焊接裂纹金属试样分别在常温、100℃、200℃、300℃、400℃、500℃进行了拉伸,对带刻槽试样在常温、300℃、500℃下分别进行了拉伸试验,典型的声发射信号如图 4.16 所示,其声发射特征如下。

（1）弹性变形阶段:在低于 70% 的屈服应变时,几乎无声发射信号产生,即使有少量的声发射信号,也是由拉伸机械系统的噪声引起,而且信号的 RMS 值、幅度、能量率、振铃计数、持续时间参数值也很小。

（2）塑性屈服阶段:产生一定数量的声发射信号,并且能量率曲线和 RMS 曲线都出现了峰值,过了屈服点之后,RMS 值维持在一个较低的水平;15CrMo 钢的声发射信号量明显比 Q345 钢少很多。

（3）加工硬化阶段:声发射信号的 RMS 值维持在一个较低的水平,在后期又逐渐上升。

（4）局部颈缩阶段:试样颈缩后,声发射信号的数量逐渐增加,在断裂时出现较大的声发射信号。

（5）随着拉伸温度的升高,拉伸试样的声发射信号总量和 RMS 值均下降。

（6）15CrMo 钢的三种试样在常温和高温条件下,材料的屈服可产生较丰富的声发射信号,焊接裂纹在材料屈服前的扩展也可产生明显的定位源信号。

（7）对于带裂纹焊缝试样,在拉伸时裂纹的增长可产生一定数量的声发射信号,并形成有效的声发射定位源,即使在 500℃ 的拉伸试验中,也可形成有效的声发射定位源。

（8）图 4.16(e)为母材试样常温拉伸过程典型声发射信号的波形图和频谱图,在 130～400kHz 频率范围内均有能量分布,其主要频带在 150～380kHz,在 330kHz 附近有峰值。

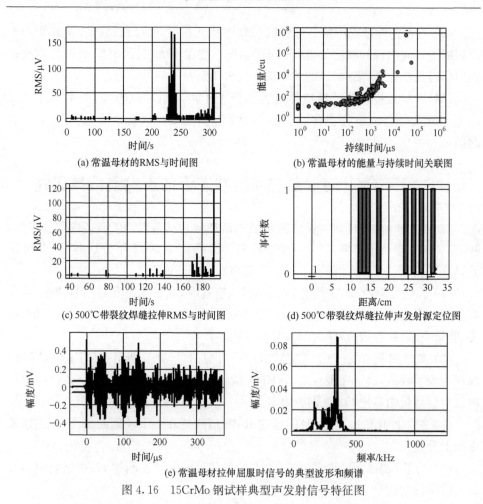

(a) 常温母材的RMS与时间图　　　　　　(b) 常温母材的能量与持续时间关联图

(c) 500℃带裂纹焊缝拉伸RMS与时间图　　(d) 500℃带裂纹焊缝拉伸声发射源定位图

(e) 常温母材拉伸屈服时信号的典型波形和频谱

图 4.16　15CrMo 钢试样典型声发射信号特征图

4.7　2-1/4Cr1Mo 钢常温和高温状态下的声发射特性研究

对 2-1/4Cr1Mo 钢母材和带焊接裂纹金属试样分别在常温、100℃、200℃、300℃、400℃、500℃进行了拉伸,对带刻槽试样在常温、300℃、500℃下分别进行了拉伸试验,典型的声发射信号如图 4.17 所示,其声发射特征如下。

（1）弹性变形阶段:在低于 80% 的屈服应变时,几乎无声发射信号产生,即使有少量声发射信号,也是由拉伸机械系统的噪声引起,而且信号的 RMS 值、幅度、能量率、振铃计数、持续时间参数值也很小。

（2）塑性屈服阶段:产生了少量的声发射信号,且能量率曲线和 RMS 曲线都未出现峰值;2-1/4Cr1Mo 钢母材不能产生丰富的声发射信号,比 Q345 钢和 15CrMo 钢都少很多。

（3）加工硬化阶段：只有少量的声发射信号产生。

（4）局部颈缩阶段：试样颈缩后，声发射信号的数量逐渐增加，在断裂时出现较大的声发射信号。

（5）随着拉伸试样温度的升高，拉伸试样的声发射信号总量进一步下降。

（6）2-1/4Cr1Mo 钢的母材和带刻槽试样在常温和高温条件下，材料的屈服只能产生少量的声发射信号，但带焊接裂纹的试样在材料屈服前和屈服过程的扩展可产生明显的定位源信号。

（7）对于带裂纹焊缝试样，在拉伸时裂纹的增长可产生一定数量的声发射信号，并形成有效的声发射定位源，即使在 500℃的拉伸试验中，也可形成有效的声发射定位源。

（8）图 4.17(e) 为带裂纹焊缝试样拉伸过程典型声发射信号的波形图和频谱图，在 90～400kHz 频率范围内均有能量分布，其主要频带在 100～200kHz，在 160kHz 附近有峰值。

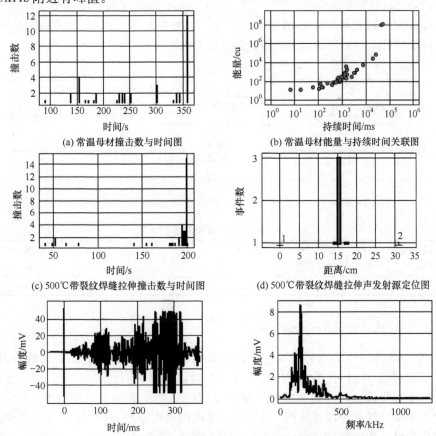

(a) 常温母材撞击数与时间图　　　　(b) 常温母材能量与持续时间关联图

(c) 500℃带裂纹焊缝拉伸撞击数与时间图　　(d) 500℃带裂纹焊缝拉伸声发射源定位图

(e) 带裂纹焊缝拉伸裂纹扩展时信号的典型波形和频谱图

图 4.17　2-1/4Cr1Mo 钢试样典型声发射信号特征图

4.8 304 不锈钢的声发射特性研究

1. 304 不锈钢的性能

试验用 304 不锈钢材料的化学成分和力学性能见表 4.5。

表 4.5 304 不锈钢的化学成分和力学性能参数

化学成分	C≤0.07,Si≤1.0,Mn≤2.0,S≤0.03,P≤0.035 Cr:17.0～19.0,Ni:8.0～11.0
力学性能	R_m≥520MPa,$R_{p0.2}$=205～210MPa,A≥40%

2. 试验条件

试样尺寸如图 4.18 所示,试验用拉伸机为日本津岛万能试验机(Shimadzu AG-25TA),室温拉伸,夹头移动速度恒定为 1mm/min;声发射仪器为德国 Vallen 公司的 AMSY-5 型 6 通道声发射仪,前置放大器 AEP4,增益为 34dB,探头型号VS150-M 型 (100～400kHz),声发射系统采集参数设定如表 4.6 所示。

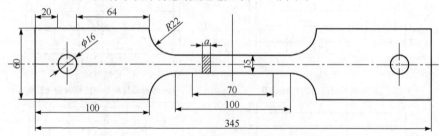

图 4.18 304 不锈钢拉伸试样尺寸(单位:mm,厚度 a=5mm)

表 4.6 声发射系统采集参数设定

门限值 /dB	采样率 /MHz	采样 个数	带通滤波 /kHz	预触发	持续鉴别时间 /μs	重整时间 /μs
36.6	5	8192	25～850	200	400.0	3200

3. 拉伸过程的声发射参数特征

图 4.19 为 304 不锈钢拉伸过程的载荷-时间曲线图和声发射主要参数的历程图。根据载荷-时间曲线,试样拉伸过程四个阶段的时间间隔大致如下:0～55s 为线弹性变形阶段,55～80s 为塑性屈服阶段,80～1270s 为加工硬化阶段,1270s 至结束为颈缩及断裂阶段。从图 4.19(e)中可以同时观察到各阶段声发射信号数量的密集程度。根据拉伸过程中声发射信号的参数特征,结合 304 不锈钢的材料微观特性,可得到其声发射特征如下:

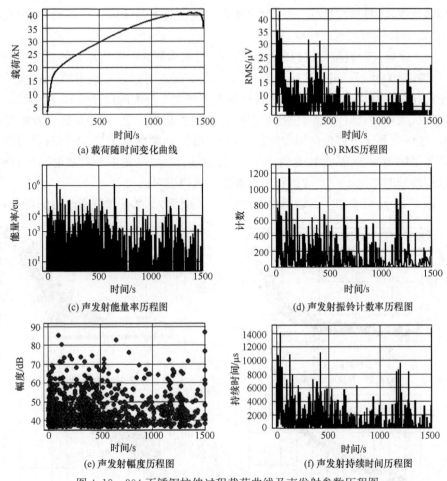

(a) 载荷随时间变化曲线

(b) RMS 历程图

(c) 声发射能量率历程图

(d) 声发射振铃计数率历程图

(e) 声发射幅度历程图

(f) 声发射持续时间历程图

图 4.19　304 不锈钢拉伸过程载荷曲线及声发射参数历程图

（1）线弹性变形阶段：材料屈服强度并不是很高，因此在拉伸机夹头移动速度不变的试验条件下，较短的时间内就开始屈服。其线弹性变形阶段的时间较短，并且屈服并没有明显的拐点，线弹性变形阶段与塑性屈服阶段的分界并不清晰，因此从总体上看，该阶段的声发射有一定的信号量，其 RMS 值、幅度、能量率、振铃计数、持续时间参数值较大。

（2）塑性屈服阶段：试样屈服时会发生大范围的塑性变形，材料内部的位错运动加剧，密度增加，位错滑移和位错雪崩使得材料塑性变形的能量释放，因此产生了大量的声发射信号。这一阶段的声发射特征主要表现为 RMS 值、能量率、幅度、持续时间等参数达到极大值，信号的活动性极强，强度高。

（3）加工硬化阶段：随着载荷的增加，塑性变形加剧，材料开始逐步硬化，位错运动的自由度减少，塑性变差。该阶段仍有大量的声发射信号产生，相对于塑性屈服阶段，其活动性变弱，而信号的强度（幅度值）仍处于较高水平。由于 304 不锈钢的屈强比很高,材料塑性好,这一过程在本试验条件下持续较长的时间,同时观察到 RMS 和持续时间有二次峰值出现。

(4) 颈缩及断裂阶段:材料发生颈缩后,材料内部的变形由原来的单向拉伸变成三向拉应力状态。进入这一阶段后,在 1270s 附近可以观察到 RMS 值、振铃计数率和持续时间均出现了峰值,此时材料内部产生了极大的塑性变形,位错运动的自由度极大减少,塑性变差,位错塞积和位错纠缠相当严重,进一步塑性变形量很有限,处于有利于滑移位向的位错很少,位错的滑移距离也很短,因而随后的声发射信号量明显减少,活动性变弱,RMS 值、能量、计数率、幅度等参数值降低;在材料最终断裂时产生了一些能量和幅度都很大的声发射信号。

图 4.20 给出了 304 不锈钢拉伸过程声发射信号参数的关联图。由图可见,能

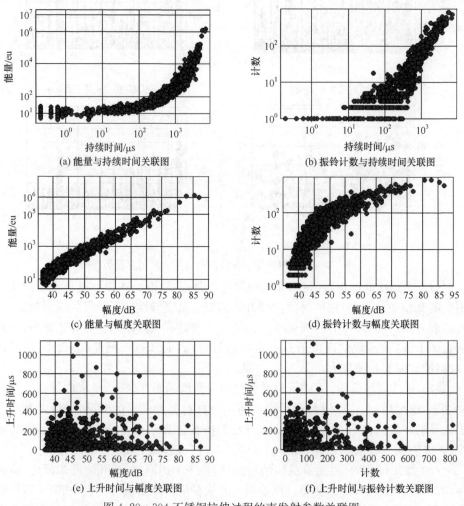

(a) 能量与持续时间关联图　　　　　　(b) 振铃计数与持续时间关联图

(c) 能量与幅度关联图　　　　　　(d) 振铃计数与幅度关联图

(e) 上升时间与幅度关联图　　　　　　(f) 上升时间与振铃计数关联图

图 4.20　304 不锈钢拉伸过程的声发射参数关联图

量与持续时间在较宽范围内呈指数分布,而振铃计数与持续时间在很宽的范围内则近似成正比,能量与幅度呈线性正比关系,振铃计数与幅度关联图形成了类似抛物线的形状,上升时间与幅度和振铃计数的关联点聚集没有明显的分布形态。图 4.21 显示,304 不锈钢拉伸过程中撞击声发射信号的幅度分布范围较广而能量分布较为集中。表 4.7 为拉伸过程声发射信号的主要参数范围。

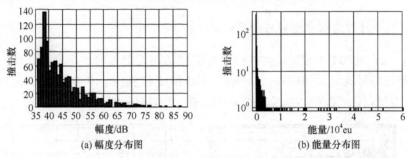

(a) 幅度分布图　　　　　　(b) 能量分布图

图 4.21　304 不锈钢拉伸过程的声发射参数分布图

表 4.7　304 不锈钢拉伸过程声发射信号的主要参数范围

声发射参数	范围	主要范围	声发射参数	范围	主要范围
幅度/dB	36.6~87	36.6~65	持续时间/μs	1~6934	1~3900
能量/eu	1~10^6	1~1.5×10^4	上升时间/μs	1~1114	1~280
振铃计数	1~823	1~450	RMS/μV	1~9.4	1.1~3.3

4. 拉伸过程声发射事件的定位特征

图 4.22 为 304 不锈钢拉伸过程的声发射源定位图。由图可知,在试样上出现了一定数量的声发射定位事件,主要集中在三个区域:$-8\sim-7$cm,$0\sim1.5$cm,$4\sim6.5$cm,其中 $4\sim6.5$cm 区域为拉伸试验后期断裂的区域。表 4.8 为 304 不锈钢声发射定位源信号的主要参数范围。

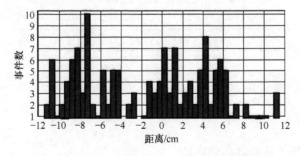

图 4.22　304 不锈钢拉伸过程的声发射源定位图

表 4.8　304 不锈钢拉伸过程声发射定位源信号的主要参数范围

声发射参数	主要范围	声发射参数	主要范围
幅度/dB	36～77.6	持续时间/μs	1～3902
能量/eu	1～1.8×10⁴	上升时间/μs	1～280
振铃计数	1～520	RMS/μV	1～3.4

5. 拉伸过程定位声发射信号的频谱特征

图 4.23 为 304 不锈钢拉伸过程引起定位的声发射信号波形和频谱图。由图可知,定位信号为突发型信号,其频谱分布范围比较宽,在 40～500kHz 范围内均分布有能量,其主要频带在 100～200kHz,在 150kHz 附近有峰值。

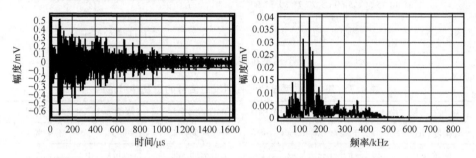

图 4.23　304 不锈钢定位声发射信号的波形和频谱图

4.9　S31803 双相不锈钢的声发射特性研究

1. S31803 双相不锈钢的性能

S31803 双相不锈钢材料的化学成分和力学性能见表 4.9。

表 4.9　S31803 双相不锈钢的化学成分和力学性能参数

化学成分	C≤0.03,S≤0.02,P≤0.03,Mn≤2.00 Ni:4.50～6.50,Cr:21.00～23.00,Mo:2.50～3.50,N:0.08～0.20
力学性能	R_m≥630MPa,$R_{p0.2}$≥440MPa,A≥25%

2. 试验条件

试验条件与 4.8 节相同。

3. 拉伸过程的声发射参数特征

图 4.24 为 S31803 试样拉伸过程的载荷-时间曲线图和声发射主要参数的历

程图。根据载荷-时间曲线,试样拉伸过程四个阶段的时间间隔大致如下:0~170s为线弹性变形阶段,170~200s为塑性屈服阶段,200~720s为加工硬化阶段,720s至结束为局部颈缩及断裂阶段。从图 4.24(e)中可以同时观察到各阶段声发射信号数量的密集程度。根据拉伸过程中声发射信号的参数特征,结合 S31803 双相不锈钢材料的微观特征,可得到其声发射特征如下。

(1) 线弹性变形阶段:在这一阶段,材料整体的形变在卸载后可恢复,但 S31803 材料在该阶段的声发射信号有一定的数量,其 RMS 值、振铃计数和持续时间参数值较低。

(2) 塑性屈服阶段:试样屈服时会发生大范围的塑性变形,材料内部的位错运动加剧,密度增加,位错滑移和位错雪崩使得材料塑性变形的能量释放,因此产生了大量的声发射信号。这一阶段的声发射特征主要表现为 RMS 值、能量率等参数达到极大值,信号的活动性极强,强度高。

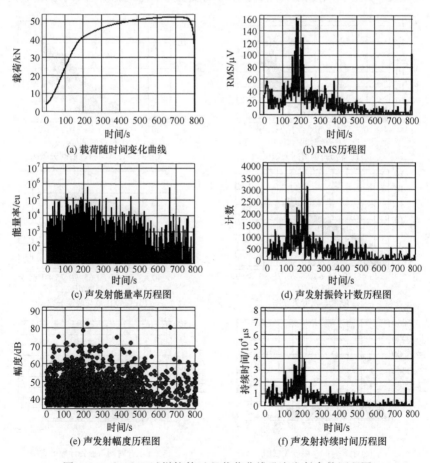

图 4.24　S31803 试样拉伸过程载荷曲线及声发射参数历程图

（3）加工硬化阶段：随着载荷的增加，塑性变形加剧，材料开始硬化，位错运动的自由度大大减少，塑性变得很差，该阶段仍有大量的声发射信号产生，相对于塑性屈服阶段，其活动性较差，而信号的强度（幅度值）仍处于较高水平，但 RMS 值、振铃计数和持续时间迅速降低，能量率和幅度逐渐减小。

（4）局部颈缩及断裂阶段：材料发生颈缩后，材料内部的变形由原来的单向拉伸变成三向拉应力状态，此时产生极大的塑性变形，位错运动的自由度极大减少，塑性变得极差，位错塞积和位错纠缠相当严重，进一步塑性变形量很有限，处于有利于滑移位向的位错很少，位错的滑移距离也很短，因而该阶段的声发射信号量少，能量低，活动性差；在材料最终断裂时产生了一些能量和幅度都很大的声发射信号。

图 4.25 为 S31803 试样拉伸过程的声发射参数关联图，可见能量与持续时间在较宽范围内呈指数分布，而振铃计数与持续时间在很宽的范围内则近似成正比，能量与幅度呈线性正比关系，振铃计数与幅度关联图在较宽范围内形成了类似抛

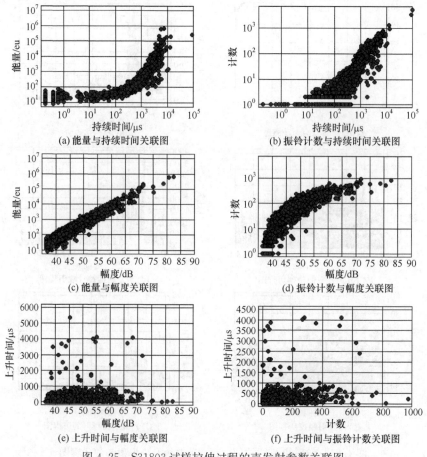

图 4.25　S31803 试样拉伸过程的声发射参数关联图

物线的形状,上升时间与幅度和振铃计数的关联点聚集没有明显分布状貌。图 4.26 为 S31803 试样拉伸过程的声发射参数分布图,可见 S31803 试样拉伸过程中声发射信号的撞击参数分布范围较广,能量参数分布相对集中。表 4.10 为拉伸过程声发射信号的主要参数范围。

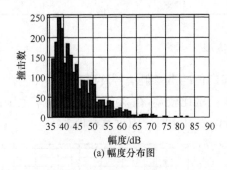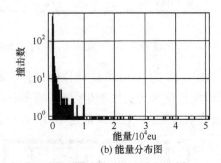

(a) 幅度分布图　　　　　　(b) 能量分布图

图 4.26　S31803 试样拉伸过程的声发射参数分布图

表 4.10　S31803 试样拉伸过程声发射信号的主要参数范围

声发射参数	范围	主要范围	声发射参数	范围	主要范围
幅度/dB	36.6~82.5	36.6~65	持续时间/μs	1~12637	1~4300
能量/eu	1~6.8×10⁵	1~1.2×10⁴	上升时间/μs	1~5366	1~960
振铃计数	1~1323	1~450	RMS/μV	1~6.3	1.1~4.4

4. 拉伸过程声发射事件的定位特征

图 4.27 为 S31803 试样拉伸过程的声发射源定位图。由图可知,在试样上出现了一定数量的声发射定位事件,主要集中在两个区域:$-8\sim-6.5$cm,$-6\sim-4$cm,其中 $-8\sim-6.5$cm 区域为 S31803 试样拉伸试验后期断裂的区域。表 4.11 给出了 S31803 试样声发射定位源信号的主要参数范围。

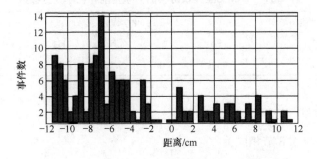

图 4.27　S31803 试样拉伸过程的声发射源定位图

表 4.11　S31803 试样拉伸过程声发射定位源信号的主要参数范围

声发射参数	主要范围	声发射参数	主要范围
幅度/dB	36.6~72.7	持续时间/μs	1~7564
能量/eu	1~2×10⁴	上升时间/μs	1~4102
振铃计数	1~944	RMS/μV	1~4.6

5. 拉伸过程定位声发射信号的频谱特征

图 4.28 为 S31803 试样拉伸过程引起定位的声发射信号波形和频谱图。由图可知,定位信号为突发型信号,其频谱分布范围比较宽,在 30~500kH 频率范围内均分布有能量,其主要频带在 100~200kHz,在 150kHz 附近有峰值。

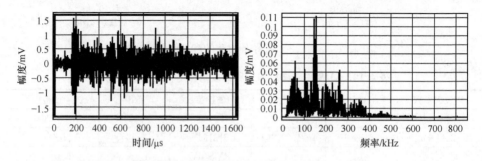

图 4.28　S31803 试样定位声发射信号的波形和频谱图

4.10　TA2 工业纯钛材料的声发射特性研究

1. TA2 工业纯钛材料的性能

TA2 工业纯钛材料的力学性能和化学成分见表 4.12。

表 4.12　TA2 工业纯钛材料的力学性能和化学成分参数

力学性能			化学成分/%					状态
R_m/MPa	$R_{p0.2}$/MPa	A/%	Fe	C	N	H	O	
445	340	31	0.09	0.02	0.01	0.001	0.13	退火

2. 试验条件

试验条件与 4.8 节相同。

3. 拉伸过程的声发射参数特征

图 4.29 为 TA2 试样拉伸过程的载荷-时间曲线图和声发射主要参数的历程

图。工业纯钛为典型的塑性材料,其载荷-时间曲线有明显的屈服阶段。根据载荷-时间曲线,试样拉伸过程四个阶段的时间间隔大致如下:0～110s 为线弹性变形阶段,110～130s 为塑性屈服阶段,130～335s 为加工硬化阶段,335s 至结束为局部颈缩及断裂阶段。从图 4.29(e)中可以同时观察到各阶段声发射信号数量的密集程度。根据拉伸过程中声发射信号的参数特征,结合工业纯钛的材料微观特性,可得到其声发射特征如下。

　　(1) 线弹性变形阶段:在这一阶段,材料整体的形变在卸载后可恢复,但 TA2 材料在该阶段的声发射信号有一定的数量,其 RMS 值、幅度、能量率、振铃计数、持续时间参数值较低。

　　(2) 塑性屈服阶段:试样屈服时会发生大范围的塑性变形,但无明显屈服点,材料内部的位错运动加剧,密度增加,位错滑移和位错雪崩使得材料塑性变形的能量释放,因此产生了大量的声发射信号。这一阶段的声发射特征主要表现为 RMS

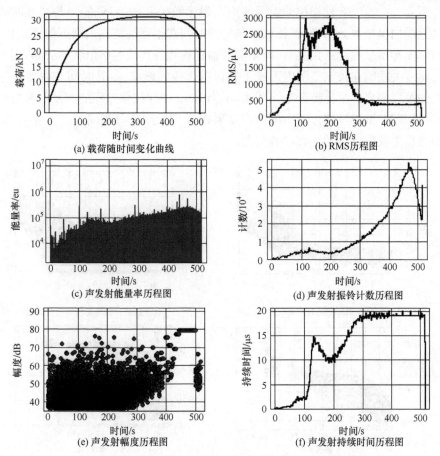

图 4.29　TA2 试样拉伸过程载荷曲线及声发射参数历程图

值、能量率等参数达到极大值,信号的活动性极强,强度高。

(3) 加工硬化阶段:随着载荷的增加,塑性变形加剧,材料开始硬化,位错运动的自由度大大减少,塑性变得很差,该阶段仍有大量的声发射信号产生,相对于塑性屈服阶段,其活动性依然很强,信号的强度(幅度值)仍处于较高水平,但 RMS 值缓慢降低;在强化阶段后期,能量率、计数和幅度分布都有峰值出现。

(4) 局部颈缩及断裂阶段:材料发生颈缩后,材料内部的变形由原来的单向拉伸变成三向拉应力状态,此时产生极大的塑性变形,位错运动的自由度极大减少,塑性变差,但是工业纯钛为密排六方晶体,其可开动的滑移系类型较多,因此即使在这一阶段材料的进一步塑性变形量有限,位错塞积和位错纠缠严重,但其仍有一定的活动。因此,声发射信号量在颈缩初期依然处于较高水平,随后信号量才逐渐减少,材料内部的微观裂纹合并为宏观裂纹并迅速扩展,在短时间内释放能量,使得声发射信号的幅度、能量率、计数等参数快速上升直至试样断裂。

图 4.30 为 TA2 试样拉伸过程的声发射参数关联图,可见能量与持续时间在较宽范围内呈指数分布,而振铃计数与持续时间在很宽的范围内则近似成正比,能量与幅度却不呈线性正比关系,而是有类似抛物线与直线包络形状的分布,振铃计数与幅度关联图在较宽范围内形成了类似抛物线的形状,上升时间与幅度和振铃计数的关联图聚集呈梯形分布。图 4.31 为 TA2 试样拉伸过程的声发射参数分布图,可见 TA2 试样拉伸过程中撞击声发射信号的参数分布范围较广。表 4.13 为拉伸过程声发射信号的主要参数范围。

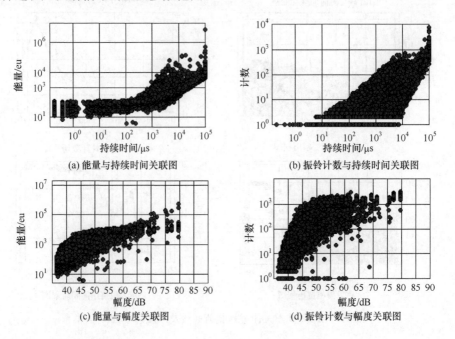

(a) 能量与持续时间关联图　　　　　　(b) 振铃计数与持续时间关联图

(c) 能量与幅度关联图　　　　　　(d) 振铃计数与幅度关联图

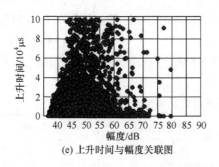

(e) 上升时间与幅度关联图

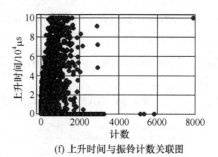

(f) 上升时间与振铃计数关联图

图 4.30　TA2 试样拉伸过程的声发射参数关联图

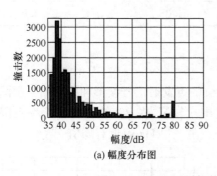

(a) 幅度分布图

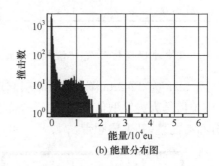

(b) 能量分布图

图 4.31　TA2 试样拉伸过程的声发射参数分布图

表 4.13　TA2 拉伸过程声发射信号的主要参数范围

声发射参数	范围	主要范围	声发射参数	范围	主要范围
幅度/dB	36.6~79.5	36~70	持续时间/μs	$1~1\times10^5$	$1~5\times10^4$
能量/eu	$1~5.5\times10^5$	$1~1.2\times10^4$	上升时间/μs	$1~1\times10^5$	$1~3\times10^4$
振铃计数	1~7090	1~1000	RMS/μV	1~18.6	1.1~17

4. 拉伸过程声发射事件的定位特征

图 4.32 为 TA2 试样拉伸过程的声发射源定位图。由图可知,在试样上出现

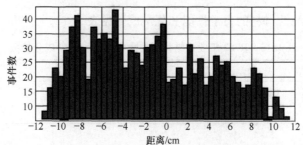

图 4.32　TA2 试样拉伸过程的声发射源定位图

了一定数量的声发射定位事件,其分布均匀,在如下三个区域定位事件数量相对较高:$-9\sim-8$cm,$-7\sim-4.5$cm,$-1.5\sim0$cm,其中$-7\sim-4.5$cm 区域为 TA2 试样拉伸试验后期断裂的区域。表 4.14 为 TA2 试样声发射定位源信号的主要参数范围。

表 4.14　TA2 试样拉伸过程声发射定位源信号的主要参数范围

声发射参数	主要范围	声发射参数	主要范围
幅度/dB	$36\sim75$	持续时间/μs	$1\sim1\times10^4$
能量/eu	$1\sim1\times10^4$	上升时间/μs	$1\sim1.5\times10^4$
振铃计数	$1\sim800$	RMS/μV	$1\sim17.7$

5. 拉伸过程定位声发射信号的频谱特征

图 4.33 为 TA2 试样拉伸过程引起定位的声发射信号波形和频谱图。由图可知,定位信号为突发型信号,其频谱分布范围比较窄,在 $30\sim450$kHz 频率范围内均分布有能量,其主要频带在 $100\sim200$kHz,在 150kHz 附近有峰值。

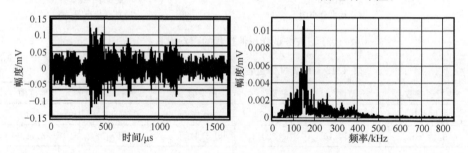

图 4.33　TA2 试样定位声发射信号的波形和频谱图

4.11　R702 工业纯锆材料的声发射特性研究

1. R702 工业纯锆材料的性能

R702 工业纯锆材料的力学性能和化学成分见表 4.15。

表 4.15　R702 工业纯锆材料的力学性能和化学成分参数

力学性能			化学成分/%					状态
R_m/MPa	$R_{p0.2}$/MPa	A/%	Hf	Fe+Cr	H	N	C	热轧
616	404	29	4.5	0.2	0.005	0.025	0.05	退火

2. 试验条件

试验条件与 4.8 节相同,试样厚度 a 为 4mm。

3. 拉伸过程的声发射参数特征

图 4.34 为 R702 试样拉伸过程的载荷-时间曲线图和声发射主要参数的历程图。根据载荷-时间曲线,试样拉伸过程四个阶段的时间间隔大致如下:0~75s 为线弹性变形阶段,75~90s 为塑性屈服阶段,90~270s 为加工硬化阶段,270s 至结束为局部颈缩及断裂阶段。从图 4.34(e)中可以同时观察到各阶段声发射信号数量的密集程度。根据拉伸过程中声发射信号的参数特征,结合工业纯锆的材料微观特性,可得到其声发射特征如下。

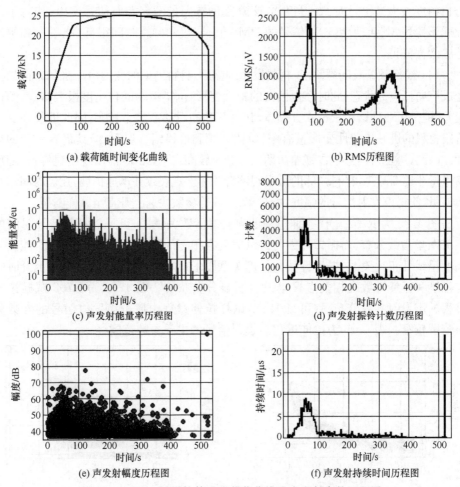

图 4.34　R702 试样拉伸过程载荷曲线及声发射参数历程图

（1）线弹性变形阶段：在这一阶段，材料整体的形变在卸载后可恢复，但 R702 材料在该阶段的声发射信号有一定的数量，其 RMS 值、幅度、能量率、振铃计数、持续时间参数值较低。

（2）塑性屈服阶段：试样屈服时会发生大范围的塑性变形，材料内部的位错运动加剧，密度增加，位错滑移和位错雪崩使得材料塑性变形的能量释放，因此产生了大量的声发射信号。这一阶段的声发射特征主要表现为，在达到上屈服点时，RMS 值、能量率等参数达到极大值，信号的活动性极强，强度高；材料在屈服阶段的载荷-时间曲线不光滑而有所波动，但是上屈服和下屈服的差别并不明显。在上屈服点至下屈服点过程中，其声发射参数值有所下降，过了下屈服点，信号的活动性迅速减弱，强度有降低。

（3）加工硬化阶段：随着载荷的增加，塑性变形加剧，材料开始硬化，位错运动的自由度大大减少，塑性变得很差，该阶段仍有大量的声发射信号产生，相对于塑性屈服阶段，其活动性较差，信号的 RMS 值、计数和持续时间很低，能量率和幅度持续缓慢降低。

（4）局部颈缩及断裂阶段：材料发生颈缩后，材料内部的变形由原来的单向拉伸变成三向拉应力状态，此时产生极大的塑性变形，位错运动的自由度极大减少，塑性变差，但是工业纯锆为密排六方晶体，其可开动的滑移系类型较多，因此即使在这一阶段材料的进一步塑性变形量有限，位错塞积和位错纠缠严重，但其仍有一定的活动。因此，声发射信号量在颈缩初期依然处于较高水平，RMS 值出现明显峰值，随后信号量才逐渐减少，材料内部的微观裂纹合并为宏观裂纹并迅速扩展，在短时间内释放能量，使得声发射信号的幅度、能量率、计数等参数快速上升直至试样断裂。

图 4.35 为 R702 试样拉伸过程的声发射参数关联图，可见能量与持续时间的相关图呈指数分布，而振铃计数与持续时间在很宽的范围内则近似成正比，能量与幅度呈线性正比关系，振铃计数与幅度关联图形成了类似抛物线的形状，上升时间与幅度和振铃计数的相关点聚集没有明显分布状貌。图 4.36 为 R702 试样拉伸过程的声发射参数分布图，可见 R702 试样拉伸过程中撞击声发射信号的参数分布范围较窄。表 4.16 为拉伸过程声发射信号的主要参数范围。

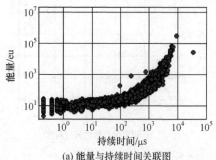

(a) 能量与持续时间关联图

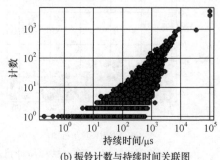

(b) 振铃计数与持续时间关联图

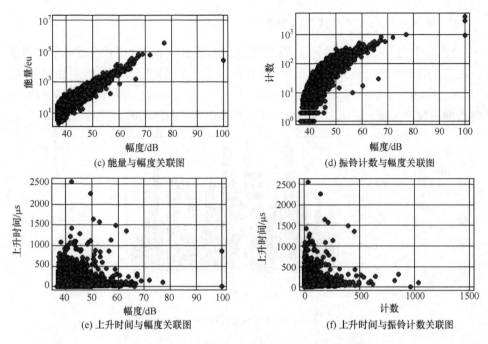

(c) 能量与幅度关联图　　　　　　　　(d) 振铃计数与幅度关联图

(e) 上升时间与幅度关联图　　　　　　(f) 上升时间与振铃计数关联图

图 4.35　R702 试样拉伸过程的声发射参数关联图

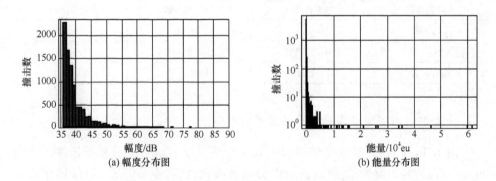

(a) 幅度分布图　　　　　　　　　　　(b) 能量分布图

图 4.36　R702 试样拉伸过程的声发射参数分布图

表 4.16　R702 试样拉伸过程声发射信号的主要参数范围

声发射参数	范围	主要范围	声发射参数	范围	主要范围
幅度/dB	36.6~77.6	36.6~56	持续时间/μs	1~8851	1~3×10⁴
能量/eu	1~3×10⁵	1~5×10⁴	上升时间/μs	1~2553	1~700
振铃计数	1~4332	1~500	RMS/μV	1~16.9	1.1~14

4. 拉伸过程声发射事件的定位特征

图 4.37 为 R702 试样拉伸过程的声发射源定位图。由图可知,在试样上出现了一定数量的声发射定位事件,其分布均匀,在如下三个区域定位事件数量相对较高:−7~−6cm,−2.5~−1cm,0.5~1cm,其中−2.5~−1cm 区域为 R702 试样拉伸试验后期断裂的区域。表 4.17 为 R702 试样声发射定位源信号的主要参数范围。

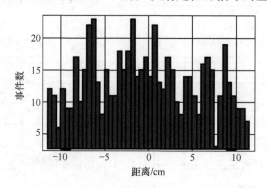

图 4.37　R702 试样拉伸过程的声发射源定位图

表 4.17　R702 试样拉伸过程声发射定位源信号的主要参数范围

声发射参数	主要范围	声发射参数	主要范围
幅度/dB	36~60	持续时间/μs	1~9683
能量/eu	1~1.6×10^4	上升时间/μs	1~2263
振铃计数	1~1028	RMS/μV	1~17.8

5. 拉伸过程定位声发射信号的频谱特征

图 4.38 为 R702 试样拉伸过程引起定位的声发射信号波形和频谱图。由图可知,定位信号为突发型信号,其频谱分布范围比较宽,在 40~450kHz 频率范围内均分布有能量,其主要频带在 100~200kHz,在 150kHz 附近有峰值。

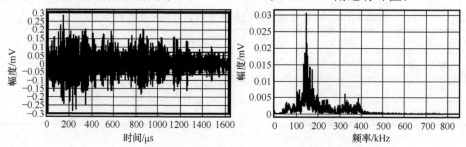

图 4.38　R702 试样定位声发射信号的波形和频谱图

4.12　HT200 灰口铸铁材料的声发射特性研究

1. HT200 灰口铸铁材料的性能

HT200 灰口铸铁材料的力学性能和化学成分见表 4.18。

表 4.18　HT200 灰口铸铁材料的力学性能和化学成分参数

力学性能			化学成分/%				
R_m/MPa	$R_{p0.1}/MPa$	$A/\%$	C	Si	Mn	P	S
252.9	130~195	0.3~0.8	3.16	1.36	0.98	0.092	0.085

2. 试验条件

试验条件与 4.8 节相同,试样厚度 a 为 8mm。

3. 拉伸过程的声发射参数特征

图 4.39 为 HT200 试样拉伸过程的载荷-时间曲线图和声发射主要参数的历程图。灰口铸铁为脆性材料,其载荷-时间曲线近似为一条直线,无法看出明显的屈服阶段。但是,根据试样拉伸过程所对应的声发射能量率-时间或 RMS-时间或计数-时间的历程图,可以将整个拉伸过程划分为三个阶段,各个阶段的时间间隔大致如下:0~110s 为线弹性变形阶段,110~250s 为塑性变形阶段,250~290s 为快速断裂阶段。从图 4.39(e)中可以同时观察到各阶段声发射信号数量的密集程度。根据拉伸过程中声发射信号的参数特征,结合灰口铸铁材料的微观结构特征,可得到其声发射特征如下。

(1) 线弹性变形阶段:材料内部的形变在卸载后就恢复,几乎没有应变能的释放,因此该阶段的声发射信号量很少,其 RMS 值、幅度、能量率、振铃计数、持续时间参数值也很小。

(2) 塑性变形阶段:HT200 灰口铸铁材料的金相组织主要为片状石墨和铁素体,当载荷进行到一定程度时,铁素体还未达到屈服,但是石墨片与铁素体之间开始分离,并且易脆的石墨片逐渐断裂,上述两个过程都会产生声发射。随后,载荷进一步增大,铁素体屈服,发生大范围的塑性变形,材料内部的位错运动加剧,密度增加,位错滑移和位错雪崩使得材料塑性变形的能量释放,因此产生了大量的声发射信号。而随着载荷的继续增加,塑性变形加剧,位错运动的自由度大大减少,塑性变差,该阶段仍有大量的声发射信号产生,但相对于铁素体的塑性屈服阶段,声发射活动的强度和活度均有所下降。因此,这一阶段的声发射特征主要表现为,在铁素体还未到达屈服点时,由于石墨片的存在,使得 RMS 值、能量率等参数比线

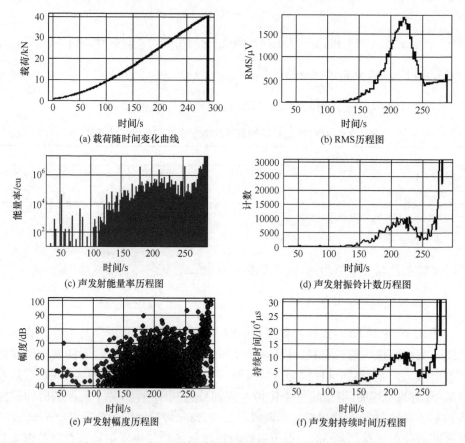

(a) 载荷随时间变化曲线　　　　　　　　(b) RMS 历程图

(c) 声发射能量率历程图　　　　　　　　(d) 声发射振铃计数历程图

(e) 声发射幅度历程图　　　　　　　　(f) 声发射持续时间历程图

图 4.39　HT200 试样拉伸过程载荷曲线及声发射参数历程图

弹性变形阶段要大；而铁素体开始屈服后，声发射信号数量迅速增加，RMS 值、能量率等参数达到极大值，信号的活动性强，强度高；而随着铁素体塑性变形的加剧，声发射信号数量逐渐降低，活性变弱，但信号的强度（幅度值）仍处于较高水平，RMS 值、计数等有所下降。

（3）快速断裂阶段：与塑性材料不同，脆性材料不发生颈缩，但是到了后期，随着石墨片断裂和铁素体的剧烈塑性变形，位错运动的自由度极大减少，材料整体的塑性变得极差，位错塞积和位错纠缠严重，进一步塑性变形量越发有限，因而该阶段的声发射信号量进一步减少，微观裂纹合并为宏观裂纹并迅速扩展，在短时间内释放能量，使得声发射信号的幅度、能量率、计数等参数快速上升直至试样断裂。

图 4.40 和图 4.41 分别为 HT200 试样拉伸过程的声发射参数关联图和分布图。由图 4.40 可见，能量与持续时间呈指数分布，而振铃计数与持续时间则近似成正比，能量与幅度呈线性正比关系，而振铃计数与幅度关联图形成了类似抛物线的形状，上升时间与幅度和振铃计数的关联图则没有明显的分布状貌。由于石墨

片的断裂、石墨片与铁素体的分离是同时进行的,并且二者贯穿了线弹性变形阶段后的整个拉伸过程,因此不同声发射源所对应的信号特征在拉伸过程的声发射参数关联图中难以区分。图 4.41显示,HT200 试样拉伸过程中撞击声发射信号的参数分布范围很广。表 4.19为 HT200 试样拉伸过程声发射信号的主要参数范围。

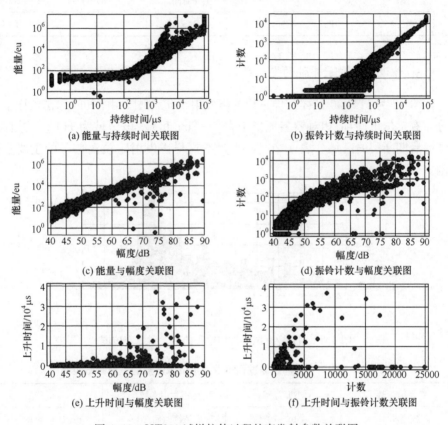

图 4.40　HT200 试样拉伸过程的声发射参数关联图

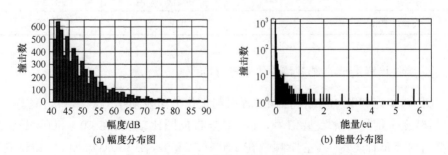

图 4.41　HT200 试样拉伸过程的声发射参数分布图

表 4.19　HT200 试样拉伸过程声发射信号的主要参数范围

声发射参数	范围	主要范围	声发射参数	范围	主要范围
幅度/dB	40~96	40~70	持续时间/μs	$1 \sim 1 \times 10^5$	1~3500
能量/eu	$1 \sim 1.7 \times 10^7$	$1 \sim 1.5 \times 10^4$	上升时间/μs	1~33971	1~2200
振铃计数	1~14281	1~1000	RMS/μV	1~23.9	1.1~22.1

4. 拉伸过程声发射事件的定位特征

图 4.42 为 HT200 试样拉伸过程的声发射源定位图。由图可知,在试样整体均分布有定位事件,但相对较多地集中在 5~7cm 区域,该区域为 HT200 试样拉伸试验后期断裂的区域。表 4.20 为 HT200 试样声发射定位源信号的主要参数范围。

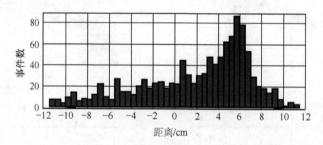

图 4.42　HT200 试样拉伸过程的声发射源定位图

表 4.20　HT200 试样拉伸过程声发射定位源信号的主要参数范围

声发射参数	主要范围	声发射参数	主要范围
幅度/dB	40~70	持续时间/μs	1~3600
能量/eu	$1 \sim 1.3 \times 10^4$	上升时间/μs	1~1500
振铃计数	1~700	RMS/μV	1~17.2

5. 拉伸过程定位声发射信号的频谱特征

图 4.43 为 HT200 试样拉伸过程引起定位的声发射信号波形和频谱图。由图可知,定位信号为突发型信号,其频谱分布范围比较宽,在 40~800kHz 频率范围内均分布有能量,其主要频带在 100~200kHz,在 150kHz 和 320kHz 附近有峰值。

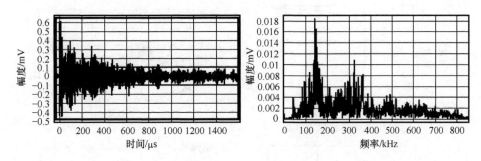

图 4.43　HT200 试样定位声发射信号的波形和频谱图

4.13　QT500 球墨铸铁材料的声发射特性研究

1. QT500 球墨铸铁材料的性能

QT500 球墨铸铁材料的力学性能和化学成分见表 4.21。

表 4.21　QT500 球墨铸铁材料的力学性能和化学成分参数

力学性能			化学成分/%				
R_{m}/MPa	$R_{\mathrm{p0.1}}$/MPa	A/%	C	Si	Mn	P	S
516	290~320	7	3.77	2.07	0.33	0.050	0.018

2. 试验条件

试验条件与 4.8 节相同,试样厚度 a 为 8mm。

3. 拉伸过程的声发射参数特征

图 4.44 为 QT500 试样拉伸过程的载荷-时间曲线图和声发射主要参数的历程图。球墨铸铁为塑性材料,其载荷-时间曲线有明显的屈服阶段。根据载荷-时间曲线,试样拉伸过程四个阶段的时间间隔大致如下:0~220s 为线弹性变形阶段,220~310s 为塑性屈服阶段,310~1340s 为加工硬化阶段,1340s 至结束为局部颈缩及断裂阶段。从图 4.44(e)中可以同时观察到各阶段声发射信号数量的密集程度。根据拉伸过程中声发射信号的参数特征,结合球墨铸铁材料的微观特征,可得到其声发射特征如下。

（1）线弹性变形阶段:材料内部的形变在卸载后就恢复,几乎没有应变能的释放,因此该阶段不会出现大能量的声发射信号。但是由于 QT500 球墨铸铁材料的金相组织为球状石墨与铁素体和珠光体,球状石墨表面不光滑,起伏不平,形成一个个泡状物,其与铁素体和珠光体之间的连接不紧密,在载荷的作用下,并不需要

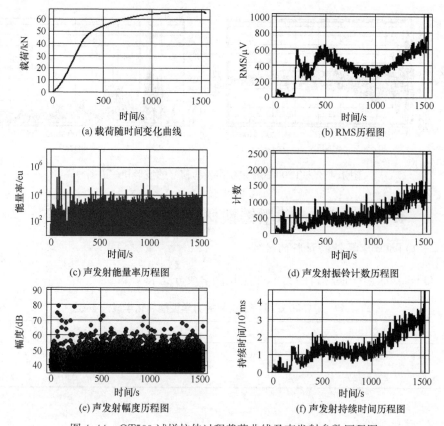

图 4.44　QT500 试样拉伸过程载荷曲线及声发射参数历程图

很大的作用力就有可能导致球状石墨与周围组织的分离或相互摩擦,所以在材料整体还处于线弹性变形阶段,受到球状石墨边界分离与摩擦的影响,会出现一定量的声发射信号,其 RMS 值、幅度、能量率、振铃计数、持续时间参数值较小。

（2）塑性屈服阶段:当载荷进行到一定程度时,铁素体和珠光体还未达到屈服,但是脆性的球状石墨受到拉伸的作用会发生断裂,导致产生声发射。随后,载荷进一步增大,铁素体和珠光体开始屈服,发生大范围的塑性变形,材料内部的位错运动加剧,密度增加,位错滑移和位错雪崩使得材料塑性变形的能量释放,产生了大量的声发射信号。因此,这一阶段的声发射特征主要表现为,声发射信号数量迅速增加,RMS 值、能量率等参数比线弹性变形阶段要大,信号的活动性强,强度高,信号幅度出现了最大值。

（3）加工硬化阶段:随着载荷的增加,塑性变形加剧,材料开始硬化,位错运动的自由度减少,塑性变得差,该阶段仍有大量的声发射信号产生,其活动性较强,信号的强度（幅度值）仍处于较高水平,但 RMS 值缓慢降低到达极小值后又有所增大。

（4）局部颈缩及断裂阶段:材料发生颈缩后,材料内部的变形由原来的单向拉伸变成三向拉应力状态,此时产生较大的塑性变形,位错运动的自由度减少,塑性变差,进一步塑性变形量有限,微观裂纹合并为宏观裂纹并迅速扩展,在短时间内释放能量,使得声发射信号的幅度、能量率、计数等参数快速上升至试样断裂。

图 4.45 和图 4.46 分别为 QT500 试样拉伸过程的声发射参数关联图和分布图。由图 4.45 可见,能量与持续时间呈指数分布,而振铃计数与持续时间在较宽的范围内则近似成正比,能量与幅度呈线性正比关系,而振铃计数与幅度关联图形成了类似抛物线的形状,上升时间与幅度和振铃计数的关联图则没有明显的分布状貌。由于球状石墨的断裂、球状石墨边界与铁素体、珠光体的分离是同时进行的,并且二者贯穿了整个拉伸过程,因此不同声发射源所对应的信号特征在拉伸过程的声发射参数关联图中难以区分。图 4.46 显示,QT500 试样拉伸过程中撞击声发射信号的参数分布范围相对集中。表 4.22 为拉伸过程声发射信号的主要参数范围。

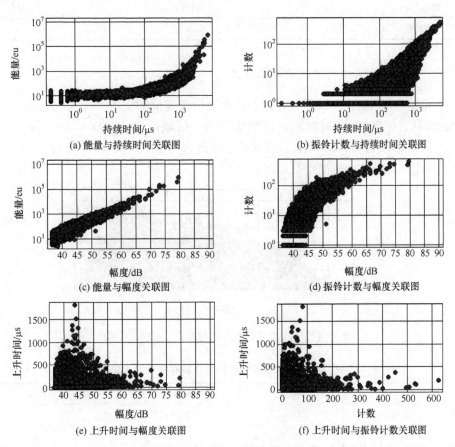

(a) 能量与持续时间关联图　　　　(b) 振铃计数与持续时间关联图

(c) 能量与幅度关联图　　　　(d) 振铃计数与幅度关联图

(e) 上升时间与幅度关联图　　　　(f) 上升时间与振铃计数关联图

图 4.45　QT500 试样拉伸过程的声发射参数关联图

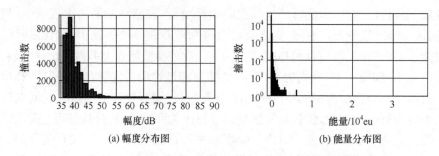

(a) 幅度分布图　　　　　　　　　　(b) 能量分布图

图 4.46　QT500 试样拉伸过程的声发射参数分布图

表 4.22　QT500 试样拉伸过程声发射信号的主要参数范围

声发射参数	范围	主要范围	声发射参数	范围	主要范围
幅度/dB	40~79.5	36.6~55	持续时间/μs	1~5334	1~1800
能量/eu	1~3.5×10⁵	1~3.4×10³	上升时间/μs	1~1516	1~550
振铃计数	1~536	1~170	RMS/μV	1~15.8	1.1~9.3

4. 拉伸过程声发射事件的定位特征

图 4.47 为 QT500 试样拉伸过程的声发射源定位图。由图可知,在试样整体均分布有定位事件,但相对较多地集中在两个区域:−1~1cm,6.5~9cm,其中 6.5~9cm 区域为 QT500 试样拉伸试验后期断裂的区域。表 4.23 为 QT500 试样声发射定位源信号的主要参数范围。

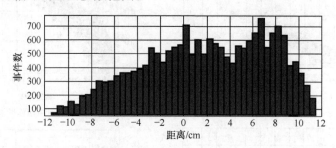

图 4.47　QT500 试样拉伸过程的声发射源定位图

表 4.23　QT500 试样拉伸过程声发射定位源信号的主要参数范围

声发射参数	主要范围	声发射参数	主要范围
幅度/dB	40~57	持续时间/μs	1~1700
能量/eu	1~2700	上升时间/μs	1~600
振铃计数	1~160	RMS/μV	1~9.6

5. 拉伸过程定位声发射信号的频谱特征

图 4.48 为 QT500 试样拉伸过程引起定位的声发射信号波形和频谱图。由图可知,定位信号为突发型信号,其频谱分布范围比较宽,在 50～500kHz 频率范围内均分布有能量,其主要频带在 100～200kHz,在 170kHz 附近有峰值。

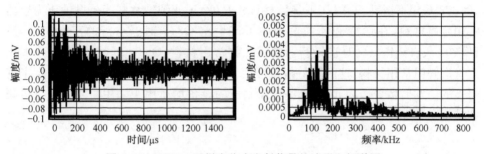

图 4.48　QT500 试样定位声发射信号的波形和频谱图

4.14　本 章 小 结

本章系统论述了金属材料的声发射特性,并给出了常用金属材料 Q235 钢、Q345 钢、15CrMo 钢、2-1/4Cr1Mo 钢、304 不锈钢、S31803 双相不锈钢、TA2 工业纯钛材料、R702 工业纯锆材料、HT200 灰口铸铁材料和 QT500 球墨铸铁材料的声发射试验结果,具体总结如下:

(1) 声发射技术的应用以材料的声发射特性为基础,材料的声发射特性主要包括材料在受载时变形和断裂过程中产生声发射信号的数量、强度和变化规律。不同材料的声发射特性差异很大。即使对同一材料而言,影响声发射特性的因素也十分复杂,如热处理状态、组织结构、试样形状、加载方式、受载历史和环境等。

(2) 金属的塑性形变是最重要的声发射源之一,塑性形变的声发射主要是由位错运动引起的,Luders 带的形成、Bauschinger 不均匀形变、孪生、硬化型合金第二相的形变和断裂等都可引起声发射的产生。鉴于金属的塑性形变有多种机制,而且受材质、热处理状态和试验条件等各种因素的影响,因而与塑性形变有关的声发射特性也互不相同。金属试样受拉伸时的声发射信号通常有连续型和突发型两种,在实际试验中,往往观察到连续分量和突发分量同时出现。人们通过进行大量的金属材料声发射特性试验,将塑性形变的声发射特性与塑性形变的机制结合起来,将塑性形变的声发射图形大致分为五种类型。

(3) 声发射对材料内部的裂纹萌生与扩展十分敏感,试验表明,如果采用声发射检测带裂纹的试样或结构,在普遍屈服之前就会出现声发射;带裂纹结构或试样被施加应力低于普遍屈服应力时,其声发射行为取决于裂纹尖端的应力状态特性参数,这些特性参数包括裂纹长度、应力强度因子、裂纹尖端的断裂应变和裂纹前端的塑性区。

(4) 试验表明,Q235 钢和 Q345 钢为压力容器和结构常用碳钢,在形变和断裂期间可产生丰富的声发射信号;15CrMo 钢和 2-1/4Cr1Mo 钢为高温压力容器用合金钢,母材形变的声发射信号较少,但焊缝的声发射信号相对丰富;304 不锈钢、S31803 双相不锈钢、TA2 工业纯钛材料和 R702 工业纯锆材料为抗腐蚀压力容器常用金属材料,在形变和断裂过程中可产生比 Q345 钢更丰富的声发射信号;HT200 灰口铸铁材料是造纸行业铸铁烘缸常用材料,QT500 球墨铸铁是许多压力管道阀门常用材料,这两种材料在形变和断裂过程中也可产生比 Q345 钢丰富得多的声发射信号。因此,以这些材料制成的设备均适用于采用声发射进行检测和结构完整性评价。

第 5 章　压力容器声发射检测技术研究及应用

　　压力容器是在石油、化工、钢铁、造纸、医药、食品、城市公用等行业得到广泛使用的设备,而且与人们日常生活息息相关。据 2013 年统计,我国现有固定式压力容器 300 多万台,各类气瓶 1.4 亿只。压力容器是具有爆炸危险的特种承压设备,它承受着高温、低温、易燃、易爆、剧毒或腐蚀介质的高压力,一旦发生爆炸或泄漏往往并发火灾、中毒等灾难性事故,造成严重的环境污染,给社会经济、生产和人民生活带来损失和危害,直接影响社会安定。

　　有鉴于此,国内外对压力容器的设计、制造和使用均有严格的规定和要求,而各种无损检测技术在压力容器的制造和在用定期检验中得到广泛应用。20 世纪 60 年代初,Green 等首先开始了声发射技术在无损检测领域方面的应用,Dunegan 首次将声发射技术应用于压力容器检测方面的研究;70 年代,随着 Dunegan 等成功研制现代多通道声发射检测仪器系统,声发射技术在化工容器、核容器和焊接过程控制方面的应用取得了初步成功;经过近 50 年的发展,目前声发射技术已成为一种成熟的无损检测手段,在国内外压力容器检验中得到广泛应用。

　　针对声发射检测技术在压力容器检测应用中存在的问题,自 1986 年开始近三十年来作者课题组系统开展了压力容器声发射源特性和声发射信号识别技术及结果评价技术的研究,在许多方面取得了实质性突破。通过对各种典型压力容器进行衰减测量,得到了压力容器声发射信号衰减的特性;通过在真实压力容器上制造表面和焊接裂纹,并进行加压过程的声发射检测,获得了压力容器上真正裂纹扩展的声发射信号的特征;通过对现场 500 多台压力容器声发射检测数据进行分析,得到了现场压力容器典型的声发射源特性;通过对这些典型声发射信号特征参数数据进行识别分析,可以区分出裂纹、焊接缺陷等对压力容器具有危害的声发射源;在系统研究和大量应用的基础上,提出了压力容器声发射检测、结果分级和评价的标准方法,制定了《金属压力容器声发射检测及结果评价》国家标准(GB/T 18182—2000)和《承压设备无损检测　第 9 部分:声发射检测》国家能源标准(NB/T 47013.9—2011),并得到了颁布实施。本研究成果从本质上提高了声发射技术对压力容器危险性缺陷的检出能力,对扩大声发射技术的推广应用、提高检验效率,具有重要的学术意义和实用价值。本章将系统介绍这些研究成果。

5.1　压力容器声发射检测技术国内外研究现状

声发射对压力容器的检验可分为新制造的验证试验、在用定期检验和运行过程中的在线监测,但其共同的特点都是在容器加载的情况下进行动态测试。声发射检测方法在许多方面不同于其他常规无损检测方法,其对压力容器检测的优点主要表现为:

(1)声发射是一种动态检测方法,其探测到的能量来自被测试物体本身,而不是像超声或射线探伤方法那样由无损检测仪器提供;

(2)声发射检测方法对线性缺陷较为敏感,能探测到在加载情况下这些缺陷的活动情况,稳定的缺陷不产生声发射信号;

(3)在一次试验过程中,声发射检验能够整体探测和评价整个压力容器中活性缺陷的状态;

(4)对于在用压力容器的定期检验,声发射检测方法可以缩短检验的停产时间或者不需要停产;

(5)对于压力容器的耐压试验,声发射检测方法可以预防由未知缺陷引起的灾难性失效和限定压力容器的最高工作压力。

在20世纪90年代初,国内外声发射技术在压力容器检测的研究和应用方面仍存在如下的问题需要解决:

(1)国内刚开始进行初步应用,对压力容器缺陷信号的特征、检测过程中的各项关键技术还不了解,在检测标准方面还是空白。

(2)国外只有成功案例的报道,检测标准也只给出了一般声发射检测的程序,出于商业检测服务目的的考虑,并不详细介绍压力容器声发射信号的特征、检测过程中的关键技术和检测结果的评价技术,而对于真正的检测数据库外方公司标出很高的价格来出售,使我国的声发射检测机构难以购买。

(3)由于压力容器声发射检验均在现场进行,声发射信号极易受外部环境和内部因素的影响,如裂纹扩展、残余应力释放、塑性变形、机械碰撞、摩擦、氧化皮漆皮的剥落、泄漏、风吹、雨淋和电子噪声等都能产生大量的声发射信号。声发射技术只能探测到容器上存在的声发射源,但不能区分和识别这些声发射源是由什么原因引起的,既不能分辨噪声源和真正缺陷产生的声发射信号,也不能确定是什么性质的缺陷产生的声发射信号。在进行压力容器声发射检验过程中,如探测到容器上出现大量声发射定位源,为不至于漏掉活性缺陷,需对许多声发射源部位进行常规无损检测方法复验,而实际上只有少量的声发射源内有裂纹性质的缺陷,这为后续检验增加了较大的工作量。

(4)压力容器的许多关键部位,如接管、支柱、裙座、支撑垫板等角焊缝部位,由于结构复杂,应力集中较大,极易产生大量声发射信号,而目前对这些部位只能进行表面探伤检验,不能对焊缝内部进行检验,从而使得最终无法确定这些部位的声发射源是由残余应力释放、裂纹扩展或者其他原因产生的。

(5)许多压力容器的介质为高温或低温状态,需要在外部铺设保温层,由于保温层的造价较高,对这些容器进行声发射检验时可以保留保温层,但在进行加载试验时,保温支撑部位很容易产生声发射信号,因此为了对声发射源部位进行复验,需要打开大量的保温层,这既增加了检修费用,也增加了检修时间。

(6)对于在线运行的压力容器进行声发射检测,大多数情况下无法对发现的声发射源进行常规无损检测方法复验,无法对容器进行安全状态评价,从而限制了声发射技术在压力容器在线检验中的应用。

5.2 典型压力容器声发射信号衰减特性研究

绝大部分压力容器的结构为圆柱状或球形,柱状容器根据安装的方向又分卧式和立式容器,因此只要研究清楚这两种形式容器的衰减特性,就可以解决声发射传感器阵列的布置问题。本研究选择 50m³ 液化石油气储罐、200m³ 液化石油气球罐和 1000m³ 液化石油气球罐三种最常见的压力容器。

5.2.1 50m³ 液化石油气储罐的声发射信号衰减测量

试验所用储罐的设计参数如表 5.1 所示,使用的检测仪器及状态设置如表 5.2 所示。衰减测量部位如图 5.1 所示,以 HB ϕ0.5mm 铅芯折断为声发射信号模拟源,每个部位进行四次测量,取平均值,声发射信号幅度和能量测量结果如表 5.3 所示,衰减曲线如图 5.2 所示。由图可见,从传感器到 3.5m 的测量距离内,声发射信号呈单调衰减状态,从 3.5m 到 10m 的测量距离内,声发射信号幅度随着距离的变化呈周期上升和下降的状态。这是由于压力容器壳体为圆柱体,从而使不同传播路径的波产生叠加的结果。

表 5.1 50m³ 储罐的设计参数

设计压力:2.0MPa	设计温度:常温	主体材质:16Mn
几何尺寸:ϕ2400mm×10000mm	公称壁厚:24mm	公称容积:50m³

表 5.2 检测仪器及状态设置

仪器:美国 PAC 的 SPARTAN-AT 18 通道		模拟源:HB ϕ0.5mm 铅芯折断
探头:PAC R15I	门限:35dB	增益:80dB
峰值定义时间:2000μs	撞击定义时间:2000μs	撞击闭锁时间:20000μs

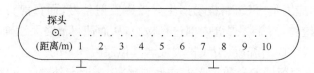

图 5.1　衰减测量模拟声发射源部位示意图

表 5.3　50m³ 储罐纵向模拟声发射信号衰减测量结果

与探头距离/m	0.1	0.5	1.0	1.5	2.0	2.5	3.0	3.5	4.0	4.5	5.0
平均幅度/dB	82	70	61	57	53	48	46	41	58	61	60
平均能量计数	436	240	140	105	84	65	50	45	99	100	99
与探头距离/m	5.5	6.0	6.5	7.0	7.5	8.0	8.5	9.0	9.5	10.0	
平均幅度/dB	60	56	46	40	52	53	47	48	55	49	
平均能量计数	116	57	35	26	107	119	100	80	87	53	

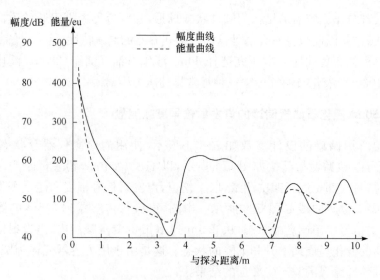

图 5.2　50m³ 储罐纵向模拟声发射信号幅度和能量衰减曲线

5.2.2　200m³ 液化石油气球罐的声发射信号衰减测量

试验所用球罐的设计参数如表 5.4 所示,使用的检测仪器及状态设置如表 5.5 所示。以 HB ϕ0.5mm 铅芯折断为声发射信号模拟源,每个部位进行四次测量,取平均值,声发射信号幅度测量结果如表 5.6 所示,衰减曲线如图 5.3 所示。由图可见,从传感器到 2m 的测量距离内,声发射信号呈单调衰减状态,从 2m 到 8m 的测量距离内,声发射信号幅度随着距离的变化呈单调上升的状态,从 8m 到 10m 又出现下降,然后上升。这是由于压力容器壳体为球形,从而使不同传播路径的波产生叠加的结果。同时也说明,探测距传感器 2m 到 3m 的声发射源灵敏度最低。

表 5.4　200m³ 球罐的设计参数

设计压力:1.6MPa	设计温度:常温	主体材质:16MnR
几何尺寸:φ7100mm	公称壁厚:24mm	公称容积:200m³

表 5.5　检测仪器及状态设置

仪器:美国 PAC 的 SPARTAN-AT 18 通道		模拟源:HB φ0.5mm 铅芯折断
探头:PAC R15I	门限:35dB	增益:70dB
峰值定义时间:2000μs	撞击定义时间:2000μs	撞击闭锁时间:20000μs

表 5.6　200m³ 球罐模拟声发射信号幅度衰减测量结果

与探头距离/m	0.1	0.5	1.0	1.5	2.0	3.0	4.0	5.0
平均幅度/dB	73	63	53	48	37	36	38	43
与探头距离/m	5.0	7.0	8.0	9.0	10.0	11.0		
平均幅度/dB	48	50	54	47	44	52		

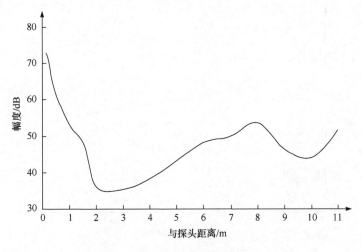

图 5.3　200m³ 球罐模拟声发射信号幅度衰减曲线

5.2.3　1000m³ 液化石油气球罐的声发射信号衰减测量

试验所用球罐的设计参数如表 5.7 所示,使用的检测仪器及状态设置如表 5.8 所示。以 HB φ0.5mm 铅芯折断为声发射信号模拟源,每个部位进行四次测量,取平均值,声发射信号幅度测量结果如表 5.9 所示,衰减曲线如图 5.4 所示。由图 5.4 可见,从传感器到 5m 的测量距离内声发射信号呈单调衰减状态,不像

50m³ 储罐和 200m³ 球罐那样,无起伏现象发生。这是因为 1000m³ 球罐的几何尺寸已足够大,5m 之内的衰减特征与平板一致,无波的叠加现象发生。

表 5.7　1000m³ 球罐的设计参数

设计压力:1.57MPa	设计温度:常温	主体材质:德国 FG43
几何尺寸:φ12300mm	公称壁厚:34mm	公称容积:1000m³

表 5.8　检测仪器及状态设置

仪器:美国 PAC 的 SPARTAN-AT 32 通道		模拟源:HB φ0.5mm 铅芯折断
探头:PAC R15	门限:40dB	增益:80dB
峰值定义时间:2000μs	撞击定义时间:2000μs	撞击闭锁时间:20000μs

表 5.9　1000m³ 球罐模拟声发射信号幅度衰减测量结果

与探头距离/m	0.1	0.5	1.0	2.0	3.0	4.0	5.0
平均幅度/dB	80	68	62	52	48	46	42

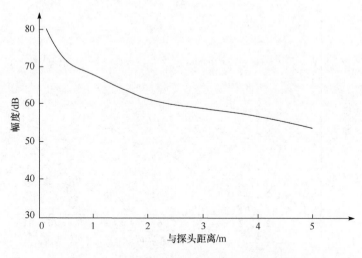

图 5.4　1000m³ 球罐模拟声发射信号幅度衰减曲线

5.2.4　结论

(1) 压力容器声发射信号的衰减特性随压力容器的几何尺寸和结构的不同而变化,几何尺寸越小,波的传播越复杂,衰减特性变化越大。

(2) 压力容器壁厚对声发射信号的衰减特性有强烈的影响,壁厚越薄,衰减越大,壁厚越厚,衰减越小。

（3）经实际测量发现,声发射信号的幅度和能量参数代表了压力容器的衰减特性,对于 $1000m^3$ 以上的球罐,声发射信号的幅度和能量随距离的衰减是单调下降的。

5.3　压力容器焊接裂纹的声发射特性研究

5.3.1　试验用压力容器的基本概况

试验用压力容器为 $20m^3$ 已报废的液化石油气储罐,其设计参数如表 5.10 所示,容器壳体材料的化学成分如表 5.11 所示,力学性能如表 5.12 所示。经宏观检查发现,内部有轻微均匀腐蚀,在下半部的母材上存在十几个直径在 $30\sim60mm$ 范围的鼓包,这也是该容器报废的原因。对筒体和封头进行了几十个点的壁厚测量,测量结果表明,筒体厚度为 $13.5\sim14.3mm$,封头厚度为 $15.4\sim16.2mm$。对储罐内外表面焊缝进行了 100% 磁粉探伤,结果未发现表面裂纹。

表 5.10　$20m^3$ 储罐的设计参数

设计压力:1.76MPa	设计温度:常温	工作介质:液化石油气
主体材质:16MnR	设计壁厚:14mm	公称容积:$20m^3$
筒体内径:$\phi1800mm$	筒体长度:6990mm	设备总长:8000mm

表 5.11　$20m^3$ 储罐壳体材料的化学成分

部位	板厚	C	Si	Mn	S	P
筒体	14mm	0.18	0.41	1.49	0.022	0.019
封头	16mm	0.16	0.38	1.43	0.023	0.022

表 5.12　$20m^3$ 储罐壳体材料的力学性能

部位	σ_b/MPa	σ_s/MPa	δ	冷弯($d=40mm$)
筒体	578	411	26.0	未裂
封头	549	392	24.0	未裂

在进行焊接裂纹制造前,对容器进行了最高压力为 4.0MPa 的水压试验,以消除进行声发射试验过程中容器其他部位可能出现的声发射源。

5.3.2　表面裂纹和深埋裂纹缺陷的制造

首先在容器的纵焊缝上以角向砂轮打磨开槽,然后置入 FeS 粉末进行焊接,由于焊接过程中容器内储满水,冷却速度很快,很容易在焊道中间自然产生热裂纹。如制造表面裂纹,则在每道都加入 FeS 粉末,直至焊满,最后打磨去除焊缝余高;如制造深埋裂纹,则在最后几道不加 FeS 粉末,直接焊满,最后打磨去除焊缝加强余高。

焊接采用国标 E4303(T-422)低碳钢焊条,不进行特殊烘干处理;焊机采用一般交流弧焊机,焊接电流在 90～130A 范围内。

本试验共进行了 6 次缺陷的制作和加载,共制造表面裂纹 14 处、深埋裂纹 9 处。下面所给数据为一次典型的试验结果,本次试验共制造 5 处焊接缺陷,相对位置如图 5.5 所示,1、2、3 号为深埋裂纹,4 和 5 号为外表面裂纹,但大小不同。5 个缺陷的原始制造状态如表 5.13 所示。

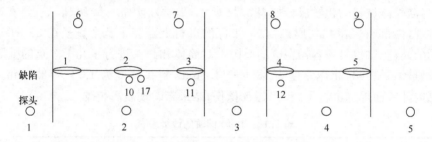

图 5.5　缺陷位置和声发射探头布置图

表 5.13　焊接缺陷的原始制造状态

序号	1	2	3	4	5
裂纹类别	深埋	深埋	深埋	表面	表面
裂纹长度/mm	130	120	150	110,40	175 断续
裂纹深度/mm	2～11.5	3～10.5	3～10.5	0～11.5	0～10

5.3.3　声发射仪器及工作参数设置

本试验所用仪器为美国 PAC 的 SPARTAN-AT 18 通道声发射仪器;探头为 PAC R15I 前置放大器内置式共振型灵敏探头,其主响应频率为 150kHz;前置放大器增益为 40dB,滤波器带通为 100～300kHz;声发射仪主机增益设置为 20dB,门限 40dB,声发射信号峰值定义时间为 $1000\mu s$,撞击定义时间为 $2000\mu s$,撞击闭锁时间为 $20000\mu s$。试验前采用 HB $\phi0.5mm$ 铅芯折断模拟声发射信号,分别在距探头 10cm 处,对探头进行灵敏度标定。各探头信号的平均幅度为 85dB,最小 83dB,最大 89dB。

本试验共采用 13 个声发射探头,同时对 5 个焊接缺陷进行监测,探头排列如图 5.5 所示,1～9 号探头对 5 个缺陷进行三角定位监测,10～12 号分别位于 2、3、4 号缺陷附近对每个缺陷进行单独监测,17 号为宽频带探头,对裂纹扩展的声发射信号进行全波形采集。

5.3.4　声发射试验加载步骤

加载采用水压试验进行，加压曲线如图 5.6 所示，在每次升压后降压时，对这些裂纹进行表面磁粉探伤和超声波端点衍射测高。

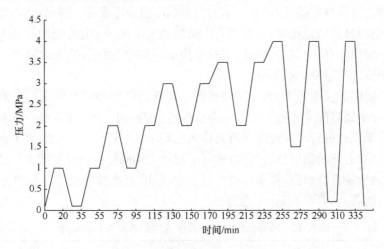

图 5.6　声发射试验水压加压曲线

5.3.5　试验结果及分析

1. 各升压阶段表面磁粉探伤测量结果

表 5.14 给出了 5 个缺陷各升压阶段表面磁粉探伤和试验结束后的打磨解剖结果。纵观整个试验过程，表面裂纹在较低的压力下向横向发展，由断续达到连续，到达一定长度后，随着压力的增加，长度将不再增加，裂纹开口张开，向深度方向发展。在较高的压力下深埋裂纹从内部长出，随着压力的增加逐步向两端生长，达到一定长度后，随着压力的增加，长度也不再增加，同时裂纹开口张开。

表 5.14　各升压阶段表面磁粉探伤和打磨解剖结果(单位：mm)

缺陷编号	1	2	3	4	5
加压前	无	无	无	110,40	175 断续
1.1MPa	无	无	无	150	175 连续
2.0MPa	无	无	无	170 张开	175 张开
3.0MPa	90	10,90	无	170 张开	175 张开
3.5MPa	145	135	120	170 张开	175 张开
4.0MPa	145 张开	135 张开	150 张开	170 张开	175 张开
打磨深度	12.5	13	11.5	12.5	10

2. 各升压阶段超声波端点衍射法裂纹高度测量结果

超声波探伤方法是较好的进行缺陷检测的无损探伤方法,但常用的超声波探伤方法对缺陷的判断主要取决于反射波幅度,而反射波幅度又依赖于缺陷界面的形状、方向、光滑程度等,因此对缺陷的自身高度测定不准确。然而,超声波在传播过程中,当经过界面边缘时,波振面产生衍射现象。超声波端点衍射探伤方法利用裂纹尖端对声波存在衍射的特征,通过采用适当的聚焦探头捕捉缺陷端点产生的衍射波来精确测定缺陷的自身高度。

由于缺陷的长度较大,为了精确测定不同压力阶段裂纹在厚度方向的扩展情况,对每一个缺陷固定了左、中、右三个监测点。表 5.15 给出了在整个试验过程中的检测结果。在进行超声波端点衍射检测过程中,随着压力的增加,对于深度不增加的裂纹,端点波的幅度越来越大,这说明裂纹尖端的张开位移在增大。试验结束后,以角向砂轮打磨解剖,并逐通道进行磁粉探伤,最终检测结果与超声波测量的结果完全吻合,误差在 0.5mm 之内。

表 5.15　各升压阶段超声波端点衍射法测量探伤结果

缺陷编号	1			2			3			4			5		
缺陷深度范围/mm															
加压阶段	左线	中线	右线	左线	中线	右线	左线	中线	右线	左线	中线	右线	左线	中线	右线
加压前	无	2~11.5	无	几个波	3~10.5	无	4~9.5	3~10.5	无	0~9	0~11.5	0~8	0~7.5	0~10	0~2.5
1.0MPa	无	2~11.5	无	几个波	3~10.5	无	4~9.5	3~10.5	无	0~9	0~11.5	0~8	0~7.5	0~10	0~2.5
2.0MPa	无	2~11.5	无	6~9	3~10.5	无	4~9.5	3~10.5	无	0~10.5	0~11.5	0~10	0~7.5	0~10	0~5.5
3.0MPa	0~5	0~11.5	2.5~6	2~10	0~10.5	0~8	3~9.5	1~10.5	4~9	0~11.5	0~11.5	0~11	0~8.5	0~10	0~8
3.5MPa	0~9	0~12	0~8	0~11	0~12.5	0~12	0~10	0~11	1~9	0~12	0~12	0~12	0~9	0~10	0~9
4.0MPa	0~11	0~12.5	0~11	0~12	0~13	0~13	0~11	0~11.5	0~10	0~12.5	0~12.5	0~12	0~10	0~10	0~10

3. 各升压、保压和降压阶段声发射信号的定位源特性

每次加压过程分为升压、保压、降压、二次升压、二次保压五个步骤,各次加压过程的压力逐步上升,如图 5.6 所示。图 5.7 给出了 0~4.0MPa 整个加压过程各阶段的声发射信号源定位图。表 5.16 给出了每一个升压阶段和所有保压、降压、二次升压及二次保压阶段各缺陷出现声发射定位源次数的统计结果。

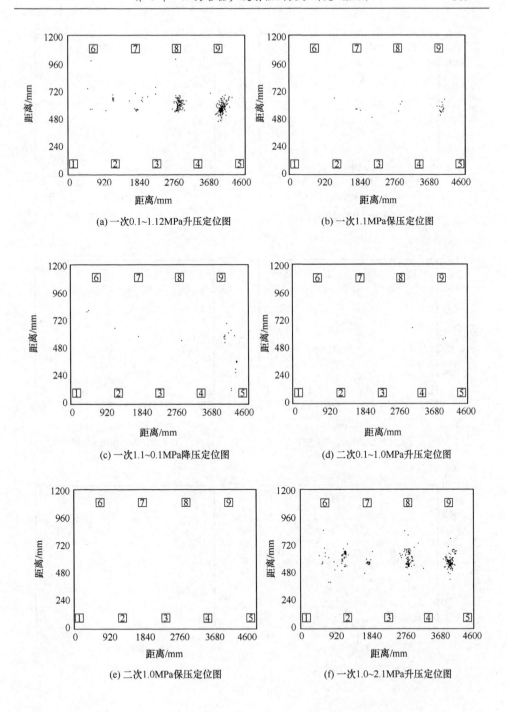

(a) 一次0.1~1.12MPa升压定位图

(b) 一次1.1MPa保压定位图

(c) 一次1.1~0.1MPa降压定位图

(d) 二次0.1~1.0MPa升压定位图

(e) 二次1.0MPa保压定位图

(f) 一次1.0~2.1MPa升压定位图

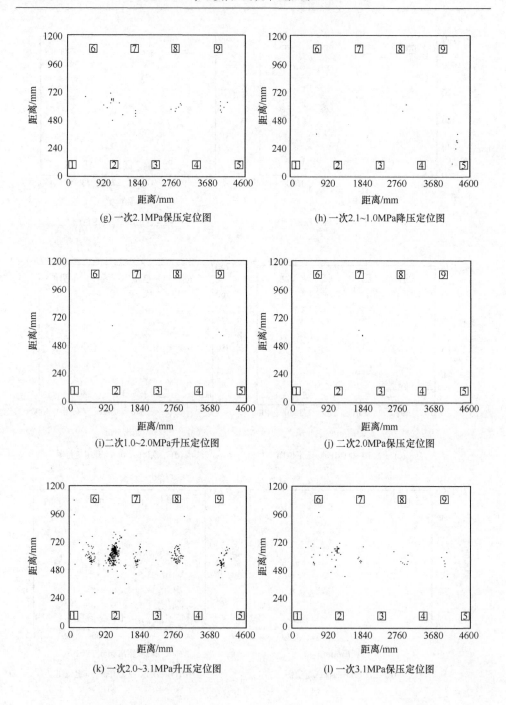

(g) 一次2.1MPa保压定位图

(h) 一次2.1~1.0MPa降压定位图

(i) 二次1.0~2.0MPa升压定位图

(j) 二次2.0MPa保压定位图

(k) 一次2.0~3.1MPa升压定位图

(l) 一次3.1MPa保压定位图

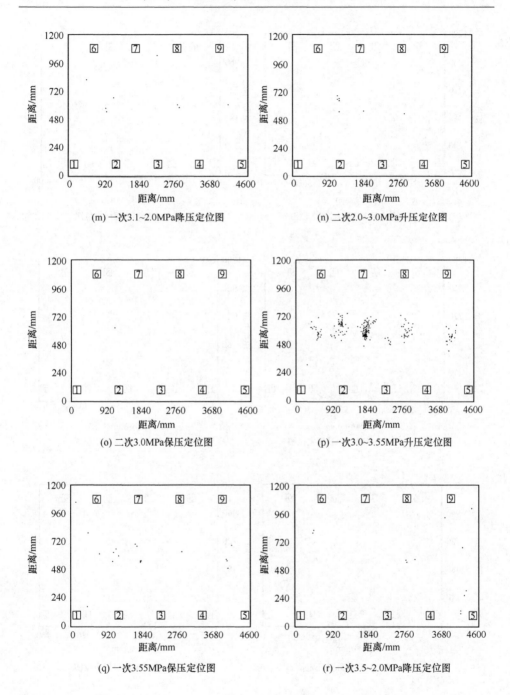

(m) 一次3.1~2.0MPa降压定位图

(n) 二次2.0~3.0MPa升压定位图

(o) 二次3.0MPa保压定位图

(p) 一次3.0~3.55MPa升压定位图

(q) 一次3.55MPa保压定位图

(r) 一次3.5~2.0MPa降压定位图

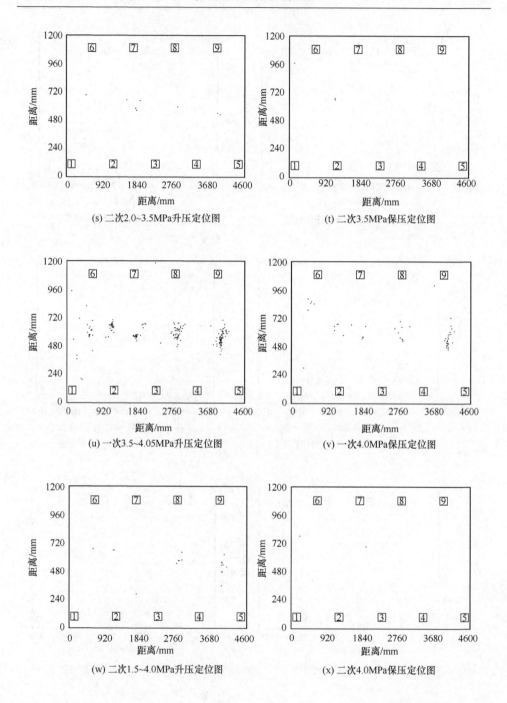

(s) 二次2.0~3.5MPa升压定位图

(t) 二次3.5MPa保压定位图

(u) 一次3.5~4.05MPa升压定位图

(v) 一次4.0MPa保压定位图

(w) 二次1.5~4.0MPa升压定位图

(x) 二次4.0MPa保压定位图

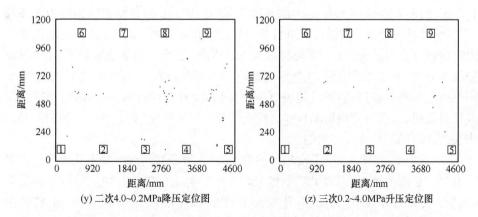

(y) 二次4.0~0.2MPa降压定位图　　　　　　(z) 三次0.2~4.0MPa升压定位图

图 5.7　表面裂纹和深埋裂纹在0~4.0MPa升压、保压、降压过程的声发射信号源定位图

表 5.16　各压力阶段缺陷出现声发射定位源次数的统计结果

压力阶段	1 号缺陷	2 号缺陷	3 号缺陷	4 号缺陷	5 号缺陷
开始出现声发射定位源的压力	0.92MPa	0.55MPa	0.35MPa	0.24MPa	0.25MPa
0~1.0MPa	2	20	15	120	180
1.0~2.0MPa	8	40	22	130	135
2.0~3.0MPa	90	400	60	90	80
3.0~3.5MPa	30	80	110	35	30
3.5~4.0MPa	20	40	30	51	75
一次保压总和	11	55	17	27	59
降压总和	4	7	3	27	31
二次升压总和	4	11	5	11	14
二次保压总和	0	4	3	0	1

　　总体比较表 5.14、表 5.15 和表 5.16 的结果可以看出，这些缺陷的声发射行为与裂纹扩展的行为对应很好。裂纹越靠近外表面，扩展越早，即声发射极大值出现在越低的压力下。这些裂纹产生声发射信号的机制主要包括两方面：一是裂纹扩展产生的声发射信号；二是裂纹尖端塑性变形引起珠光体和渗碳体的断裂及位错运动而产生的声发射信号。塑性变形使裂纹尖端钝化，表现为裂纹张开。

　　由图 5.7 可见，在 0~1.1MPa 的第 1 次加压阶段，4 和 5 号表面裂纹分别在 0.24MPa 和 0.25MPa 的压力下，首先出现声发射定位源信号，随后这两处分别产生 120 个和 180 个声发射定位源。此加压阶段结束后对其进行表面磁粉探伤发现，4 号缺陷已由原来分别长 110mm 和 40mm 的两个表面裂纹连接为一个长

150mm 的表面裂纹,5 号缺陷由原来数十条 5~10mm 的表面裂纹连接为一条长 175mm 的表面裂纹。通过对其进行超声波端点衍射测高,发现在此压力阶段裂纹没有向深度方向扩展。1 号深埋裂纹在 0.92MPa 之后出现 2 个定位源,2 号深埋裂纹在 0.55MPa 之后出现 20 个定位源,3 号深埋裂纹在 0.35MPa 之后出现 15 个声发射定位源,但对它们进行的表面磁粉探伤,没有发现表面裂纹,通过超声波端点衍射测量,也没有发现缺陷自身高度的增长。可以断定,此过程声发射信号是由小裂纹之间的相互连接产生的。

在 1.0~2.0MPa 的第 1 次加压阶段,4 和 5 号表面裂纹继续不断地产生大量声发射定位源信号,分别为 130 个和 135 个声发射定位源。此加压阶段结束后对其进行表面磁粉探伤发现,4 号表面裂纹的长度已由原来的 150mm 增长为 170mm,而且裂纹的开口有所张开,5 号表面裂纹的长度仍为 175mm,但裂纹的开口也有所张开。超声波端点衍射测高发现,4 号表面裂纹的两侧和 5 号表面裂纹的右侧开始向深度方向扩展。在此阶段 1、2、3 号深埋裂纹的声发射信号也开始增加,2 和 3 号深埋裂纹已比较活跃,3 个深埋裂纹的声发射定位源分别为 8 个、40 个和 22 个。通过对它们进行的表面磁粉探伤,没有发现表面裂纹,通过超声波端点衍射测量,发现 1 和 3 号缺陷的自身高度没有变化,2 号缺陷在左侧生长出自身高度为 3mm 的深埋裂纹。可以断定,此过程声发射信号是由裂纹之间的相互连接和裂纹自身高度的增长引起的。

在 2.0~3.0MPa 的第 1 次加压阶段,4 和 5 号表面裂纹仍继续产生大量声发射定位源信号,分别为 90 个和 80 个声发射定位源。此加压阶段结束后对其进行表面磁粉探伤发现,4 和 5 号表面裂纹的长度未变,但裂纹的开口继续张开。超声波端点衍射测高发现,4 和 5 号表面裂纹的两侧均向深度方向扩展,此阶段的声发射信号来自裂纹扩展。在此阶段 1、2、3 号深埋裂纹的声发射信号十分活跃,尤其是 1 和 2 号深埋裂纹更加活跃,3 个深埋裂纹的声发射定位源分别为 90 个、400 个和 60 个。通过对其进行表面磁粉探伤,发现 1 号缺陷产生长 90mm 的表面裂纹,2 号缺陷产生 2 条分别长 90mm 和 10mm 的表面裂纹。通过超声波端点衍射测量,发现 3 个裂纹均向外表面生长。可以断定,此过程的声发射信号是由裂纹自身高度的增长引起的。

在 3.0~3.5MPa 的第 1 次加压阶段,5 个缺陷仍均继续产生大量的声发射定位源信号,但除 3 号的发射率继续增加外,其他 4 个缺陷的发射率均有所下降,5 个缺陷的声发射定位源分别为 30 个、80 个、110 个、35 个和 30 个。此加压阶段结束后对其进行表面磁粉探伤发现,4 和 5 号表面裂纹的长度仍未变,但裂纹的开口继续张开,1 和 2 号缺陷的表面裂纹分别增长为 145mm 和 135mm,3 号缺陷产生一条 120mm 长的表面裂纹。通过超声波端点衍射测量,发现 5 个裂纹均向内部生长。可以断定,此过程的声发射信号是由裂纹自身高度的增长引起的。

在 3.5～4.0MPa 的第 1 次加压阶段,4 和 5 号缺陷的活性有所增加,产生的声发射定位源数分别为 51 个和 75 个,1、2、3 号缺陷的活性下降,产生的声发射定位源数分别为 20 个、40 个和 30 个。此加压阶段结束后对其进行表面磁粉探伤发现,1、2、4 和 5 号表面裂纹的长度均未增加,但裂纹的开口继续张开,3 号缺陷的表面裂纹增长为 150mm。通过超声波端点衍射测量,发现 5 个裂纹均向内部生长。可以断定,此过程的声发射信号是由裂纹自身高度的增长引起的。

在每个加压阶段后,均进行了 10min 保压测试。在升压阶段出现大量声发射定位源的部位,首次保压阶段会继续出现少量声发射定位源,而在首次升压阶段出现几个或不出现声发射定位源的部位,保压阶段不会出现定位源。总之,升压阶段声发射定位源越多的缺陷,保压阶段的定位源也越多,但总的来说,保压阶段的信号只有升压阶段的 6%～12%。

在每个升压阶段保压之后均进行了降压和二次升压,从图 5.7 和表 5.16 中可以看到,在二次升压的过程中,只有一次升压过程中十分活跃的缺陷才会在载荷较接近第一次最大载荷时产生少量的声发射定位源信号,但所产生的定位源数量与第一次升压阶段相比所占的比例为 1%～3%。在二次升压后的保压阶段,几乎没有声发射定位源信号产生。

值得注意的是,在每次降压过程中,均对缺陷进行了监测,发现表面开口的裂纹在降压过程中可产生声发射定位源信号,尤其是在压力接近 0 时。通过观察发现,压力降为 0 后,在高压下已张开 1mm 的表面裂纹确实已经闭合。因此,可以断言,降压过程中表面裂纹产生的声发射信号是由裂纹闭合时裂纹面的摩擦产生的。

总之,在 0～4.0MPa 整个升压、保压过程中,表面裂纹从 0.25MPa 开始活动,在 1.0～2.0MPa 达到峰值,然后随着压力的增加,声发射信号定位源反而逐渐减少,但压力达到 3.5MPa 之后,声发射定位源信号又开始增多。深埋裂纹在 0.5MPa 之后开始活动,在 3.0MPa 附近声发射信号达到峰值,然后随着压力的上升,声发射信号的数量反而逐渐下降。

根据上述分析和多次进行的试验结果,可以将焊接表面裂纹和深埋裂纹的声发射特征归纳如下:

(1) 声发射行为与超声波探伤和磁粉探伤测到的裂纹扩展结果基本上可一一对应,但声发射检测更灵敏,且为动态监测。

(2) 表面裂纹较深埋裂纹在较低压力下扩展,更危险。

(3) 声发射信号的 90% 产生于第一次升压过程,这是获取数据的最重要阶段。

(4) 第一次保压过程因弛豫现象可产生 6%～12% 的声发射信号。

(5) 降压过程只有表面裂纹产生少量声发射信号。这一方面是由裂纹面的摩擦碰撞引起,另一方面是由于表面裂纹尖端的张开位移较大,应力的下降可引起位错重新分布产生声发射信号。

（6）由于凯塞效应,第二次升压过程声发射信号很少,第二次保压几乎无声发射信号产生。

4. 裂纹扩展声发射信号参数的分布特征

分布分析是声发射信号分析常用的方法之一。不同的声发射源有着不同的分布特征,因此通过对声发射信号参数进行分布分析,可以对认识声发射源能提供有用的信息。

1) 撞击信号与定位源信号参数分布特征的比较

图 5.8 为首次 2.0～3.0MPa 升压阶段所有 13 个通道的声发射信号 6 个参数的分布图。图 5.9 为在此阶段 5 个缺陷的裂纹扩展产生声发射定位源信号参数的分布图。表 5.17 列出了此升压过程产生的声发射撞击信号和定位源信号的分布特征。

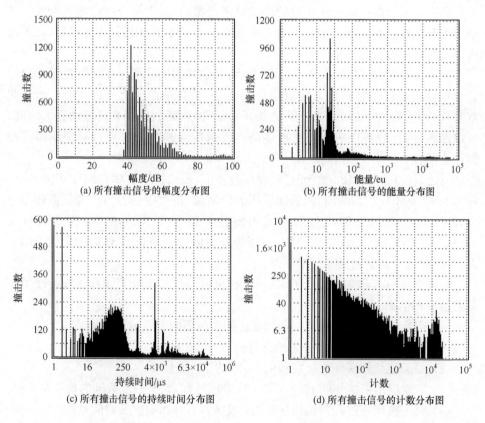

(a) 所有撞击信号的幅度分布图

(b) 所有撞击信号的能量分布图

(c) 所有撞击信号的持续时间分布图

(d) 所有撞击信号的计数分布图

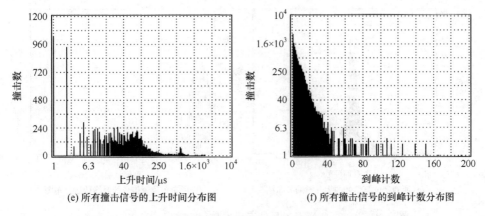

(e) 所有撞击信号的上升时间分布图　　　　(f) 所有撞击信号的到峰计数分布图

图 5.8　2.0～3.0MPa 升压所有撞击信号声发射参数的分布图

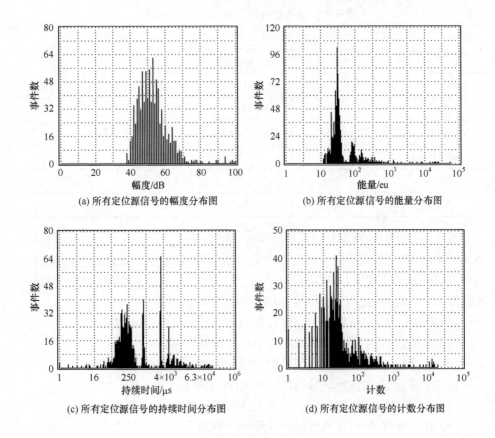

(a) 所有定位源信号的幅度分布图　　　　(b) 所有定位源信号的能量分布图

(c) 所有定位源信号的持续时间分布图　　　　(d) 所有定位源信号的计数分布图

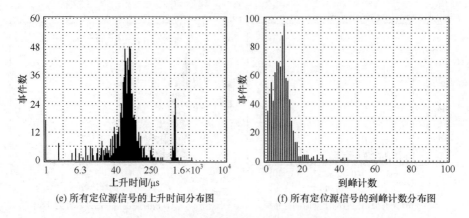

(e) 所有定位源信号的上升时间分布图　　(f) 所有定位源信号的到峰计数分布图

图 5.9　2.0～3.0MPa 升压所有声发射定位源信号参数的分布图

表 5.17　裂纹扩展声发射信号参数的范围

声发射参数	撞击信号		定位源信号	
	范围	主要范围	范围	主要范围
幅度/dB	38～100	40～70	38～100	40～70
能量/eu	1～6×10⁴	1～1×10³	12～6×10⁴	10～100
计数	1～2×10⁴	1～2×10⁴	1～2×10⁴	1～200
持续时间/μs	1～2.5×10⁵	1～300	1～2.5×10⁵	30～300
上升时间/μs	1～3000	1～200	1～1100	20～100
到峰计数	1～150	1～45	2～65	2～20

　　裂纹增长产生的声发射信号是由裂纹扩展和裂纹尖端塑性变形引起的位错运动而产生的,其中裂纹扩展为突发型声发射信号,可以产生定位源,塑性变形产生的声发射信号为连续型,不可进行时差定位。因此,图 5.9 所示的声发射信号以裂纹扩展为主,与检测过程的全部撞击信号相比具有如下特征。

　　(1) 幅度分布:定位源信号幅度分布的峰值较大,在 53dB 附近。

　　(2) 能量分布:小能量的声发射撞击信号不能定位。

　　(3) 持续时间分布:定位源信号中持续时间小的信号很少。

　　(4) 计数分布:定位源信号的计数较集中,主要位于 3～40。

　　(5) 上升时间分布:定位源信号的上升时间也较集中,主要位于 20～100μs。

　　(6) 到峰计数分布:定位源信号的到峰计数范围主要位于 2～20,具有较大或较小到峰计数的信号,都不宜产生声发射定位源。

　　2) 表面裂纹与深埋裂纹的比较

　　图 5.10 为 1.0～2.0MPa 升压 12 号探头监测 4 号表面裂纹扩展的声发射信

号各参数分布图。图 5.11 为 3.0～3.5MPa 升压 11 号探头监测 3 号深埋裂纹扩展的声发射信号各参数分布图。表 5.18 列出了表面裂纹和深埋裂纹分别产生声发射撞击信号参数的分布特征。从图 5.10、图 5.11 及表 5.18 可以看出，表面裂纹与深埋裂纹信号参数的分布是十分相似的，因为它们产生的机制是相同的。

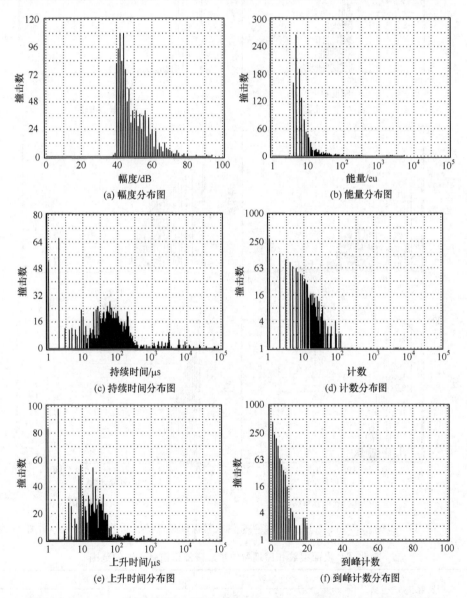

图 5.10　1.0～2.0MPa 升压 12 号探头监测 4 号表面裂纹扩展的声发射参数分布图

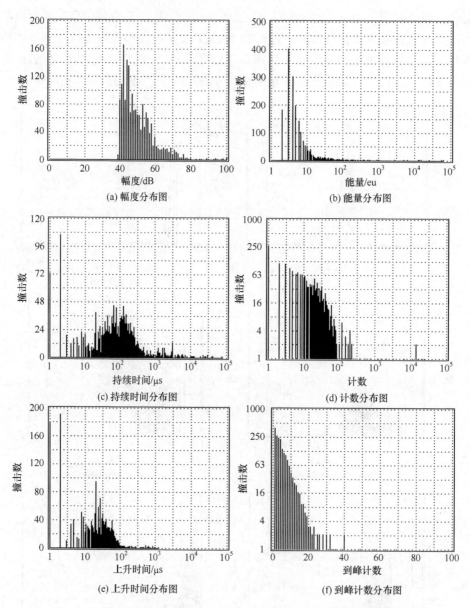

图 5.11　3.0～3.5MPa 升压 11 号探头监测 3 号深埋裂纹扩展的声发射参数分布图

表 5.18　表面裂纹和深埋裂纹扩展声发射信号参数的范围

声发射参数	表面裂纹		深埋裂纹	
	范围	主要范围	范围	主要范围
幅度/dB	38～96	40～70	39～100	40～70
能量/eu	4～8×10⁴	4～100	2～8×10⁴	2～100

声发射参数	表面裂纹		深埋裂纹	
	范围	主要范围	范围	主要范围
计数	$1\sim9\times10^3$	$1\sim100$	$1\sim2\times10^4$	$1\sim90$
持续时间/μs	$1\sim9\times10^4$	$1\sim300$	$1\sim8\times10^4$	$1\sim300$
上升时间/μs	$1\sim1200$	$1\sim100$	$1\sim1200$	$1\sim100$
到峰计数	$1\sim63$	$1\sim20$	$1\sim70$	$1\sim20$

3）不同升压阶段声发射信号的比较

图 5.12 为 1.0～2.0MPa 升压阶段远离缺陷 500mm 的 3 号探头采集的声发射信号各参数的分布图，这一阶段距 3 号探头较近的 4 号表面裂纹最为活跃，因此 3 号探头的大部分信号来自 4 号表面裂纹的扩展。图 5.13 为 3.0～3.5MPa 升压阶段 3 号探头采集的声发射信号各参数的分布图，这一阶段距 3 号探头较近的 3 号深埋裂纹最为活跃，因此 3 号探头采集的大部分信号来自 3 号深埋裂纹的扩展。表 5.19 列出了这两个升压阶段 3 号探头采集到的声发射撞击信号参数的分布特征。从图 5.12、图 5.13 及表 5.19 可以看出，不同压力阶段裂纹扩展声发射信号参数的分布特征是十分相似的，但高压阶段产生更高幅度、更大能量和更大计数的声发射信号，即声发射参数的最大范围扩大，但主要集中分布区域不变。

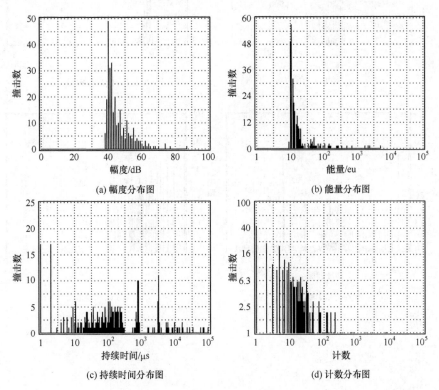

(a) 幅度分布图

(b) 能量分布图

(c) 持续时间分布图

(d) 计数分布图

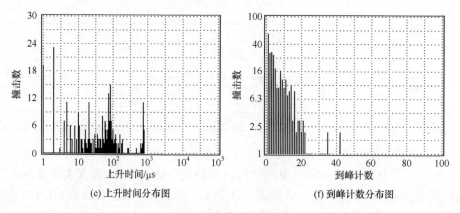

(e) 上升时间分布图

(f) 到峰计数分布图

图 5.12　1.0～2.0MPa 升压 3 号探头采集的声发射参数分布图

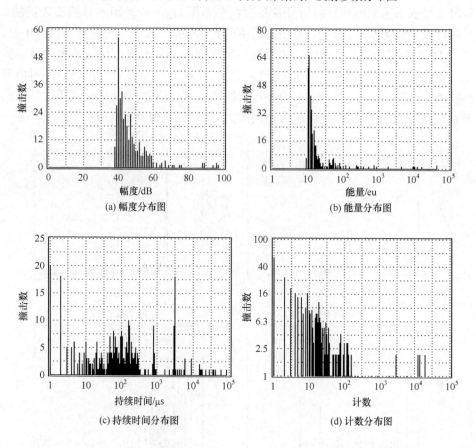

(a) 幅度分布图

(b) 能量分布图

(c) 持续时间分布图

(d) 计数分布图

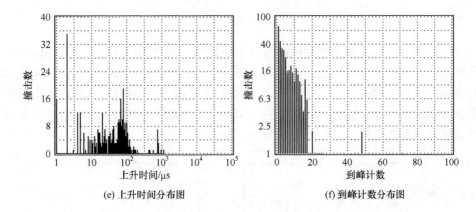

(e) 上升时间分布图　　　　　　　　　　(f) 到峰计数分布图

图 5.13　3.0～3.5MPa 升压 3 号采集探头的声发射参数分布图

表 5.19　不同升压阶段裂纹扩展声发射信号参数的范围

声发射参数	1.0～2.0MPa		3.0～3.5MPa	
	最大范围	主要范围	最大范围	主要范围
幅度/dB	38～87	40～65	39～98	40～65
能量/eu	9～5×10³	10～100	9～4×10⁴	10～100
计数	1～9×10³	1～200	1～2×10⁴	1～160
持续时间/μs	1～1×10⁵	1～300	1～1×10⁵	1～300
上升时间/μs	1～900	1～200	1～1200	1～120
到峰计数	1～42	1～20	1～48	1～20

通过分析大量试验结果,从声发射信号的参数来看,表面裂纹和深埋裂纹的扩展产生的声发射信号无本质的区别,因此各声发射信号参数分布图的特征是相似的,但根据探头距裂纹源距离的不同,主要参数分布范围有一些变化。随着探头距裂纹源距离的增加,探测到的声发射信号的幅度降低,但持续时间的范围增大。其特点可以归纳如下。

（1）裂纹扩展引起附近探头声发射信号的参数主要位于如下范围:

幅度:40～75dB;　　　上升时间:1～100μs;　　　计数:1～100;

能量:3～100eu;　　　持续时间:1～300μs;　　　到峰计数:1～20 个。

（2）裂纹扩展引起 500mm 外探头声发射信号的参数主要位于如下范围:

幅度:40～65dB;　　　上升时间:1～200μs;　　　计数:1～200;

能量:10～100eu;　　　持续时间:1～300μs;　　　到峰计数:1～20 个。

（3）裂纹扩展引起声发射定位源信号的参数主要位于如下范围:

幅度:40～70dB;　　　上升时间:10～100μs;　　　计数:3～200;

能量:10～100eu;　　　持续时间:30～300μs;　　　到峰计数:1～20 个。

5. 裂纹扩展声发射信号参数间的关联特征

关联图分析方法也是声发射信号分析中最常用的方法,升压过程中,不同性质的声发射源产生的声发射信号参量将会具有不同的增长速率和大小范围。通过作出不同参量两两参数之间的关联图,可以分析不同声发射源的特征,从而能起到鉴别声发射源的作用。图 5.14 为 2.0～3.0MPa 升压阶段所有 14 个通道对 5 个裂纹缺陷监测的声发射信号 6 个参数间的关联分布图。

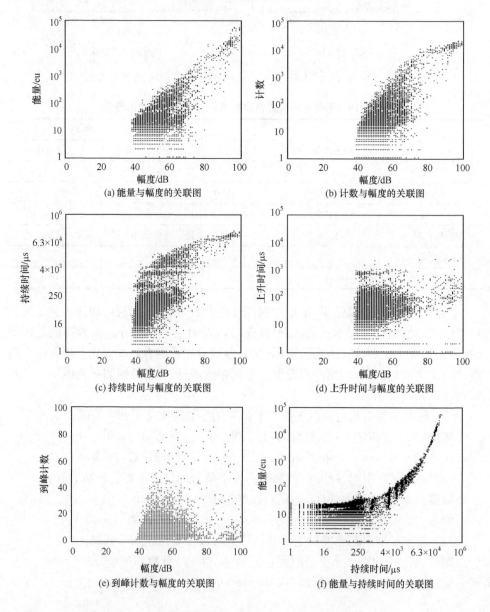

(a) 能量与幅度的关联图

(b) 计数与幅度的关联图

(c) 持续时间与幅度的关联图

(d) 上升时间与幅度的关联图

(e) 到峰计数与幅度的关联图

(f) 能量与持续时间的关联图

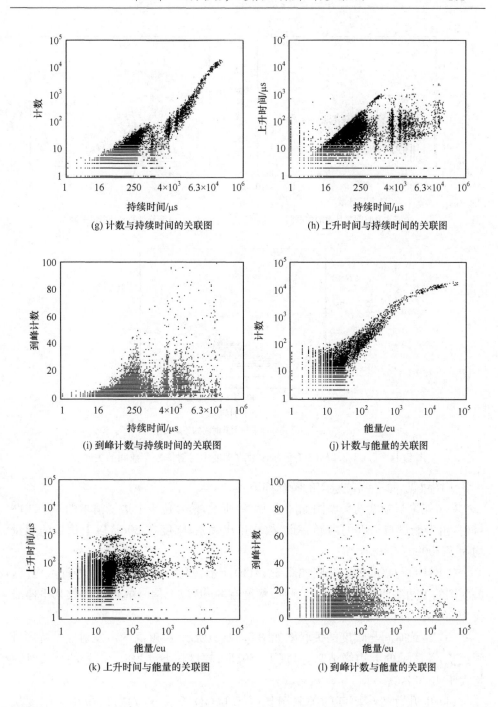

(g) 计数与持续时间的关联图

(h) 上升时间与持续时间的关联图

(i) 到峰计数与持续时间的关联图

(j) 计数与能量的关联图

(k) 上升时间与能量的关联图

(l) 到峰计数与能量的关联图

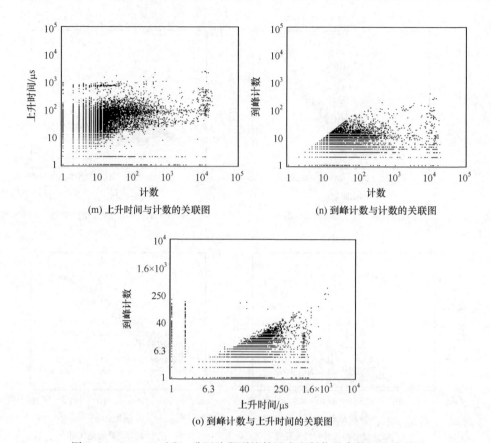

(m) 上升时间与计数的关联图　　　　　　　(n) 到峰计数与计数的关联图

(o) 到峰计数与上升时间的关联图

图 5.14　2.0～3.0MPa 升压阶段裂纹扩展声发射信号参数间的关联图

由图可见,每一幅关联图的特征如下:

(1) 能量与幅度的关联图如图 5.14(a)所示,信号位于上边缘清晰的一个线性带内,由于能量与幅度的内涵一致,故成正比关系,幅度在 80dB 以上信号的能量均大于 100eu。

(2) 计数与幅度的关联图如图 5.14(b)所示,幅度高的声发射信号计数也高,关联图的上边缘清晰,呈现上凸弧形;幅度在 80dB 以上信号的最大计数几乎停滞在 10000 左右。

(3) 持续时间与幅度的关联图如图 5.14(c)所示,幅度高的声发射信号持续时间也长,关联图的上边缘清晰,呈现上凸弧形;幅度在 80dB 以上信号的持续时间均大于 4000μs。

(4) 上升时间与幅度的关联图如图 5.14(d)所示,声发射信号位于幅度从 38dB 到 100dB,上升时间从 1μs 到 3000μs 的区域内,图形无明显分布特征反映出幅度与上升时间没有一定关系。

（5）到峰计数与幅度的关联图如图 5.14（e）所示，声发射信号位于幅度从 38dB 到 100dB、到峰计数从 1 到 100 的区域内，它们之间的相互关系规律性很小。

（6）能量与持续时间的关联图如图 5.14（f）所示，在持续时间大于 $3000\mu s$、能量大于 10eu 的区域内，关联图的分布呈两边边缘清晰的倒抛物线走向，反映出二者之间的关系十分密切，从双对数图来看，能量与持续时间的平方成比例关系。

（7）计数与持续时间的关联图如图 5.14（g）所示，关联图的分布成两边边缘清晰的三角形；持续时间长的声发射信号计数也大，持续时间在 $4000\mu s$ 以上的声发射信号，计数均大于 10。

（8）上升时间与持续时间的关联图如图 5.14（h）所示，关联图内形成一条边缘清晰的斜线，位于此线上的声发射信号的上升时间和持续时间相同，因此这条线的斜率为 1。

（9）到峰计数与持续时间的关联图如图 5.14（i）所示，声发射信号位于持续时间从 $1\mu s$ 到 $2\times10^5\mu s$、到峰计数从 1 到 100 的区域内，图形无明显特征。

（10）计数与能量的关联图如图 5.14（j）所示，在能量大于 100eu、计数大于 100 的区域内，关联图的分布呈两边边缘清晰的上凸弧形；计数大的声发射信号能量也大，能量在 100eu 以上的声发射信号，计数均大于 20。

（11）上升时间与能量的关联图如图 5.14（k）所示，图形无明显特征。

（12）到峰计数与能量的关联图如图 5.14（l）所示，图形无明显特征。

（13）上升时间与计数的关联图如图 5.14（m）所示，图形无明显特征。

（14）到峰计数与计数的关联图如图 5.14（n）所示，关联图内形成一条边缘清晰的斜线，位于此线上的声发射信号的到峰计数和计数相同，因此这条线的斜率为 1。

（15）到峰计数与上升时间的关联图如图 5.14（o）所示，除上升时间为 $1\mu s$ 和 $2\mu s$ 的信号外，其他信号在图内形成一条边缘清晰的斜线，经测定这条线的斜率约为 0.1。

经过对上述 6 个参数排列组合的关联图形分析，可以将 6 种声发射信号参数之间的关联程度分为如下三类：

（1）关系密切型：能量、计数和持续时间 3 个参数之间的相互关系十分密切，对于较大的信号均成正比；从双对数坐标来看，计数（C）与持续时间（D）呈线性关系，即

$$\lg C \varpropto \lg D \tag{5.1}$$

能量（E）与持续时间和计数的关系接近抛物线形，可表述为

$$\lg E \propto (\lg D)^n \tag{5.2}$$

$$\lg E \propto (\lg C)^m \tag{5.3}$$

上述 3 个关系的物理意义可以从图 3.1 声发射信号波形参数的定义中得到解释。由于振铃计数为过门限的信号峰的次数,因此持续时间越长,振铃计数就越多,而且呈线性关系。声发射信号的能量是一个声发射信号波形包络的面积,假设在极端情况下信号不衰减,如包络为矩形,则 n 和 m 为 1,如包络为圆形,则 n 和 m 为 2;正常情况下,声发射信号的包络为不规则的椭圆形,因此 n 和 m 介于 1 和 2 之间。

(2) 关系较密切型:此种类型包括幅度分别与能量、计数和持续时间的关联图,上升时间与持续时间的关联图,到峰计数与计数和上升时间的关联图。这种类型的关系表示上述有关的声发射参数之间有一定的必然联系,但又不能互为因果关系,表述为一定的关系式,因此只能表现出一定范围内的分布特征。

(3) 关系不密切型:上升时间与幅度、能量和计数的关联图,以及到峰计数与幅度、持续时间和计数的关联图属于这一类型,即杂乱无章,无任何规律可言,这是因为它们在本质上无相互关系。

5.3.6　结论

(1) 压力容器上的焊接表面裂纹和深埋裂纹缺陷,在首次加压和保压过程中裂纹的开裂和增长确实可产生大量的声发射信号,并可形成声发射定位源集团。此结果一方面证实了声发射对压力容器检测的可靠性,另一方面也证明了采用定位源方法分析现场压力容器声发射检验数据的可行性。

(2) 在整个升压、保压、降压、二次升压和二次保压的试验过程中,第一次升压过程中表面裂纹和深埋裂纹扩展产生的声发射信号数量均占整个试验过程中的90%以上,说明第一次升压过程的声发射定位源信号是探测裂纹扩展最重要的声发射信号。这一结果对进行现场压力容器声发射检测有重要的指导意义,因为有些声发射检验标准较注重保压过程的声发射信号,不注重升压过程的声发射信号,甚至有些检验人员只采集保压过程的声发射信号进行分析,这样会丢失大量的有用数据。

(3) 表面裂纹在很低的压力下可产生声发射信号和定位源。这一结果对指导现场压力容器检测也有重要意义,因为在进行现场压力容器检测时,许多检验人员认为,在低压下不会出现有意义的声发射信号,要等到较高的工作压力时,才开始采集声发射数据。

(4) 表面裂纹在降压过程中裂纹闭合可产生声发射定位源信号,而深埋裂纹无此现象产生。这一结果说明采集降压过程的声发射信号也是有意义的。

（5）在二次升压和保压过程中，深埋裂纹和表面裂纹缺陷部位均出现一定量的声发射定位源。这一结果证明通过二次加压可以区分裂纹性质缺陷的声发射信号与其他一次性出现的干扰源声发射信号。

（6）测定裂纹扩展引起不同距离探头声发射信号的主要参数范围，对现场进行压力容器声发射检验的仪器设置具有指导意义。

（7）总结出了声发射信号的能量、计数和持续时间三个参数之间的相互关系，得到了这些参数之间的关系式为

$$\lg C \propto \lg D, \lg E \propto (\lg D)^n, \lg E \propto (\lg C)^m, \quad 1 < n < 2, 1 < m < 2$$

并分析了这些关系式的物理意义，式中的指数 n 和 m 对进行不同声发射源信号的识别有指导意义。

5.4　现场压力容器的声发射源特性研究

5.4.1　现场压力容器的声发射源

了解现场压力容器的声发射源特性是进行压力容器声发射信号源分析和解释的基础，通过对现场 500 多台实际压力容器声发射检验数据进行的综合分析以及对发现的声发射源进行的常规无损检测复检结果，将现场压力容器声发射检验可能遇到的各种典型声发射源分类列于表 5.20，并对这些源产生的部位和机理加以描述。

表 5.20　现场压力容器的声发射源汇总表

编号	分类名称	产生部位和机理
1	裂纹扩展	压力容器焊缝上表面裂纹及内部深埋裂纹的尖端塑性形变钝化和扩展可产生声发射信号
2	焊接缺陷开裂	压力容器焊缝内存在的气孔、夹渣、未熔合、未焊透等缺陷的开裂和扩展及非金属夹渣物的断裂可产生声发射信号
3	机械摩擦	容器外部脚手架的碰撞、内部塔板、外部保温及平台支撑等部件均可产生此类声发射信号，另外，立式容器的裙座和卧式容器的马鞍形支座均由垫板连接容器壳体和支撑板，一般垫板与容器壳体采用全部或部分角焊缝焊接，在加压过程中，垫板与壳体膨胀不一致引起的摩擦可产生大量的声发射信号
4	焊接残余应力释放	对于新制造压力容器，首次加压易出现此类信号，对于在用压力容器，焊缝返修部位易出现这类的声发射源；另外，容器的裙座、支座、支柱和接管等角焊缝部位易产生焊接残余应力和应力集中，在升压过程中应力的重新再分布可产生大量声发射信号

编号	分类名称	产生部位和机理
5	泄漏	在气压或水压试验过程中,容器上接管、法兰、人孔以及缺陷穿透部位的泄漏可产生大量的声发射信号
6	氧化皮剥落	经长期使用的钢质压力容器,在内外部均易产生氧化,有时内部介质腐蚀性严重,外部环境潮湿、酸雨、海风等可产生较严重的腐蚀,在水压试验过程中,这些氧化皮的破裂剥落过程会产生大量的声发射信号
7	电子噪声	探头信号线短路、传输电缆线短路、前置放大器自激发等都可产生大量的电子噪声信号

5.4.2　压力容器典型声发射源的定位特性

1. 裂纹

图 5.15 为对某石化总厂 606 号 1000m³ 的液化石油气球罐进行水压试验声发射监测,在 1.8～2.0MPa 升压过程中的声发射定位源图,图中所圈声发射源部位经磁粉探伤复查,发现在球罐该部位外表面的母材焊疤上有 3 条长度分别为 15mm、20mm 和 30mm 的表面裂纹,经打磨测得裂纹的最大深度为 3mm。经对采集数据进行分析,发现该部位在 1.2MPa 的压力下第一次出现声发射定位源信号。表 5.21 为该源部位在整个水压试验过程中出现声发射定位源信号的统计结果,该部位在低于 1.2MPa 的压力下无声发射定位源信号出现,在大于 1.2MPa 的升压过程中共产生了 20 个声发射定位源信号,而在两个保压过程中仅产生 1 个定位源信号。

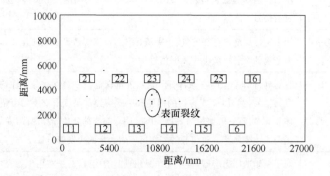

图 5.15　1000m³ 球罐上表面裂纹的声发射定位源图

表 5.21　1000m³ 球罐表面裂纹部位的声发射定位源统计结果

压力阶段/MPa	<1.2	1.2~1.6	1.6(保压 10min)	1.6~1.8	1.8~2.0	2.0(保压 10min)
定位源数	无	7	1	5	7	无

　　图 5.16 为对某石化总厂 802 号 1000m³ 的液化石油气球罐进行水压试验声发射监测,在 1.6~2.0MPa 升压过程中的声发射定位源图,图中所圈声发射源部位经超声波探伤复查和超声波端点衍射测高,发现在球罐该部位纵焊缝上有 1 条长度为 15mm、距外表面 5mm、自身高度为 10mm 的深埋裂纹,另外也发现一些夹渣缺陷存在。经对采集数据进行分析,发现该部位在 1.63MPa 的压力下第一次出现声发射定位源信号。表 5.22 为该源部位在整个水压试验过程中出现声发射定位源信号的统计结果,该部位在低于 1.6MPa 的压力下无声发射定位源信号出现,在大于 1.6MPa 的升压过程中共产生了 49 个声发射定位源信号,而在两个保压过程中产生了 11 个定位源信号,保压信号占升压信号的 22%,但二次升压和二次保压过程中无声发射定位源信号产生,符合凯塞效应。

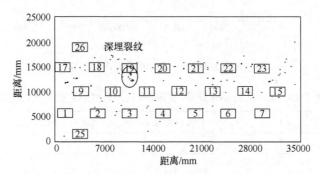

图 5.16　1000m³ 球罐上深埋裂纹的声发射定位源图

表 5.22　1000m³ 球罐深埋裂纹部位的声发射定位源统计结果

压力阶段/MPa	<1.6	1.6~1.8	1.8(保压 10min)	1.8~1.9	1.9(保压 10min)	二次 1.6~1.8
定位源数	无	34	8	15	3	无

2. 未熔合、未焊透、夹渣、气孔等焊接缺陷

　　容器在制造焊接过程中,如果焊接工艺操作不当,即可出现各种焊接缺陷。其中,气孔、夹渣和未熔合三种焊接缺陷很易同时出现,混合在一起。根据大量的压力容器声发射试验结果,大部分缺陷在正常的水压试验条件下不易产生声发射信号,但也有一些缺陷可产生大量声发射信号。例如,图 5.17 为对某石化总厂 6 号 400m³ 液化石油气球罐进行水压试验声发射监测,在 1.6~2.0MPa 升压过程中的声发射定位源图,图中箭头所指声发射源部位经射线探伤复查,发现在球罐该部位两个 T 形焊缝内部存在大量气孔、夹渣、未熔合等严重超标焊接缺陷,按 GB 3323—87 射线探伤标准均评定为Ⅳ级片。图中,1 号部位存在两个长度分别为 30mm 和 50mm 的未熔合及大量夹渣,2 号部位存在的缺陷为气孔和夹渣。经对采集数据进行分析,发现该部位在 1.62MPa 的压力下第一次出现声发射定位源信号。表 5.23 为该源部位在整个水压试验过程中出现声发射定位源信号的统计结果,该部位在低于 1.6MPa 的压力下无声发射定位源信号出现,在 1.6~2.0MPa 的升压过程中共产生了 43 个声发射定位源信号,而在保压过程中仅产生 1 个定位源信号,但二次升压和二次保压过程共产生 17 个声发射定位源信号。

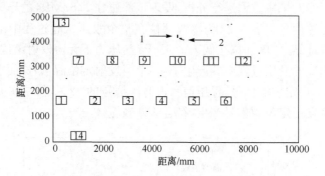

图 5.17　400m³ 球罐上焊接缺陷的声发射定位源图

表 5.23　400m³ 球罐未熔合、夹渣、气孔的声发射定位源统计结果

压力阶段/MPa	<1.6	1.6~2.0	2.0(保压 10min)	二次 1.6~2.0	二次 2.0(保压 10min)
定位源数	无	43	1	7	10

图 5.18 为对某石化总厂 2 号 400m³ 液化石油气球罐进行水压试验声发射监测,在 0.8~1.25MPa 升压过程中的声发射定位源图,图中箭头所指声发射源部位经射线探伤复查,发现 1 号声发射源部位在 1 个 T 形焊缝上,内部存在大量气孔等严重超标焊接缺陷,2 号声发射源部位在纵焊缝上,内部存在大量气孔、夹渣、未

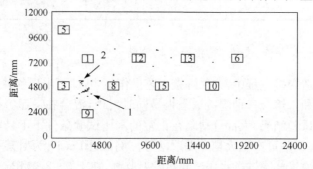

图 5.18　400m³ 球罐上焊接缺陷的声发射定位源图

熔合等严重超标焊接缺陷,按 GB 3323—87 射线探伤标准均评定为Ⅳ级片。经对采集数据进行分析,发现该部位在 0.2MPa 的压力下第一次出现声发射定位源信号。表 5.24 为该源部位在整个水压试验过程中出现声发射定位源信号的统计结果,这两个部位在压力大于 0.9MPa 的升压过程均产生大量的声发射定位源信号,而在保压过程中产生很少的定位源信号,在二次升压和二次保压过程中 2 号部位产生了 18 个声发射定位源信号。

表 5.24　400m³ 球罐裂纹、未熔合、未焊透、夹渣、气孔的声发射定位源统计结果

压力阶段/MPa	出现压力	0.9~1.25	1.25	1.25~1.4	1.4	1.4~1.6	1.5	二次 1.3~1.6
1 号定位源数	0.3MPa	29	2	13	2	6	1	0
2 号定位源数	0.2MPa	15	0	7	0	22	0	18
3 号定位源数	0.4MPa	30	2	19	2	9	0	0

图 5.19 为上述 2 号球罐在 0.8~1.25MPa 升压过程中的 3 号声发射定位源图,图中箭头所指声发射源部位经射线探伤复查,发现在纵焊缝内部存在大量气孔、夹渣、50mm 长未熔合、15mm 长未焊透和 20mm 长的深埋裂纹等严重超标焊接缺陷,按 GB 3323—87 射线探伤标准均评定为Ⅳ级片。经对采集数据进行分析,发现该部位在 0.4MPa 的压力下第一次出现声发射定位源信号。表 5.24 给出了该源部位在整个水压试验过程中出现声发射定位源信号的统计结果。

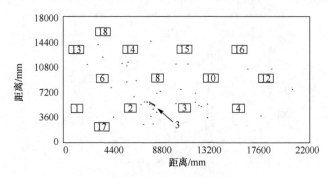

图 5.19　400m³ 球罐上焊接缺陷的声发射定位源图

综合分析表 5.23 和表 5.24 中 2 号源的数据可以发现,这两个源在二次升压时均产生了较多的声发射信号,不满足凯塞效应。通过与表 5.24 中 1 和 3 号源比较发现,前面两个源中有大量夹渣性质的缺陷,而后两个源中为气孔、未熔合和未焊透缺陷。因此,可以认为,夹渣缺陷的存在是第二次升压过程中产生声发射信号的原因。这是因为非金属夹渣物在第一次升压过程中可产生断裂并与金属基体脱开,在降压后的第二次升压过程中这些夹渣物会继续破裂或相互之间产生摩擦而放出弹性波。

3. 结构摩擦

在现场压力容器加压试验过程中,容器壳体会产生相应的应变,以致整个结构因摩擦产生大量的声发射定位源信号是十分常见的现象。结构摩擦通常由脚手架、保温支撑环、容器的支座、裙座、柱腿、平台等焊接垫板引起。结构摩擦产生的声发射定位源散布在较大的范围,而且由于结构摩擦的声发射机制与一整块金属材料因塑性变形产生声发射的机制不同,故不能满足凯塞效应,即在降压后的第二次升压过程中仍产生大量的声发射信号。

图 5.20 为对某石化总厂 801d 号氢气钢瓶进行水压试验声发射监测,在 12～15MPa 升压过程中的声发射定位源图,图中箭头所指声发射源部位为用螺栓固定的两个保温支撑环。经对采集数据进行分析,发现该部位在 2MPa 的压力下第一次出现声发射定位源信号,在 0～12MPa 和 12～15MPa 两个升压过程中下环一周均产生大量声发射定位源信号,而上环仅在两个部位产生声发射定位源信号,在 12MPa 和 15MPa 两个保压过程中,这两个环几乎无声发射源定位出现,在降压后第二次 12～15MPa 升压和 15MPa 保压过程中,无声发射定位源信号出现。试验结束后通过对两个保温支撑环检查,发现下支撑环腐蚀氧化严重,保温环与瓶壳之间全部被氧化皮填充,上保温环氧化较轻,因此下支撑环的信号是由瓶壳与氧化皮的摩擦和氧化皮的断裂所产生。

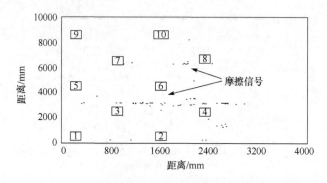

图 5.20　氢气钢瓶上保温支撑环摩擦的声发射定位源图

图 5.21 给出了某公司一台 $\phi1.4\text{m}\times16\text{m}$ 立式热交换器在 13.7～14.2MPa 升压过程中的声发射定位源图。图中,下部为裙座与筒体的角焊缝处产生声发射定位源信号;上部大量的声发射定位源为此阶段有人对换热器上部进行检查维修引起脚手架与换热器筒体产生机械摩擦而产生的大量声发射定位源。脚手架与容器产生的机械摩擦,与升压阶段无关,只与外界因素有关,如人员的走动和大风引起脚手架的晃动等。图 5.22 为该热交换器在 14.6～15.6MPa 升压过程中的声发射定位源图。图中,下部为裙座与筒体的角焊缝处产生声发射定位源信号,信号分布

的部位相当于角焊缝三分之二周的长度。经对采集数据进行分析，发现该部位在3.0MPa 的压力下第一次出现声发射定位源信号，在随后的升压过程中产生大量的声发射信号。表 5.25 为该源部位在整个水压试验过程中出现声发射定位源信号的初步统计结果。试验结束后，经对角焊缝部位进行表面磁粉探伤，也未发现表面缺陷。由于该部位在第二次升压和保压过程中仍有一定数量的声发射定位源信号出现，因此认为该部位的声发射信号是由筒体与裙座垫板之间应变不一致引起的摩擦而产生。另外，由于该部位为角焊缝部位，易产生应力集中，残余应力的释放也可产生大量声发射定位源信号。由于对该换热器进行水压试验时，加载速率很快，为 0.2MPa/min，因此在保压时应变有一定的弛豫过程，并继续产生大量的声发射信号。

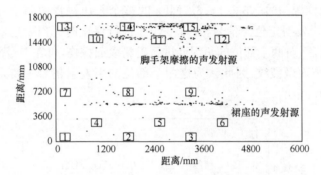

图 5.21　大型换热器 13.7～14.2MPa 升压的声发射定位源图

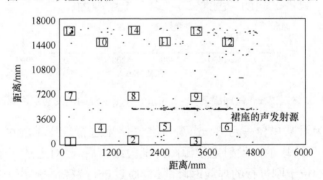

图 5.22　大型换热器 14.5～15.5MPa 升压的声发射定位源图

表 5.25　换热器裙座部位的声发射定位源统计结果

压力阶段 /MPa	<3.0	3.0～12.64	12.64 (保压 20min)	12.64～15.6	15.6 (保压 10min)	二次 13～15.5	二次 15.5 (保压 10min)
定位源数	无	>1000	>180	>600	>70	35	20

4. 残余应力释放

冷加工、焊接和不均匀加热都可在压力容器壳体上产生残余应力,焊缝错边、机械损伤和壁厚减薄等结构性缺陷在加压过程中也可引起应力集中,这些部位在第一次加压和保压过程中均产生大量的声发射信号。由于残余应力的分布范围比裂纹、焊接缺陷部位大得多,因此产生的声发射定位源区域比裂纹、夹渣等缺陷的范围大。

图 5.23 为对某钢铁公司 120m³ 氩球罐进行带工作介质加压声发射在线监测,在 2.5~2.8MPa 升压过程中支柱柱腿角焊缝上残余应力释放产生的声发射定位源图。经对采集数据进行分析,发现这两个部位均在 2.1MPa 的压力下第一次出现声发射定位源信号,在 2.1~3.0MPa 的整个升压过程中两个部位分别出现48 个和 47 个声发射定位源信号,在 3.0MPa 进行保压时无声发射定位源信号出现。试验结束后,对两个部位的角焊缝进行磁粉表面探伤,仅在 1 号部位发现一条长为 5mm 的表面微裂纹,因此认为这两个部位的声发射信号主要是由角焊缝残余应力释放而产生的。

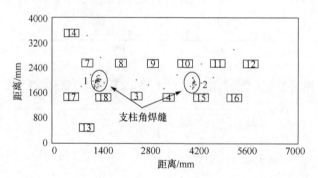

图 5.23　120m³ 氩球罐 2.5~2.8MPa 升压过程的声发射定位源图

图 5.24 为对某单位一台 30m³ 高压空气储罐进行气压试验声发射监测,在13~15MPa 升压阶段的声发射定位源图。试验结束后,经对上述三个部位进行宏观检查,发现均位于刚进行的焊缝返修部位,通过进行磁粉和超声波探伤,未发现任何缺陷存在,因此认为是焊接残余应力释放产生的声发射信号。经对采集数据进行分析,发现这三个部位分别在 8MPa、9MPa 和 11.2MPa 的压力下第一次出现声发射定位源信号。表 5.26 为该源部位在整个气压试验过程中出现声发射定位源信号的统计结果,这三个部位在压力大于 11MPa 的升压过程均产生一定量的声发射定位源信号。由于本次气压试验的加载速率十分缓慢,为 1MPa/h,试验过程几乎处于准静态过程,因此在保压过程中无定位源信号出现。

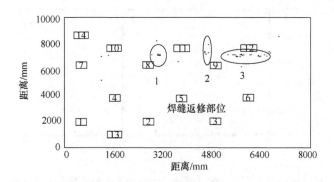

图 5.24　30m³ 高压空气储罐 13～15MPa 升压过程的声发射定位源图

表 5.26　高压空气储罐气压试验的声发射定位源统计结果

压力阶段/MPa	出现压力	5～11	11	11～13	13	13～15	15	15～17.7	17.7	二次 15～17
1 号定位源数	8MPa	10	0	9	0	29	0	45	0	0
2 号定位源数	9MPa	4	0	6	0	4	0	10	0	0
3 号定位源数	11.2MPa	0	0	0	0	10	0	8	0	0

　　通过综合分析发现,残余应力释放产生的声发射信号具有两个特点:一是定位源分布范围较大,不像裂纹扩展和焊接缺陷开裂产生的声发射定位源集中;二是满足凯塞效应,因为残余应力释放是应力集中部位材料局部屈服,导致大量位错运动而产生的声发射信号,位错运动的最终结果使应力得到一定程度的松弛。降压后进行第二次升压时,只有压力达到第一次最高压力之后,位错才会运动,故才有声发射信号产生。

5. 泄漏

　　裂纹的穿透、人孔、法兰和阀门的泄漏等都可产生连续的声发射信号。由于由泄漏产生的声发射信号是连续的,不能被时差定位方法进行定位。但是,对于多通道仪器来说,探头越接近泄漏源的通道,采集的声发射信号越多,信号的幅度、能量等声发射参数也越大。通过采用声发射信号撞击数、幅度、能量等与声发射通道的分布图,可以确定泄漏源的区域。图 5.25 为对某石化炼油厂一台加氢反应器进行气压试验声发射监测,在 8MPa 时出现大量泄漏的声发射信号撞击数的通道分布图。由图可见,泄漏源应位于 8 和 9 号探头之间,并接近 9 号探头,后经检查发现在 9 号探头附近有一法兰密封面发生泄漏。

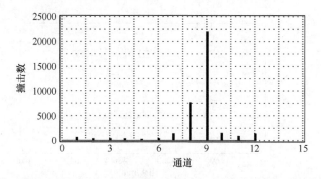

图 5.25　加氢反应器 8MPa 气压试验法兰泄漏的声发射信号撞击数的通道分布图

6. 氧化皮剥落

如果压力容器受到严重腐蚀,在容器的壳体上会产生大量的氧化皮。在首次加压过程中,随着应力的增加,容器壳体必然会产生相应的应变,但容器壳体表面附着的金属氧化物不能随之产生相同的应变,故在加压与保压过程中氧化皮会破裂剥落产生大量的声发射信号。图 5.26 为对某氮肥厂一台 120m³ 液氨球罐进行水压试验,在 2.5～3.0MPa 升压过程中大量氧化皮破裂剥落产生的声发射定位源图。声发射定位源均匀散布在氧化腐蚀的位置,在从低压到高压的所有升压和保压过程均有大量信号出现,而且在第二次升压和保压过程中也有少量分散的信号产生。表 5.27 为该球罐在不同压力阶段出现声发射定位源的统计结果。

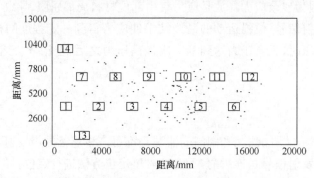

图 5.26　120m³ 液氨球罐 2.5～3.0MPa 升压过程的声发射定位源图

表 5.27　120m³ 液氨球罐水压试验的声发射定位源统计结果

压力阶段/MPa	0.5～1.0	1.0 (保压 10min)	1.0～1.5	1.5 (保压 10min)	1.5～2.0	2.0 (保压 10min)
定位源数	30	6	57	9	89	28
压力阶段/MPa	2.0～2.5	2.5 (保压 10min)	2.5～3.0	3.0 (保压 10min)	二次 2.4～2.95	二次 2.95 (保压 10min)
定位源数	95	13	109	22	13	10

7. 电子噪声

由于目前所采用声发射仪器的抗干扰能力较强,根据大量压力容器现场检验的经验发现,采集到的几乎所有的电子噪声信号都不是来自于外部环境,而是来自于声发射仪器系统内部。声发射系统内部的电子噪声源主要包括探头、信号线、前置放大器、电缆线、信号采集板等。由于来自不同通道的电子噪声信号是相互不关联的,所以不会产生定位源。

5.4.3　压力容器典型声发射源的分布特性

通过对大量的源进行分析测试,发现表面裂纹、深埋裂纹和未熔合、未焊透、夹渣、气孔等焊接缺陷产生的声发射信号参数的数值本身是相互交叉重叠的,分布特征无较大的区别,除电子噪声和泄漏的声发射信号具有大得多的能量、计数和持续时间之外,其他声发射源信号的声发射参数分布特性几乎是相似的。表 5.28 列出了上述所有声发射源产生的声发射信号的主要参数范围,对于裂纹、焊接缺陷、摩擦、氧化皮剥落、残余应力释放的声发射源采用的是定位源事件的声发射参数,对于泄漏和电子噪声源,采用的是通道撞击的声发射参数。这一结果对进行现场压力容器声发射检验时确定仪器状态和滤波条件的设置具有参考意义。

表 5.28　压力容器不同源产生声发射信号的主要参数范围

声发射源	幅度/dB	能量/eu	计数	上升时间/μs	持续时间/μs	到峰计数
裂纹	40~65	10~50	3~40	10~100	100~300	1~20
焊接缺陷	40~70	10~52	3~41	10~100	100~300	1~20
残余应力释放	42~80	16~140	1~70	11~200	18~2000	1~30
摩擦	36~71	40~200	10~100	30~200	150~1000	1~37
氧化皮剥落	38~75	2~130	1~120	1~160	1~2200	1~30
泄漏	38~75	$3\sim5\times10^4$	$1\sim5\times10^4$	1~2000	$1\sim5\times10^5$	1~48
电子噪声	40~92	$2\sim2\times10^4$	$1\sim5\times10^4$	1~1800	$1\sim5\times10^5$	1~100

5.4.4　压力容器典型声发射源的关联特性

本节采用能量与持续时间、计数与持续时间的关联图,分别对裂纹扩展、泄漏、焊接缺陷开裂、机械摩擦、氧化皮剥落、残余应力释放和电子噪声产生的声发射信号的参数进行系统的关联分析。

图 5.27 为 20m³ 卧罐在 3.5~4.0MPa 采用水压升压过程中焊接表面裂纹和深埋裂纹扩展的声发射信号以及在 250s 时该容器人孔泄漏引起的大量声发射信号的关联图。由图可见,裂纹扩展声发射信号的能量与持续时间关联图的走向呈

弧形分布,而泄漏信号能量与持续时间的分布呈线性关系。由于两种声发射信号的波形不同,裂纹扩展时,对于持续时间大于 $3000\mu s$ 以上的信号,能量与持续时间的近二次方成正比。对于泄漏产生的声发射信号,在持续时间大于 $3000\mu s$ 以后,能量与持续时间几乎成正比。因此,持续时间越大,裂纹扩展的声发射信号能量比泄漏信号大得越多。

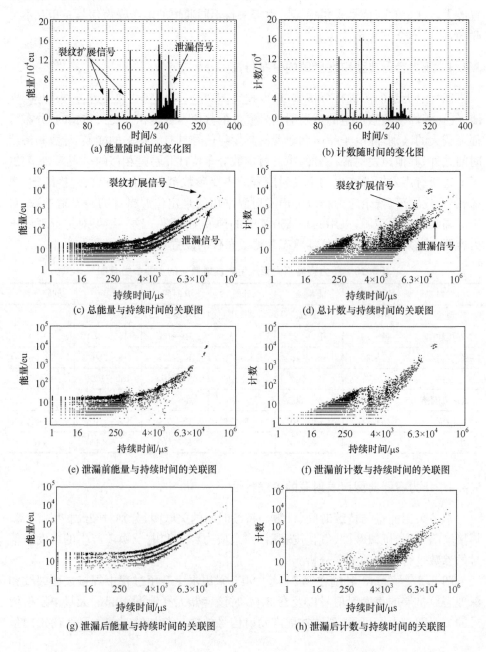

(a) 能量随时间的变化图

(b) 计数随时间的变化图

(c) 总能量与持续时间的关联图

(d) 总计数与持续时间的关联图

(e) 泄漏前能量与持续时间的关联图

(f) 泄漏前计数与持续时间的关联图

(g) 泄漏后能量与持续时间的关联图

(h) 泄漏后计数与持续时间的关联图

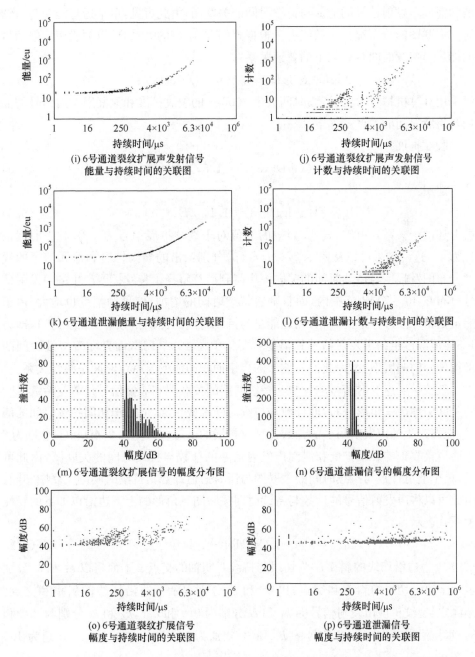

(i) 6 号通道裂纹扩展声发射信号
能量与持续时间的关联图

(j) 6 号通道裂纹扩展声发射信号
计数与持续时间的关联图

(k) 6 号通道泄漏能量与持续时间的关联图

(l) 6 号通道泄漏计数与持续时间的关联图

(m) 6 号通道裂纹扩展信号的幅度分布图

(n) 6 号通道泄漏信号的幅度分布图

(o) 6 号通道裂纹扩展信号
幅度与持续时间的关联图

(p) 6 号通道泄漏信号
幅度与持续时间的关联图

图 5.27　20m³ 卧罐在 3.5~4.0MPa 升压过程中裂纹扩展与泄漏声发射信号的关联图

图 5.27(g)中泄漏信号能量与持续时间的关联图有几条带,是因为不同的通道与泄漏源的距离不同而引起。图 5.27(i)和(k)分别为 6 号通道接收到的裂纹扩

展和泄漏声发射信号的能量与持续时间的关联图,由此可见,单个通道能量与持续时间关联图的分布都在一条线上。根据式(5.2)给出的关系,可以假设声发射信号的能量与持续时间具有如下的普遍关系:

$$\lg E = a(\lg D - c)^n + b, \quad D > 3000\mu s \tag{5.4}$$

经采用计算机拟合,得到持续时间大于 $3000\mu s$ 的裂纹扩展和泄漏声发射信号的能量与持续时间的关系式如下。

裂纹扩展:

$$\lg E = 0.6(\lg D - 3)^{1.8} + 1.5, \quad D > 3000\mu s \tag{5.5}$$

泄漏:

$$\lg E = 1.1(\lg D - 3) + 1.1, \quad D > 3000\mu s \tag{5.6}$$

由上述两个关系式可知,式(5.4)中的 n 值对于裂纹扩展信号为 1.8,对于泄漏信号为 1。这一结果可以从图 5.27(m)～(p)分别给出的裂纹扩展和泄漏信号的幅度分布图及幅度与持续时间的关联图中得到满意解释。裂纹扩展产生的声发射信号分布在 40～70dB 范围内,而且随着持续时间的增加,信号的幅度也增大,由于能量是信号波形包络的面积,因此能量与持续时间的比例指数 n 必然大于 1,即为 1.8。泄漏产生的声发射信号其幅度主要集中在 42～44dB,而且随着持续时间的增加信号的幅度不变,因此信号波形的包络面积即能量与持续时间呈线性关系。

裂纹扩展声发射信号的计数与持续时间的关联图和泄漏信号计数与持续时间的关联图均为三角形分布,即计数与持续时间都成正比,但对于相同持续时间的信号,泄漏产生的声发射信号的计数比裂纹扩展的低得多。图 5.27(j)和(l)分别为 6 号通道接收到的裂纹扩展和泄漏声发射信号的计数与持续时间的关联图,由此可见,单个通道计数与持续时间的关联图与所有通道计数与持续时间的关联图相同。由此可以将声发射信号的计数与持续时间关联图三角形的上下边沿以如下的线性关系式表示:

$$\lg C = k \lg D + l \tag{5.7}$$

式中,k 为边沿切线的斜率;l 为切线与持续时间轴的交点。下面将以 k_1 和 l_1 分别表示上边沿切线的斜率和交点,以 k_2 和 l_2 分别表示下边沿切线的斜率和交点。经测定,裂纹扩展声发射信号的 k_1 和 l_1 分别为 0.9 和 0.6,k_2 和 l_2 分别为 2.1 和 3。水压泄漏产生声发射信号的 k_1 和 l_1 分别为 0.8 和 1.8,k_2 和 l_2 分别为 1.5 和 3.4。

图 5.28 为对某单位一台 $30m^3$ 高压空气储罐进行气压试验声发射监测,在 5.0MPa 时上部法兰密封面发生泄漏产生大量声发射信号的关联图。与图 5.27(k)比较可知,气压试验泄漏声发射信号的关联图与水压试验的几乎相同,能量与持续

时间的关联图也满足关系式(5.4),即 n 值为 1。计数与持续时间的关联图也为三角形分布,经测定,图中边沿切线的 k_1 和 l_1 分别为 0.9 和 1.8,k_2 和 l_2 分别为 1.6 和 3.6。

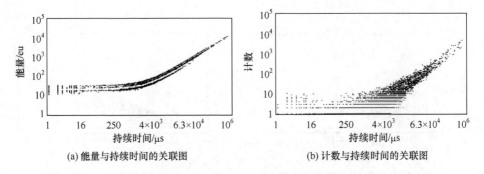

(a) 能量与持续时间的关联图   (b) 计数与持续时间的关联图

图 5.28 30m³ 高压空气储罐 5.0MPa 气压试验法兰泄漏声发射信号的关联图

图 5.29 为一个前置放大器自激发产生大量电子噪声声发射信号参数的关联图。由图可见,电子噪声能量与持续时间的关联图为三角形分布,其与裂纹扩展和泄漏的形态有明显的不同,能量与持续时间呈线性正比关系,如以式(5.4)表示,经测试,可得到如下关系式:

$$\lg E = (0.7 \sim 1.5)\lg D + (0.6 \sim 3) \tag{5.8}$$

电子噪声信号的计数与持续时间关联图也为三角形分布,但对于相同持续时间的信号,电子噪声的计数值比泄漏声发射信号的计数大,比裂纹扩展信号的低,介于两者之间。经测定,图中边沿切线的 k_1 和 l_1 分别为 0.95 和 1.0,k_2 和 l_2 分别为 1.8 和 3.2。

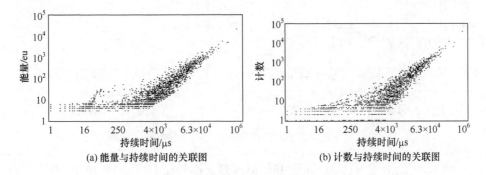

(a) 能量与持续时间的关联图   (b) 计数与持续时间的关联图

图 5.29 电子噪声产生声发射信号参数的关联图

图 5.30 为对一台 120m³ 液氨球罐进行水压试验,在 2.5~3.0MPa 升压过程中大量氧化皮剥落产生的声发射信号参数的关联图。由图可见,能量与持续时间的关联图较分散,不具有裂纹扩展和泄漏等信号的明显特征,但持续时间大于

$3000\mu s$ 的信号的主要趋势仍为弧形,经计算机进行曲线拟合得到如下表达式:

$$\lg E = 0.5(\lg D - 3)^{1.6} + 1.5, \quad D > 3000\mu s \tag{5.9}$$

计数与持续时间关联图也为三角形分布,经测定,图中边沿切线的 k_1 和 l_1 分别为 0.8 和 0.2,k_2 和 l_2 分别为 2.1 和 3.4。

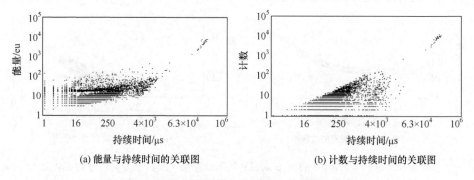

(a) 能量与持续时间的关联图　　　　　　(b) 计数与持续时间的关联图

图 5.30　氧化皮脱落产生声发射信号参数的关联图

图 5.31 为一台 $120m^3$ 氩球罐在 $2.5\sim2.8MPa$ 升压过程中支柱根部角焊缝上残余应力释放产生的声发射信号参数的关联图。由图可见,能量与持续时间的关联图为弧形分布,持续时间大于 $3000\mu s$ 后经拟合计算得到如下关系式:

$$\lg E = 0.8(\lg D - 3)^{1.8} + 1.8, \quad D > 3000\mu s \tag{5.10}$$

计数与持续时间关联图也为三角形分布,经测定,图中边沿切线的 k_1 和 l_1 分别为 0.9 和 0.5,k_2 和 l_2 分别为 2.4 和 3.0。

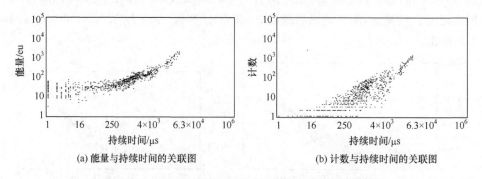

(a) 能量与持续时间的关联图　　　　　　(b) 计数与持续时间的关联图

图 5.31　残余应力释放产生声发射信号参数的关联图

图 5.32 给出了一台 $\phi 1.4m \times 16m$ 立式热交换器在 $13.7\sim14.2MPa$ 升压过程中因人员走动引起脚手架与换热器筒体产生机械摩擦而产生的大量声发射信号参数的关联图。由图可见,能量与持续时间的关联图为弧形分布,经拟合计算得到如下关系式:

$$\lg E = 0.85(\lg D - 3)^{1.8} + 1.5, \quad D > 3000\mu s \tag{5.11}$$

计数与持续时间关联图也为三角形分布,经测定,图中边沿切线的 k_1 和 l_1 分别为 0.9 和 0.5,k_2 和 l_2 分别为 2.4 和 3.0。

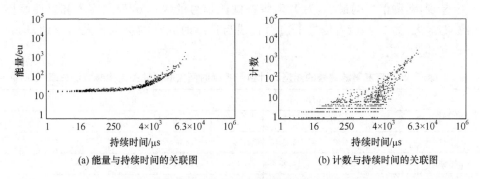

(a) 能量与持续时间的关联图　　　　　　　　　(b) 计数与持续时间的关联图

图 5.32　脚手架摩擦产生声发射信号参数的关联图

图 5.33 为某厂 606 号 400m³ 液化石油气球罐在 1.6～2.0MPa 升压过程中焊接缺陷开裂产生的声发射信号参数的关联图。经拟合计算得到能量与持续时间的关系式如下:

$$\lg E = 0.7(\lg D - 3)^{1.6} + 1.8, \quad D > 3000\mu s \tag{5.12}$$

计数与持续时间关联图也为三角形分布,经测定,图中边沿切线的 k_1 和 l_1 分别为 0.8 和 0.4,k_2 和 l_2 分别为 1.6 和 3.0。

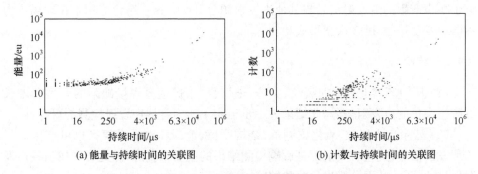

(a) 能量与持续时间的关联图　　　　　　　　　(b) 计数与持续时间的关联图

图 5.33　焊接缺陷开裂产生声发射信号参数的关联图

表 5.29 列出了上述声发射源信号的能量和计数与持续时间关联图中式(5.4) 和式(5.7)有关参数的计算与测量结果。进行测量时,能量、计数和持续时间的坐标均为对数坐标,固定能量与计数的坐标为 $1 \sim 1 \times 10^5$,持续时间的坐标为 $1 \sim 1 \times 10^6$,而且在对数图上测量的斜率以线性表示。由表中结果可见,对于能量与持续时间关联图来说,泄漏和电子噪声信号的指数 n 值为 1,其他 5 类信号的 n 值在 1.6 和 1.8 之间,无较大差别。对于计数和持续时间的关联图来说,所有声发射源信号上边沿直线的斜率介于 0.8 和 0.9 之间,无大的差别,但其与持续时间轴的交

点差别较大,泄漏信号的最大,为 1.8,电子噪声信号的次之,为 1.0,氧化皮剥落信号的最小,为 0.2,其他信号介于 0.4 和 0.6 之间;所有信号下边沿直线的斜率有一定差别,泄漏信号的最小,为 1.5,焊接缺陷信号的为 1.6,残余应力和碰撞摩擦信号的最大,为 2.4,所有信号下边沿直线与持续时间轴的交点无大的差别,均介于 3.0 和 3.4 之间。

表 5.29　声发射源信号的能量和计数与持续时间关联图的关系式参数汇总表

源名称	$\lg E = a(\lg D - c)^n + b$				$\lg C = k \lg D + l$			
	n	a	b	c	k_1	l_1	k_2	l_2
裂纹	1.8	0.6	1.5	3	0.9	0.6	2.1	3.1
焊接缺陷	1.6	0.7	1.8	3	0.8	0.4	1.6	3.0
残余应力	1.8	0.8	1.8	3	0.9	0.6	2.4	3.0
碰撞摩擦	1.8	0.85	1.5	3	0.9	0.6	2.4	3.0
氧化皮剥落	1.5	0.6	1.5	3	0.8	0.2	2.1	3.4
水泄漏	1	1.1	1.1	3	0.8	1.8	1.5	3.4
气体泄漏	1	1.1	1.1	3	0.9	1.8	1.5	3.5
电子噪声	1	0.7~1.5	0.5~3	3	0.9	1.0	1.8	3.2

进行关联图分析最重要的结论是发现能量与持续时间的关联图可以将泄漏和电子噪声产生的声发射信号与其他声发射源分开。将这一结论应用于在现场压力容器声发射检验,已多次获得成功。

5.4.5　结论

(1) 压力容器上存在的裂纹、夹渣、未熔合、未焊透等焊接缺陷的开裂和增长可产生大量的声发射信号,此结果进一步证实了压力容器声发射检测的可靠性。

(2) 残余应力释放、氧化皮剥落、结构摩擦、泄漏和电子噪声等也可产生大量的声发射信号,这些声发射源是影响检测结果的主要干扰源,因此必须找出各声发射信号的特征,从而分辨出危险的缺陷。

(3) 在各次升压、保压和降压过程中,裂纹、夹渣、未熔合、未焊透等焊接缺陷的开裂和增长,以及残余应力释放和氧化皮剥落等声发射源在首次升压过程中产生 90% 以上的声发射信号,因此在检测过程中首次升压的声发射信号是最重要的,不能只采集保压过程的声发射信号进行分析。

(4) 声发射源的平面定位是确定声发射源位置最重要和最直接的方法,通过平面定位分析基本可以区分裂纹、夹渣、未熔合、未焊透等焊接缺陷的开裂和增长与残余应力释放、氧化皮剥落、结构摩擦产生的声发射源,而泄漏和电子噪声的声发射信号不能定位。

（5）通过分析大量声发射源参数的分布特性,归纳了不同声发射源产生的声发射信号的主要参数范围,对进行现场检测的仪器设置提供了依据,为鉴别危险声发射源给出了主要参数。

（6）采用关联的方法作出了不同声发射源各参数之间的关联图,分别提出了能量和计数与持续时间的关系式模型,通过测定能量与持续时间关系式中的 n 值,可以将泄漏和电子噪声声发射信号与其他声发射源明显分开。

5.5　压力容器声发射检测关键技术

对设备进行声发射检测和评价是一个系统工程,要进行一个成功的声发射检测需要许多关键技术。首先要根据被检测对象和检测目的来制订检测方案,选择合适的声发射检测仪器,确定声发射探头阵列布置方案和加载程序,合理安装传感器,并调试好检测仪器的工作状态;在检测过程中认真做好检测数据的采集与过程观察,对检测过程中出现的噪声源进行及时识别和排除;检测结束后,对检测数据进行适当的分析,并给出合理的解释,最终给出声发射检测结果。本节总结了压力容器声发射检测过程中需要重点给予关注的关键技术。

5.5.1　检测前的准备

1. 资料审查

通过资料审查了解压力容器的结构、几何尺寸、材料、设计压力、日常操作压力、加载史、存在缺陷的情况等,为制订检验方案做好准备,资料审查应包括下列内容。

（1）设备制造文件资料:产品合格证、质量证明文件、竣工图等。

（2）设备运行记录资料:开停车情况、运行参数、工作介质、载荷变化情况以及运行中出现的异常情况等。

（3）检验资料:历次检验与检测报告。

（4）其他资料:修理和改造的文件资料等。

2. 现场勘察

检测开始前,应到被检测设备现场进行实地勘察,为检测方案的制订打下基础,具体进行如下方面的工作:

（1）观察压力容器表面具体情况和周围环境条件,确定传感器的布置阵列;

（2）找出所有可能出现的噪声源,如电磁干扰、振动、摩擦和流体流动等,应对这些噪声源设法予以排除;

（3）确定加压方式、最高试验压力和各个保压台阶等加压程序;

（4）建立声发射检测人员和加载人员的联络方式。

3. 检测方案的制订

在资料审查和现场勘察的基础上制订声发射检测方案,最终确定采用的通道数、传感器阵列布置图、探头在压力容器上的安装部位和加载程序,并准备好检验记录表格。

构件声发射检测所需传感器数量,取决于压力容器的大小和所选传感器间距。传感器间距又取决于波的传播衰减,而传播衰减值又来自用铅笔芯模拟源实际测得的距离-衰减曲线。时差定位中,最大传感器间距所对应的传播衰减,不宜大于预定最小检测信号幅度与检测门限值之差。例如,门限值为40dB,预定最小检测信号幅度为70dB,则其衰减不宜大于30dB。区域定位比时差定位可允许更大的传感器间距。在金属容器中,常用的传感器间距为1～5m,多数容器的检测需布置8～32个探头。

应根据被检压力容器建造规范和有关检测标准,与用户协商确定最高试验压力和加压程序。升压速度一般应不大于0.5MPa/min。保压时间一般应不小于10min。新制造压力容器的检测,一般应进行两次加压循环过程,第二次加压循环最高试验压力 P_{T0} 应不超过第一次加压循环的最高试验压力 P_T,建议 P_{T0} 为97％P_T。在用压力容器的检测,一般试验压力不小于最大操作压力的1.1倍;当工艺条件限制声发射检测所要求的试验压力时,其试验压力也应不低于最大操作压力,并在检测前一个月将最大操作压力至少降低15％,以满足检测时的加压循环需要。应尽可能进行两次加压循环。

5.5.2　特殊检测技术

声发射特殊的检测一般包括高温或低温下的检测、间歇性的检测(包括周期疲劳)、长期监测和高噪声环境的检测等。这些特殊的检测对传感器的安装和信号的采集有一些特殊的要求。

在高温或低温检测中,多采用由金属或陶瓷制成的波导杆转接器。它是通过焊接或加压方式固定于试件表面,可使试件表面高温或低温端的声发射波传输到常温端的传感器。这一结构会引起一定的传输衰减和波形畸变,其接触面为主要的衰减因素。

长期监测的传感器固定方式一般采用一些快干式黏结剂,包括快干胶、环氧树脂,既可固定传感器,而又起着声耦合作用。但这种耦合方法在高应变、高温环境下可能发生脱黏问题。

包括周期疲劳在内的周期性检测对仪器采集数据的时间会有一些特殊的要求。例如,疲劳试验在拉伸与压缩载荷转换时会有试样夹具松动产生的噪声信号,在这一段时间,应设置声发射仪器停止信号采集。

对于高噪声环境的检测,可能会采用提高门限,或采用警卫传感器等排噪的方法。

5.5.3　加载程序的确定

1. 加载准备

多数情况下,声发射检测第一次加载操作十分重要,关系到声发射检测的成败,须作好如下充分的准备。

（1）加载方式:应尽量模拟试件的实际受力状态,包括:内压、外压、热应力及拉、压、弯等。

（2）加载设备:试压泵、材料试验机、重物等,应尽量选择低噪声设备。

（3）加载程序:主要决定于产品的检测规范,但有时因声发射检测所需,要作些调整。常用的加载参数包括:加载速率、分级载荷和最高载荷及其恒载时间,有时需要增加重复加载程序。

（4）加载控制:应确定声发射检测人员与加载人员之间的联络方法,以实时控制加载过程。

（5）载荷记录:应确定记录载荷的方法,多用声发射仪记录载荷传感器的电压输出。

2. 载荷控制技术

（1）升载速率:慢速加载会过分延长检测周期,而快速加载也会带来不利的影响。首先,会使机械噪声变大,如低压下的流体噪声;其次,会引起高频度声发射活动,以致因超过检测仪的极限采集速率而会造成数据丢失;再次,由于应变对应力的不平衡而会带来试验安全问题。压力容器的加载,多采用较低的加载速率,且要保证均匀加载。

（2）恒载:多数工程材料,在恒载下显示出应变对应力的滞后现象。一些材料在恒载下可产生应力腐蚀或氢脆裂纹扩展。恒载周期又为避免加载噪声或鉴别外来噪声干扰提供了机会。近年来,恒载声发射时序特性已成为声发射源严重性评价和破坏预报的一项主要依据,必要时,可忽略升载声发射,而只记录恒载声发射。对于压力容器,分级恒载时间设定 2~10min,而最高压力下恒载需 10~30min。

（3）重复加载:对一些新制造容器,当首次加载时常常伴随大量无结构意义的声发射,包括局部应力释放和机械摩擦噪声,给检测结果的正确解释带来很大困难,为此需进行二次加载检测。另外,在用容器的定期检测,原理上也属于重复加载检测,以发现新生裂纹。费利西蒂效应为重复加载检测提供评价依据,因此对首次加载声发射过于强烈的构件、复合材料及在役构件,宜采用重复加载检测方法。

5.5.4　声发射传感器的安装

传感器的安装程序如下：
(1) 在压力容器壳体上标出传感器的安装部位；
(2) 对传感器的安装部位进行表面打磨，去除油漆、氧化皮或油垢等；
(3) 将传感器与信号线连接好；
(4) 在传感器或压力容器壳体上涂上耦合剂；
(5) 安装和固定传感器。

5.5.5　声发射检测仪器的调试

1. 仪器硬件工作参数设置

在仪器开机后，应根据被检测对象，首先设置仪器硬件的工作参数，这些参数一般包括增益、门限、峰值鉴别时间（PDT）、撞击鉴别时间（HDT）、撞击闭锁时间（HLT）、定位闭锁时间、采样率、外接参数采样率等。

2. 背景噪声测定和检测门限设置

在开始检测之前进行背景噪声的测定，然后在背景噪声的水平上再加 5～10dB 作为仪器的门限电压值。多数检测是在门限值为 35～55dB 的中灵敏度下进行，最常用的门限值为 40dB。

3. 通道灵敏度校准

为确认传感器的耦合质量和前置放大器与仪器主机各通道处于良好的工作状态，检测前后应检查各信号通道对模拟信号源的响应幅度。模拟信号一般采用 HB ϕ0.5mm 或 2H ϕ0.3mm 的笔芯断铅信号，其伸长量约为 2.5mm，笔芯与构件表面夹角为 30°左右，响应幅度取三次响应的平均值。多数金属压力容器的检测规程规定，每通道对铅笔芯模拟信号源的响应幅度与所有传感器通道的平均值偏差为±3dB 或±4dB。

4. 衰减测量

对被检容器采用模拟声发射信号进行衰减测量，绘出距离-声发射信号幅度衰减曲线。

5. 源定位校准

多通道检测时，应在构件的典型部位上用模拟源进行定位校准。通过实测探头之间的时差，计算出实际声速并输入定位计算软件，最终实现每一模拟信号均能被一个定位阵列所接收,并提供唯一的定位显示,定位精度应在两倍壁厚或最大传感器间距的 5% 以内。区域定位时,应至少被一个传感器接收到。

5.5.6　检测数据采集与过程观察

检测数据的采集应至少采集到达时间、门限、幅度、振铃计数、能量、上升时间、持续时间、撞击数等参数。采用时差定位时,应采集到达时间数据;采用区域定位时,应采集声发射信号到达各传感器的次序。

在进行声发射检测过程中,信号数据的实时显示方式包括声发射信号参数列表、参数相对于时间的经历图、参数的分布图、参数之间的关联图、声发射源定位图和直接显示声发射信号的波形。在实际的检测过程中,根据检测目的的不同可选用不同的显示模式。例如,进行压力容器检测时,一般同时选用参数列表、参数相对于时间的经历图、参数的分布图、参数之间的关联图和声发射源定位图来进行实时显示。

检测时应观察声发射撞击数和(或)定位源随压力或时间的变化趋势,对于声发射定位源集中出现的部位,应查看是否有外部干扰因素,若存在,应停止加压并尽量排除干扰因素。

声发射撞击数随压力或时间的增加呈快速增加时,应及时停止加压,在未查出声发射撞击数增加的原因时,禁止继续加压。

5.5.7　噪声源的识别

噪声的类型包括:机械噪声和电磁噪声。机械噪声是指由于物体间的撞击、摩擦、振动所引起的噪声;而电磁噪声是指由于静电感应、电磁感应所引起的噪声。常见的噪声来源如表 5.30 所示。

表 5.30　声发射检测噪声源

类型	来源
电磁噪声	1) 前置放大器噪声,是不可避免的白色电子噪声 2) 地回路噪声,因检测仪和试件的接地不当而引起 3) 电台和雷达等无线电发射器、电源干扰、电开关、继电器、电机、焊接、电火花、打雷等引起的电磁干扰
机械噪声	1) 摩擦噪声,多因加载时的相对机械滑动而引起,包括:试样夹头滑动、施力点摩擦、容器内外部构件的滑动、螺栓松动、裂纹面的闭合与摩擦 2) 撞击噪声,包括:雨、雪、风沙、振动及人为敲打 3) 流体噪声,包括:高速流动、泄漏、空化、沸腾、燃烧

5.5.8　噪声的抑制和排除

噪声的抑制和排除是声发射技术的主要难题,现有许多可选择的软件和硬件排除方法。有些应在检测前采取措施，而有些则要在实时或事后进行。噪声的排除方法、原理和适用范围见表 5.31。

表 5.31　噪声的排除方法

方法	原理	适用范围
频率鉴别	滤波器	任意频段机械噪声
幅度鉴别	调整固定或浮动检测门限值	低幅度机电噪声
前沿鉴别	对信号波形设置上升时间滤波窗口	来自远区的机械噪声或电脉冲干扰
主副鉴别	用波到达主副传感器的次序及其门电路，排除先到达副传感器的信号，而只采集来自主传感器附近的信号，属空间鉴别	来自特定区域外的机械噪声
符合鉴别	用时差窗口门电路，只采集特定时差范围内的信号，属空间鉴别	来自特定区域外的机械噪声
载荷控制门	用载荷门电路，只采集特定载荷范围内的信号	疲劳试验时的机械噪声
时间门	用时间门电路，只采集特定时间内的信号	点焊时电极或开关噪声
数据滤波	对撞击信号设置参数滤波窗口，滤除窗口外的撞击数据，包括：前端实时滤波和事后滤波	机械噪声或电磁噪声
其他	差动式传感器、前置放大器一体式传感器、接地、屏蔽、加载销孔预载、隔声材料、示波器观察等	机械噪声或电磁噪声

5.5.9　检测数据分析和解释

数据解释是指从所测得数据中分离出与检测目的有关的数据。除简单情况外，多采用事后分析方法。数据分析和解释的步骤一般如下：

(1) 在声发射数据采集和记录过程中，标识出检测过程中出现的噪声数据；

(2) 采用软件数据滤波方法剔除噪声数据，常用的方法包括：时差滤波或空间滤波、撞击特性参数滤波、外参数滤波；

(3) 识别出有意义和无意义的声发射信号和声发射源，识别方法包括：分布图、关系图、定位图、波形分析和频谱分析等；

(4) 根据检测数据确定相关声发射定位源的位置；

(5) 对结构复杂区域的声发射定位源还应通过定位校准的方法确定其位置。定位校准采用模拟源方法，若得到的定位显示与检测数据中的声发射定位源部位显示一致，则该模拟源的位置为检测到的声发射定位源部位。

5.5.10 检测结果评价和分级

1. 概述

对数据解释识别出的有意义声发射信号及其声发射源,一般先按它们的平均撞击特征参数(幅度、能量或计数)进行强度排序和分级,然后按其不同阶段声发射源出现的次数对活性进行排序和分级,最后将声发射源的强度和活性进行综合考虑确定声发射源的综合等级。

目前评价声发射源接受或不接受的判据是声发射技术中尚不够成熟的部分。国外在现行的构件检测标准中,多采用简便的接受/不接受式判据。这种判据主要指示结构缺陷的存在与否,而不指示缺陷的结构意义,但可为接受或后续复检及其处理提供依据。我国压力容器声发射检测标准中规定声发射定位源的等级是根据源的活性和强度来综合评价,评价方法是先确定源的活性等级和强度等级,再确定源的综合等级。

表 5.32 列出了一些美国和我国现行检测标准中选用的评价判据。

表 5.32 声发射检测数据常用评价判据

评价判据	ASTM E-1067 增强塑料容器	ASTM E-118 增强塑料管道	ASME V-11 增强塑料容器	ASME V-12 金属容器	NB/T 47013.9—2011 承压设备
恒载声发射	有	有	有	有	有
费利西蒂比	有	有	有	有	无
振铃计数或计数率	有	无	无	有	有
高幅度事件计数	有	有	有	有	有
长持续时间或大能量事件计数	无	有	有	无	有
事件计数	无	无	无	有	有
能量或幅度随载荷变化	无	无	有	有	无
活动性	无	无	有	有	有

2. 声发射定位源的活性分级

以传感器阵列中最大传感器间距的 10% 长度为边长或直径划定出正方形或圆形评定区域,落在同一评定区域内的声发射定位源事件,认为是同一源区的声发射定位源事件。

如果源区的事件数随着升压或保压呈快速增加,则认为该部位的源具有超强活性。

如果源区的事件数随着升压或保压呈连续增加,则认为该部位的源具有强活性。

如果源区的事件数随着升压或保压呈间断出现,则按表 5.33 和表 5.34 进行分级。如果进行两次加压循环,源的活性等级划分方法详见表 5.33;对于进行一次加压循环,源的活性等级划分方法详见表 5.34。

表 5.33　两次加压循环声发射定位源的活性等级划分

活性等级	第一次加压循环		第二次加压循环	
	升压	保压	升压	保压
弱活性	×			
弱活性		×		
弱活性			×	
弱活性				×
中活性	×	×		
中活性			×	×
中活性	×		×	
中活性		×	×	
中活性	×			×
强活性				×
强活性	×	×	×	
强活性	×	×		×
强活性	×		×	×
强活性		×	×	×
超强活性	×		×	×

注:(1) ×表示加压或保压阶段有声发射定位源;空白表示加压或保压阶段无声发射定位源。

(2) 停止加压后 1min 内的信号记入升压信号,1min 后的信号为保压信号。

(3) 如果同一升压或保压阶段源区内声发射事件数较多,可根据实际情况将该源的活性等级适当提高。

表 5.34　一次加压循环声发射定位源的活性等级划分

活性等级	升压	保压
中活性	×	
强活性		×
超强活性		×

注:(1) ×表示加压或保压阶段有声发射定位源;空白表示加压或保压阶段无声发射定位源。

(2) 停止加压后 1min 内的信号记入升压信号,1min 后的信号为保压信号。

(3) 如果同一升压或保压阶段源区内声发射事件数较多,可根据实际情况将该源的活性等级适当提高。

3. 声发射定位源的强度分级

源的强度 Q 可用能量、幅度或计数参数来表示。源的强度计算取源区中前 5 个最大的能量、幅度或计数参数的平均值，幅度参数应根据衰减测量结果加以修正。源的强度分级参考表 5.35 进行，表中的 a、b 值应由试验来确定。表 5.36 是 Q345(16MnR)钢采用幅度参数划分源的强度推荐值。

表 5.35　源的强度等级划分

源的强度级别	源强度
低强度	$Q<a$
中强度	$a\leqslant Q\leqslant b$
高强度	$Q>b$

表 5.36　Q345 钢采用幅度参数进行源的强度等级划分

源的强度级别	幅度
低强度	$Q<60\mathrm{dB}$
中强度	$60\mathrm{dB}\leqslant Q\leqslant 80\mathrm{dB}$
高强度	$Q>80\mathrm{dB}$

注：表中数据是经衰减修正后的数据。传感器输出 $1\mu\mathrm{V}$ 为 0dB。

4. 声发射定位源的综合分级

源的综合分级按表 5.37 进行。

表 5.37　源的综合等级划分

综合等级	超强活性	强活性	中活性	弱活性
高强度	IV	IV	III	II
中强度	IV	III	II	I
低强度	III	III	II	I

5.5.11　声发射定位源的验证

声发射检测给出的是声发射源的级别，只是对源所产生的声发射信号的强度和活度进行评价，并不能识别产生声发射源的机制。对于绝大部分构件进行的声发射检测，其最终目的是为了发现活性缺陷，而诸如塑性变形和氧化皮剥落等产生的声发射源并无活性缺陷存在，因此为了进一步评价声发射源部位是否存在活性缺陷，通常采用超声、射线、磁粉和渗透等常规无损检测方法对有意义的声发射源进行复检验证，以排除其他原因引起的声发射源，发现危险的活性缺陷。

NB/T 47013.9—2011 对各级别声发射源的验证规定如下：

（1）Ⅰ级声发射定位源，不需要进行验证。

（2）Ⅱ级声发射定位源，可根据被检件的使用情况和源部位的实际结构来确定是否需要进行验证。

（3）Ⅲ级或Ⅳ级声发射定位源，应进行验证。

（4）声发射定位源的验证应按 NB/T 47013.9—2011 所规定的检测方法进行表面和（或）内部缺陷检测。

5.5.12　检测记录和报告

1. 检测记录

应按检测工艺规程的要求记录检测数据或信息，并按相关法规、标准和（或）合同要求保存所有记录。检测时如遇不可排除因素的噪声干扰，如人为干扰、风、雨和泄漏等，应如实记录，并在检测结果中注明。

2. 检测报告

声发射检测报告至少应包括以下内容：

（1）设备名称、编号、制造单位、设计压力、温度、介质、最高工作压力、材料牌号、公称壁厚和几何尺寸；

（2）加载史和缺陷情况；

（3）执行与参考标准；

（4）检测方式、仪器型号、耦合剂、传感器型号及固定方式；

（5）各通道灵敏度测试结果；

（6）各通道门限和系统增益的设置值；

（7）背景噪声的测定值；

（8）衰减特性；

（9）传感器布置示意图及声发射定位源位置示意图；

（10）源部位校准记录；

（11）检测软件名及数据文件名；

（12）加压程序图；

（13）声发射定位源定位图及必要的关联图；

（14）检测结果分析、源的综合等级划分结果及数据图；

（15）结论；

（16）检测日期、检测人员、报告编写和审核人签字及资格证书编号。

5.6　典型压力容器声发射传感器阵列布置

目前多通道声发射仪所采用的计算机和软件功能都比较强,因此在实际进行声发射检测过程中,人们最常用的平面声发射源定位探头阵列为三角形,在被检测对象几何形状规则的情况下,采用等腰三角形探头阵列,如图 5.34 和图 5.35 所示;在被检测对象几何形状不规则的情况下,采用任意三角形探头阵列,如图 5.36 所示,但一般情况下推荐采用锐角三角形。

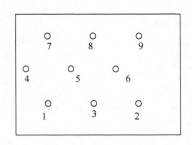

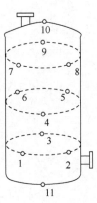

图 5.34　平面等腰三角定位探头阵列　　　图 5.35　圆柱形容器的等腰三角定位探头阵列

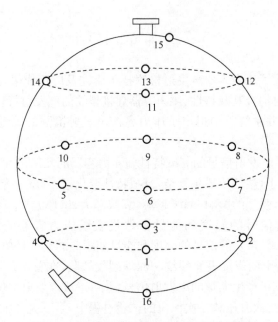

图 5.36　球形容器的任意三角定位探头阵列

在组合式压力容器的检测中,对不同组件应进行单独定位,传感器排布如图5.37所示;而气瓶的检测则一般采取线定位,传感器排布如图5.38所示。

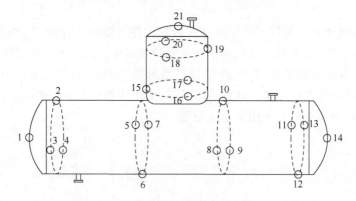

图 5.37　组合式容器传感器布置示意图

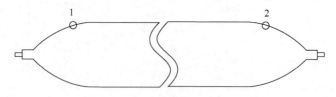

图 5.38　气瓶传感器布置示意图

5.7　本 章 小 结

本章系统论述了压力容器声发射检测技术研究及应用成果,这些成果包括典型压力容器声发射信号衰减特性、压力容器焊接裂纹的声发射特性、现场压力容器的声发射源特性,并系统总结提出了压力容器声发射检测的关键技术,具体总结如下:

（1）压力容器声发射信号的衰减特性随压力容器的几何尺寸和结构的不同而变化,几何尺寸越小,波的传播越复杂,衰减特性变化越大;压力容器壁厚对声发射信号的衰减特性有强烈的影响,壁厚越薄,衰减越大,壁厚越厚,衰减越小;经实际测量发现,声发射信号的幅度和能量参数代表了压力容器的衰减特性,对于1000m³ 以上的球罐,声发射信号的幅度和能量随距离的衰减是单调下降的。

（2）压力容器上的焊接表面裂纹和深埋裂纹缺陷,在首次加压和保压过程中裂纹的开裂和增长可产生大量的声发射信号,并可形成声发射定位源集团;在整个升压、保压、降压、二次升压和二次保压的试验过程中,第一次升压过程中表面裂纹和深埋裂纹扩展产生的声发射信号数量均占整个试验过程中的 90% 以上,说明第一次升压过程的声发射定位源信号是探测裂纹扩展最重要的声发射信号；表面裂纹在很低的压力下可产生声发射信号和定位源；表面裂纹在降压过程中裂纹闭合可产生声发射定位源信号，而深埋裂纹无此现象产生；在二次升压和保压过程中，深埋裂纹和表面裂纹缺陷部位均出现一定量的声发射定位源。这些结果对现场进行压力容器声发射检验具有很大的指导意义。

（3）总结了声发射信号的能量、计数和持续时间三个参数之间的关系式如下：

$$\lg C \propto \lg D, \lg E \propto (\lg D)^n, \lg E \propto (\lg C)^m, \quad 1 < n < 2, 1 < m < 2$$

并分析了这些关系式的物理意义，式中的指数 n 和 m 对进行不同声发射源信号的识别有指导意义。

（4）通过对大量现场压力容器检测数据进行分析，发现压力容器上存在的裂纹、夹渣、未熔合、未焊透等焊接缺陷的开裂和增长可产生大量的声发射信号；残余应力释放、氧化皮剥落、结构摩擦、泄漏和电子噪声等也可产生大量的声发射信号，这些声发射源是影响检测结果的主要干扰源。在各次升压、保压和降压过程中，裂纹、夹渣、未熔合、未焊透等焊接缺陷的开裂和增长，以及残余应力释放和氧化皮剥落等声发射源在首次升压过程中产生 90% 以上的声发射信号，因此在检测过程中首次升压的声发射信号是最重要的。

（5）声发射源的平面定位是确定声发射源位置最重要和最直接的方法，通过平面定位分析基本可以区分裂纹、夹渣、未熔合、未焊透等焊接缺陷的开裂和增长与残余应力释放、氧化皮剥落、结构摩擦产生的声发射源，而泄漏和电子噪声的声发射信号不能定位。

（6）进行压力容器声发射检测的主要关键技术包括：检测方案的制订、加载程序的确定、声发射传感器的安装、声发射检测仪器的调试、检测数据采集与过程观察、噪声源的识别、噪声的抑制和排除、检测数据分析和解释、检测结果评价和分级、声发射定位源的验证、检测记录和报告。

第6章 大型常压储罐声发射检测技术研究及应用

目前,我国拥有大型储罐(容积大于或等于 5000m³、直径大于或等于 12.5m 的储油罐)20 多万台,广泛应用于石油、石化、化工、航空、港口等行业,是生产和生活的重要设备。多年来,由于历史、技术和管理上的原因,我国对大型储罐的检验主要采用停产、倒空、清罐、割板检查、修理和重新投运的传统方式,缺少有效的在线和快速检测技术及科学的安全状况评价方法。这种传统检验方式耗时长,工作量大,劳动强度高,而且经济成本高,以一台 10000m³ 的储罐为例,每次检验周期为两个月以上,因此直接停产造成的损失较大,清罐与维修费用在 50 万元以上。大量的储罐用户为了节约成本和不影响生产,大多采用随机抽查检验的方式。这种抽检方式往往造成两方面的弊端:一方面,抽检的结果是部分储罐无危及安全的缺陷或隐患,这就造成了不必要的检验和停产损失;另一方面,又存在大量的储罐不能按期进行检验,部分已连续使用 15 年之久,导致泄漏等安全事故时有发生,损失惨重,既破坏环境,又威胁人民生命财产的安全。

针对我国大型储罐在安全检验检测方面技术落后、成本高、耗时长、盲目性强以及无安全状况综合评价方法的状况,中国特种设备检测研究院于 2003~2006 年承担了国家科技基础性工作和社会公益研究专项面上项目"大型储油罐安全检测技术与评价方法研究"(2003DIB2J093),率先开展了大型储油罐声发射在线检测技术、开罐后的漏磁检测技术和安全状况综合评价技术的研究和工程应用工作;于 2006~2009 年承担国家"十一五"科技支撑项目课题专题"大型储罐群基于风险的检验(RBI)与综合安全评价技术研究"(2006BAK02B01-08),继续完善大型储罐声发射在线检测技术和漏磁检测技术,并在国内首次开展大型储罐群基于风险的检验与综合安全评价技术的研究和工程应用工作。

本章系统论述了上述项目的研究成果,给出了储罐底板的声发射信号衰减和定位特性以及实际大型常压储罐底板腐蚀的声发射信号和干扰声发射源的特征,提出了大型常压储罐声发射在线检测罐底板腐蚀状态评价的技术方法。

6.1 大型常压储罐声发射检测技术国内外研究现状

声发射技术在常压储罐底板腐蚀检测方面的研究与应用最早始于 20 世纪 80 年代,美国 PAC 接受用户的委托,用声发射技术进行非清罐条件下,罐底腐蚀状况的课题研究,并与 BP、ICI、KPE、ESSO 等石油公司共同合作开展项目的开发、现场检测和结果论证工作。到 1999 年工程设备和材料用户协会(EEMUA)向其会员推荐此检测方法,2000 年法国石油公司宣布了在法国的验证结论,并向全球石油行业推荐。随后,德国 Vallen 公司也于 2002 年推出了适用于大型常压储罐底板腐蚀声发射检测的 AMSY-5 型仪器及软件;我国广州声华科技有限公司于 2004 年向市场投放了大型常压储罐底板腐蚀声发射检测仪器及软件。这就为声发射检测技术应用于大型常压储罐底板腐蚀检测提供了充足的保障。

尽管美国 PAC 声称其用在大型储罐罐底腐蚀状况在线声发射检测服务的 TankPAC 技术是该公司在许多大型国际石化集团,如 BP、Shell、ESSO、Exxon-Mobil 等支持下开发的、拥有独立知识产权的在役储油罐罐底检测技术,是世界上唯一采用非清罐方法对储油罐罐底腐蚀状况进行检测及评估的专家系统。该专家系统的理论基础是建立在基于风险的检验(RBI)理论上的,其检测的最终结果是对储罐整体情况按严重程度分别给出 A、B、C、D、E 五个等级,其分级标准是建立在一个数据库上的,但出于商业考虑,他们没有给出分级评价的标准或判据。

德国 Vallen 公司发表了一份使用常压储罐底板腐蚀声发射检测综合报告,称该项目由奥地利 TüV 公司、CESI、Vallen 公司、Shell Global Solutions 和 DOW 公司共同研究。他们通过实验室的模拟泄漏(包括不同直径的小孔及沟槽,实际检测中采用不同的地基,以便采集不同的信号,如湍流在泄漏孔产生的声发射、流体从金属流出冲击到混凝土上的信号、沙粒被冲击反射到罐底板的信号)及腐蚀试验(主要采用实际腐蚀的底板),然后通过模式识别来区分这些声发射源,并在现场选取不同类型的储罐进行验证。但这份报告中并没有报道详细的试验和检测数据,也没有给出检测结果的评价方法。

在国内,大庆石油学院开展了部分基础研究工作,他们从流体流动过程中产生声源的机理分析出发,阐述立式常压储罐泄漏过程中声发射信号的形成主要包括涡声和喷流噪声;同时开展了不同厚度、不同腐蚀程度和不同焊接结构的储罐底板模拟腐蚀声发射检测试验;分析储罐在不同升压、保压阶段的声发射特性,得出声发射信号特征参数的取值范围及变化趋势。

6.2　液体介质中声发射源的定位特性研究

6.2.1　试验目的及方案

本试验的目的主要为研究不同激励方式下声传播路径、传播速度和定位的问题。针对检测中常出现的声发射信号,如底板裂纹开裂、撞击及升压时的液体冲击,本试验采用断铅、锤击和石击水三种不同的激励方式来模拟真实的声源,从而由所得的信息来确定不同激励方式下定位所需要的声速。由于在现场检测中,大型常压储罐均为圆形,直径在 10m 以上,且所储的介质为液态的化工及油类产品。

为了使本试验的结果具有可比性,特采用直径为 9.2m 的圆形池,水为介质的试验条件。具体试验方案如下:

(1) 利用了四个探头,并将其分别耦合在 4 根钢板条上,然后在 4 个方向将钢板条分别插入直径为 9.2m 的水池,分别采用断铅、石击水和锤击三种方式在不同的探头处进行激励和接收,从而可以在已知定位点的情况下,测量三种不同源的声速和确定定位方法。

(2) 为了与四个探头的定位试验所产生的结果进行对比,探索探头之间是否存在干扰,特在直径为 9.2m 的水池的 0° 和 180° 处布置两个探头,并在锤击和断铅两种激励方式下进行测试。

(3) 为了更好地研究探头之间的干扰情况,明确信号在钢板中的传播情况,试验选取一根长 9.66m 的钢板条,布置四个探头,并在断铅方式激励下进行衰减测试。

(4) 为了模拟现场的实际情况,研究信号优先选择的传播对象,将钢板条放于水中,并在钢板条上布置两个探头,采用石击水、断铅及锤击三种激励方式进行测试。

(5) 实际检测中,采用声发射检测的储罐其直径往往在 20m 以上,为了验证来源于中幅板的信号是否能够形成定位,特对底板的衰减进行测定。

6.2.2　试验所用设备及设施情况

试验所用设施包括直径 $D=9.2$m 的水槽,在槽边间隔 90° 处置 1 根宽度 $B=50$mm、厚度 $\delta=6$mm 的钢板条。试验期间外部没有强干扰源,天气晴,风力 3~4 级,地面温度最高 20℃,水温 12℃。试验所用辅助设备包括 HB $\phi0.5$mm 自动铅一支,铁锤一把,石子数块。

试验所用仪器为德国 Vallen 公司生产的 AMSY-5 全数字 36 通道声发射仪;传感器为 VS30-V,内置前置放大器 AEP4H-ISTB;频率范围为 23~80kHz;在四根钢板条上各布置一个声发射传感器。

6.2.3　水中定位试验

试验所用装置及传感器布置如图 6.1 所示,分别将四个传感器(通道号为 2、5、10 和 15)布置在水池边的钢板条上,再用同轴电缆连接到声发射主机对应的位置上,其仪器的连接如图 6.2 所示。分别用不同的声发射源在各探头处进行激励,然后进行数据的采集并分析,试验方案如图 6.3 所示。

通过折断铅芯对四个传感器分别进行灵敏度标定,其标定结果如表 6.1 所示。

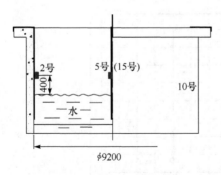

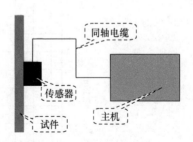

图 6.1　试验装置及传感器布置示意图(单位:mm)　　　　图 6.2　仪器连接示意图

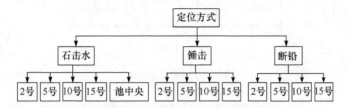

图 6.3　水池定位试验方案

表 6.1　传感器灵敏度标定表

传感器编号	2	5	10	15	最大灵敏度	最小灵敏度	平均灵敏度
灵敏度/dB	87.8	87.8	87.8	87.8	87.8	87.8	87.8

　　根据所制订的试验方案分别进行激励和接收。三种激励源所产生的定位结果如图 6.4~图 6.6 所示,均得到了一一对应的定位显示;三种激励源声发射信号的

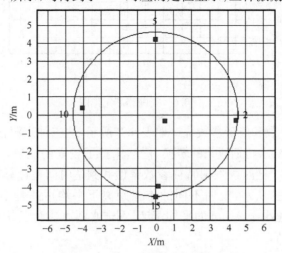

图 6.4　石击水定位图

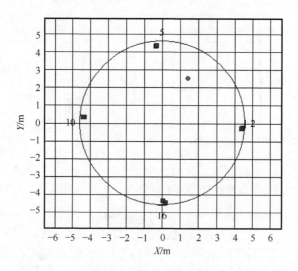

图 6.5　锤击定位图

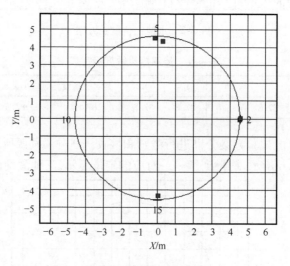

图 6.6　折断铅芯定位图

相应持续时间、计数和能量参数统计如表 6.2 所示,这三种声源在水中经过 9.2m 距离的传播和两次水与钢板条的转换,仍然保持了较高的能量,说明声波在水中的衰减是较小的。通过声发射特征参数幅值和到达时间差计算出三种激励源声速的结果如表 6.3 所示,说明不同的传播距离下平均声速是不同的,在间距为 6.5m 的平均声速小于 9.2m 的平均声速,石击水的声速高于其他两种激励方式的声发射源。

表 6.2　三种激励源声发射信号的持续时间、计数与能量统计

激励方式	持续时间/μs		计数		能量/eu	
	激励处	其他传感器	激励处	其他传感器	激励处	其他传感器
石击水	$1.6\times10^4\sim$ 2.4×10^4	$4.0\times10^3\sim$ 2.5×10^4	$345\sim590$	$88\sim686$	$1.5\times10^6\sim$ 3.0×10^6	$1.5\times10^4\sim$ 1.9×10^6
锤击	$3.9\times10^4\sim$ 1.0×10^5	$1.0\times10^4\sim$ 5.0×10^4	$1.0\times10^3\sim$ 4.8×10^3	$292\sim1514$	$8.5\times10^7\sim$ 1.5×10^8	$1.7\times10^6\sim$ 4.4×10^7
铅芯折断	$2.8\times10^4\sim$ 4.2×10^4	$2.0\times10^3\sim$ 6.0×10^3	$700\sim1000$	$1\sim66$	$9.5\times10^7\sim$ 1.3×10^8	$400\sim10000$

表 6.3　三种激励源声发射信号的声速计算结果

激励方式	相邻传感器间(间距 6.5m) 的声速/(m/s)	相对传感器间(间距 9.2m) 的声速/(m/s)
石击水	1233	1483.5
锤击	1071.2	1283.1
铅芯折断	800	1228.4

6.2.4　空罐底板和壁板的衰减测定

　　试验所用仪器与 6.2.2 节和 6.2.3 节相同,试验测试对象为一个已倒空的储油罐,直径为 46m;底板厚度为 6mm,底板边缘板厚度为 10mm;第一层罐壁板厚度为 22mm。测试环境条件较好,天气晴,风力 2~3 级,气温 5℃,实测背景噪声为31dB。分别采用铅芯折断模拟源对储罐底板和壁板进行了衰减测定,测定结果如图 6.7 所示。由图可见,底板径向衰减测定中,信号在 7m 处已衰减到门限以下,而信号在壁板环向则可以传播 20 多米。可见,信号沿底板传播的衰减速率高于信号沿壁板的衰减速率。

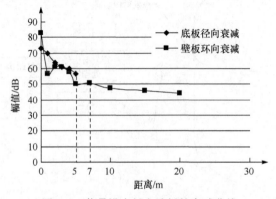

图 6.7　信号沿底板和壁板的衰减曲线

6.2.5　结论

（1）三种不同的激励方式对应三种不同的平均定位声速，分别为 $v_{石击水}=$ 1350m/s，$v_{锤击}=$1150m/s，$v_{断铅}=$1000m/s。由此可见，不同的激励方式，所采用的定位声速不同。

（2）对于传播载体而言，来源于液体的源信号将会以液体为载体；来源于金属底板的源信号则会以金属底板为载体。但是，对于中幅板（距壁板 5m 以外）的底板源信号，由底板衰减特性可知，试图通过底板传播来形成定位是不可能的，只有通过液体来传播。

（3）在液体传播中，断铅信号的幅值、能量及计数变化最大，表现为信号的衰减最大，由此可见，断铅信号不利于作为储罐检测中的标定定位信号。

（4）探头之间间距太近，会彼此之间干扰，因此在检测过程中试图依靠增加探头个数来达到精确定位是不可取的。

6.3　金属常压储罐底板腐蚀声发射信号特征研究

6.3.1　储罐底板腐蚀声发射检测的原理及特点

常压储罐在运行过程中，底板经受环境的直接腐蚀过程，可产生声发射信号；另外，常压储罐液位由低到高发生变化或是在高液位保压时，底板上腐蚀或腐蚀产物剥离、破裂等产生的弹性波通过所储介质或底板传播到储罐壁板的表面，在壁板表面由声发射传感器将这些机械振动转化为电信号，然后经过放大、处理和记录。最终通过对这些信号进行定位和参数分析，来评价储罐底板的腐蚀程度。图 6.8 为常压储罐底板声发射检测示意图。

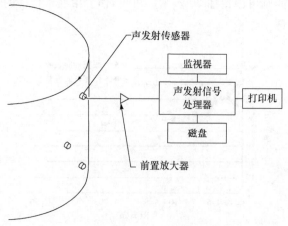

图 6.8　常压储罐底板声发射检测示意图

对储罐底板进行声发射检测可以发现底板由泄漏和腐蚀产生的声发射信号。当底板存在泄漏时,介质流过泄漏孔会产生湍流流动噪声,当介质夹带颗粒状杂质时,会使信号更丰富。若泄漏通道暂时受到碎渣阻塞时,"水击"效应也会产生噪声。通过安装在储罐底板外圆周附近的传感器接收这些信号,并进行分析处理,可对泄漏进行定位。若储罐底板腐蚀较为严重或存在腐蚀薄弱区,腐蚀过程会断续地产生声发射信号,通过接收和分析这些信号,就能确定和评价罐底板的腐蚀状况。

6.3.2　常压储罐底板腐蚀声发射检测方法研究

1. 检测对象

检测试验对象为一台金属圆柱形立式常压储罐,详细信息如表 6.4 所示。

表 6.4　储罐的基本信息

材料	直径 D/m	高度 H/m	底板厚度 δ/mm	所储介质	生产时间	投入使用时间
A_3F	40.632	15.865	6/9(边缘板)	原油	1977 年	1977 年 12 月

2. 检测仪器

检测用声发射仪为德国 Vallen 公司生产的 AMSY-5 全数字 32 通道声发射仪。采用传感器为 VS30-V,频率范围为 23~80kHz,适用温度范围为 −5~85℃。使用的同轴电缆具有良好的屏蔽电磁噪声干扰能力,其信号传播衰减损失小于1dB/(30m),其长度在 30~100m 范围内。

3. 检测试验方案

根据储罐的直径及最近半年运行中的最大液位位置,确定本检测所需的加载程序及所采用传感器的数量和布置方案。图 6.9 和图 6.10 分别给出了该储罐的加载曲线图及传感器布置图,共选择 12 个传感器均匀布置在距底板 0.5mm 的储

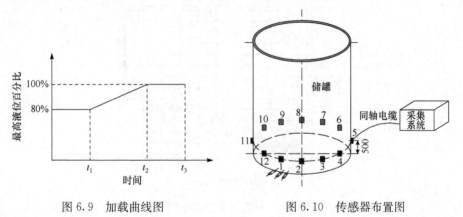

图 6.9　加载曲线图　　　　　　　图 6.10　传感器布置图

罐壁板上。

根据预采的背影噪声来设置门限,并根据实际的需要来设置分析软件图,如各种关联图及 2D、3D 定位图。按加载曲线图进行加载,并采集相关的数据。其中 T_1、T_3 大于 30min,$T_2 = 150$min。

4. 检测结果及分析

检测结果可以用下列三幅图来说明,图 6.11 表示整个检测过程中的 2D 定位图,图 6.12 表示注入介质期间的时间与能量关联图,图 6.13 表示整个检测过程中计数与持续时间关联图。

由图 6.11～图 6.13 可以看出:

(1) 由于声发射信号的能量没有随着压力上升而呈现增加的趋势,因此判断本储罐无泄漏迹象。

(2) 在定位图中没有出现大量的声发射定位源,因此可以确定整个储罐的底板状况良好,无严重腐蚀。

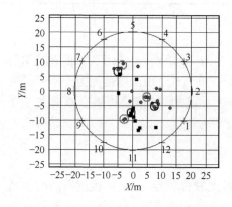

图 6.11　2D 定位图

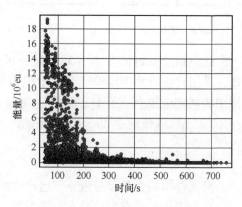

图 6.12　时间与能量关联图

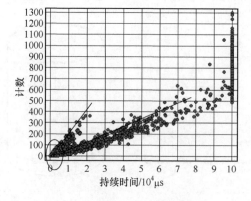

图 6.13　计数与持续时间关联图

（3）由计数与持续时间关联图可以明显地看出，所采集的信号中分为两部分，这两部分直线的斜率代表着信号的频率，上面分叉的部分其频率值在 20kHz 附近，下面分叉的部分频率会更低，这部分表现为低频的噪声信号，多为摩擦、磨损或市电工频形成的"慢"源，从而不会形成声发射定位源。

但是，当对所采集的波形进行进一步分析时，发现还存在着一部分高频的信号，这部分高频信号主要发生在高液位静液检测期间，且集中在 1 和 2 号探头上，尤其以 1 号探头为主，主要表现为电子、电磁波干扰的"快"源。从这部分的计数与持续时间关联图来看，其计数值极小，持续时间极短，因此无法在计数与持续时间关联图上形成一个鲜明的分支，多数集中在图 6.13 中位于原点附近的圆圈里，这些电子噪声信号也不能形成定位。

6.3.3　定位声速的确定及声发射信号处理方法研究

1. 定位声速的确定

要采用定位图来准确分析腐蚀产生的部位，就必须确定定位声速。如果采用时差来计算定位速度，则会产生非常大的工作量。因此，本节借助于定位不确定性（LUCY）值来确定定位声速，图 6.14～图 6.17 分别汇总了四个不同阶段的定位点LUCY 值随速度变化的情况，试图从中确定检测中所产生信号的定位声速。

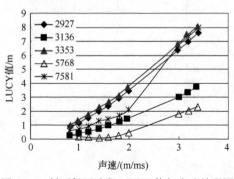

图 6.14　低压保压阶段 LUCY 值与声速关联图

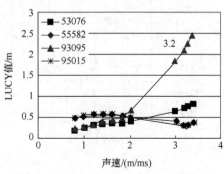

图 6.15　升压阶段 LUCY 值与声速关联图

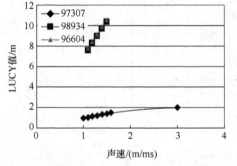

图 6.16　高压保压阶段 LUCY 值与声速关联图

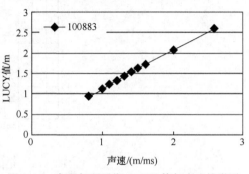

图 6.17　高压保压后期 LUCY 值与声速关联图

由图 6.14～图 6.17 可以看出，在低压保压、升压及高压保压三个阶段中存在信号的变化趋势一致的情形。并且由定位点分布图可见，其属于同一个源区的点，具体分布情况见图 6.18。如果对 LUCY 值分布情况一致的定位点进行相关性分析，可以看到其相关程度高并近似于自相关性，从而可以说明这是同一类信号。图 6.19分别给出了三个不同阶段中出现的 LUCY 值分布情况一致的三组信号的相关性分析图，分别是 2927 与 3353 号、55582 与 95015 号、96604 与 98934 号声发射撞击信号。为了验证这三对信号是否属于同类信号，又对这三类信号之间进行了相关性分析，其结果如图 6.20 所示，说明这些信号具有很好的相关性。

经对图 6.14～图 6.20 进行分析，可得到如下结论：

（1）总体上 LUCY 值随声速变化有两种趋势，一种是线性上升，一种呈正弦曲线（主要表现在升压阶段的 55582 和 95015 号）。对于正弦曲线的信号可以根据 LUCY 值最小原理确定其定位声速，即可定在曲线的最低点。在升压阶段所确定的高速定位信号的声速为 3.2m/ms；对于低速定位信号，由于这种信号一般以液体传播为主，定位声速确定为 1.2～1.4m/ms。

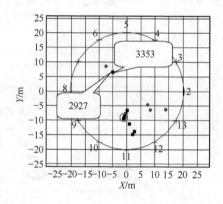 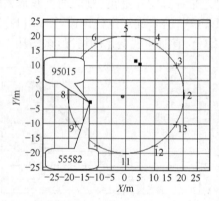

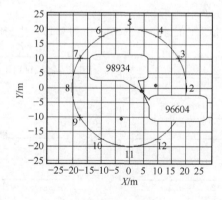

图 6.18　定位源分布图

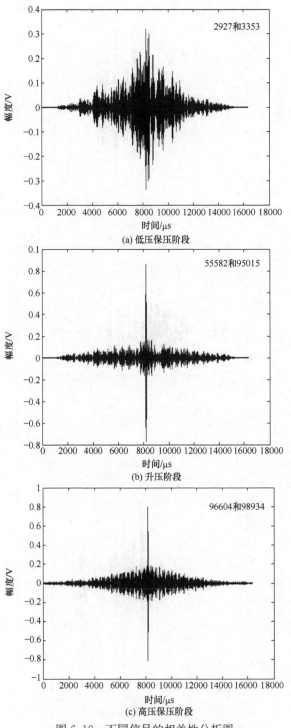

图 6.19　不同信号的相关性分析图

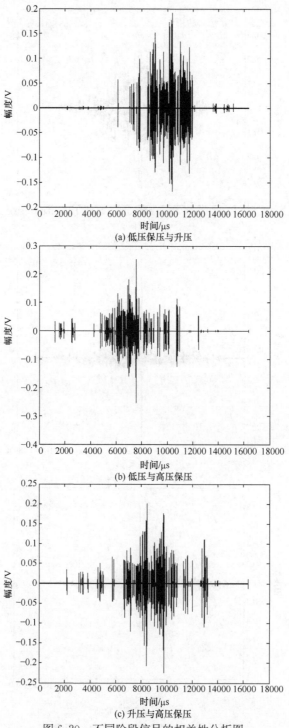

(a) 低压保压与升压

(b) 低压与高压保压

(c) 升压与高压保压

图 6.20　不同阶段信号的相关性分析图

（2）前三个阶段分别出现了不同信号变化曲线重合的趋势，经相关性分析后，发现重合度与相关程度有密切的关系，重合度越好，其相关程度越高。由相关系数检验得知相关置信度为 99%。但是对不同阶段的信号之间进行相关性分析时，当显著水平为 0.01 时，升压阶段的信号与高低压保压阶段的信号是不相关的。

2. 信号处理方法研究

1）同类信号的频谱分析及小波变换

针对上述存在的三种类型的信号，分别对其进行了傅里叶变换及小波变换分析，分析结果如图 6.21 所示，其峰值频率均位于 22~25kHz 范围内，低压保压阶段的信号主频为 22kHz，升压和高压保压阶段的信号主频为 24kHz。由此可见，它们之间的差异不明显，而且小波分析的结果与傅里叶变换分析的结果一致。

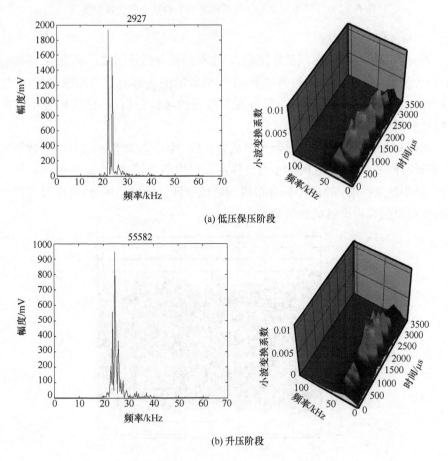

(a) 低压保压阶段

(b) 升压阶段

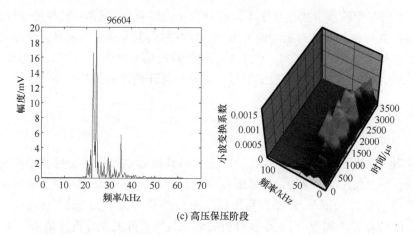

(c) 高压保压阶段

图 6.21　三种不同类型信号的傅里叶变换及小波变换分析图

2) 高频信号的分析

在分析计数与持续时间关联图时,发现有一部分信号因其计数值小、持续时间短,而无法形成定位。在进行频谱分析时,可以看到这部分信号的频率高,主频在 50kHz 以上。图 6.22 给出了这部分高频信号的频谱分析、小波变换及小波域系数特征分析图。

由图 6.22 可知,高频信号经小波域分析后,其一阶、二阶小波变换系数没有突变,即没有间断点;从第五阶的小波变换系数可以明显看出,在高频中所夹的低频成分;从小波变换的 3D 图中同样可以清楚地看到高低频的成分;由降噪的傅里叶变换图可以明显看出各成分的频率值。

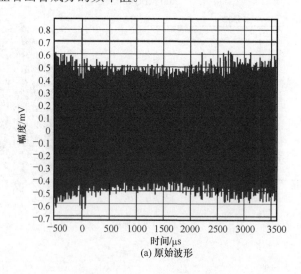

(a) 原始波形

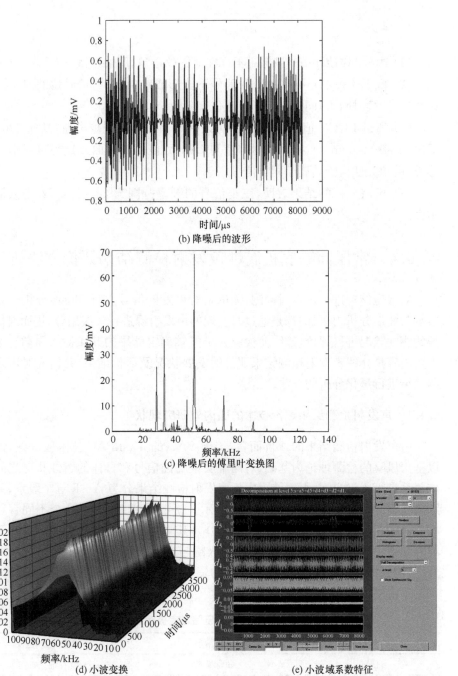

(b) 降噪后的波形

(c) 降噪后的傅里叶变换图

(d) 小波变换

(e) 小波域系数特征

图 6.22　高频信号的小波分析变换图

6.3.4　结论

（1）由检测结果可知，该储罐不存在泄漏的迹象，腐蚀轻微；

（2）低于探头中心频率的低频信号不能形成定位，高频信号（如噪声信号，其计数少、持续时间短）同样不能形成定位；

（3）通过 LUCY 值最小原理法，可以确定该储罐的定位声速（高速 3200m/s，低速 1200～1400m/s），同时根据声速与 LUCY 值的关联曲线走势可对信号进行分类，由相关性检验其属于同类信号；

（4）频谱分析的结果表明，三类信号的频率范围为 22～25kHz，主频值相差不大。

6.4　常压储罐底板腐蚀声发射检测结果评价方法研究

对常压储罐进行声发射检测，无论是对声发射信号进行定位源分析还是进行参数与波形分析，其目的都是通过对发现的声发射源进行量级划分，进而对储罐底板的腐蚀状况进行评价，最终使检验人员能够确定储罐的开罐检验周期。本节的主要内容是介绍声发射检测结果评价的发展状况及评价结果，并研究对声发射检测结果进行量化分析的方法。

6.4.1　声发射检测结果评价技术的国内外研究现状

就声发射检测结果的评价而言，美国 PAC 的 TankPAC 技术较成熟，该技术以基于风险的检测理论为基础，对储罐底板腐蚀信号和具体的腐蚀状况之间的对应关系进行了确定，并根据储罐底板声发射检测结果分为 A～E 五个级别，并与储罐底板腐蚀情况进行对应，如表 6.5 所示。据报道，PAC 对 598 个不同直径和高度的储罐在声发射检测后进行了开罐检验，其中 100% 的 A 级罐和 80% 的 B 级罐与实际情况非常吻合，超过 60% 的 E 级罐与实际状况相吻合。但该技术并不公开，他们只提供检测服务，所以可借鉴的资料不多，尤其是检测结果的分级原则和判据不清楚。

表 6.5　TankPAC 技术的大型常压储罐底板腐蚀检测声发射分级方法

等级	腐蚀情况	维修/处理建议
A	非常微量	没有维修必需
B	少量	没有立即维修必需
C	中等	考虑维修

等级	腐蚀情况	维修/处理建议
D	动态	维修计划中优先考虑
E	高动态	维修计划中最优先考虑

在国内,由于声发射检测技术应用于常压储罐检测的时间短,只有少量机构开展研究的工作,尚未形成声发射检测分级和评价方法,可以借鉴的只有金属压力容器的相关声发射检测方法和标准,但金属压力容器的声发射检测与大型常压储罐底板腐蚀的声发射检测在声发射源的产生机制方面是完全不同的,因此可供借鉴的内容并不多。

6.4.2　声发射检测结果分级与评价方法的研究

作者课题组通过对 50 多台大型常压储罐底板进行声发射在线检测和对其中 10 多台的开罐检验验证,发现储罐底板的腐蚀状况与声发射信号的活性关系密切,而与声发射信号的强度关系不大。一般腐蚀的声发射信号幅度在 $30 \sim 60 dB$,大于 60 dB 的信号较少,而且与氧化物的分开、断裂有关。

通过大量的声发射检测数据分析得到,对于储罐底板进行的声发射在线检测,其检测结果可以采用声发射源的时差定位分析及分级方法,也可采用声发射源的区域定位分析及分级方法。在此研究的基础上,课题组起草了大型常压储罐的声发射检测机械行业标准草案,并于 2007 年得到批准颁布实施,标准号和名称为 JB/T 10764—2007《无损检测　常压金属储罐声发射检测及评价方法》,下面介绍具体内容。

1. 储罐底板声发射源的时差定位分析及分级方法

对储罐底板以不大于直径 10% 的长度划定出正方形或圆形评定区域,对评定区域内定位相对较集中的所有定位集团进行局部放大分析,并计算出每小时出现的定位事件数 E。根据储罐底板的时差定位情况,对每个评定区域的有效声发射源级别按表 6.6 进行分级。表中的 C 值需通过采用相同的检测仪器与设置工作参数,对相同规格和运行条件的储罐进行一定数量的检测试验和开罐验证试验来取得。目前,课题组通过对已进行声发射检测应用的储罐统计分析发现 C 值一般为 $3 \sim 6$。

表 6.6　储罐底板基于时差定位分析的声发射源分级

源级别	评定区域内每小时出现的定位事件数 E	评定区域的腐蚀状态评价
I	$E \leqslant C$	无局部腐蚀迹象
II	$C < E \leqslant 10C$	存在轻微局部腐蚀迹象

源级别	评定区域内每小时出现的定位事件数 E	评定区域的腐蚀状态评价
Ⅲ	$10C < E \leqslant 100C$	存在明显局部腐蚀迹象
Ⅳ	$100C < E \leqslant 1000C$	存在较严重局部腐蚀迹象
Ⅴ	$E > 1000C$	存在严重局部腐蚀迹象

2. 储罐底板声发射源的区域定位分析及分级

　　首先,计算出各独立通道有效检测时间每小时出现的撞击数 H;然后,根据储罐底板的区域定位情况,对每个通道区域的声发射源级别按表 6.7 进行分级。表中的 K 值需通过采用相同的检测仪器与设置工作参数,对相同规格和运行条件的储罐进行一定数量的检测试验和开罐验证试验来取得。目前,课题组通过对已进行声发射检测应用的储罐统计分析发现 K 值一般为 300~500。

表 6.7　储罐底板基于区域定位分析的声发射源分级

源级别	每个通道每小时出现的撞击数 H	评定区域的腐蚀状态评价
Ⅰ	$H \leqslant K$	无局部腐蚀迹象
Ⅱ	$K < H \leqslant 10K$	存在轻微局部腐蚀迹象
Ⅲ	$10K < H \leqslant 100K$	存在明显局部腐蚀迹象
Ⅳ	$100K < H \leqslant 1000K$	存在较严重局部腐蚀迹象
Ⅴ	$H > 1000K$	存在严重局部腐蚀迹象

6.4.3　对储罐底板腐蚀检测结果的评价

　　根据储罐底板腐蚀状态等级制订被检储罐维修计划。维修计划的优先顺序如表 6.8 所示。需开罐检修的储罐底板,可采用 JB/T 10765—2007《无损检测　常压金属储罐漏磁检测方法》对储罐底板进行漏磁快速扫查检测。

表 6.8　储罐维修优先顺序的划分

储罐底板腐蚀状态等级	腐蚀状况	维修/处理建议
Ⅰ	非常微少	不需维修
Ⅱ	少量	近期不需考虑维修
Ⅲ	中等	考虑维修
Ⅳ	动态	优先考虑维修
Ⅴ	高动态	最优先考虑维修

6.5　常压储罐底板腐蚀声发射检测应用

6.5.1　检测应用案例结果统计

作者课题组自 2003 年至 2006 年采用声发射在线检测技术,分别在五个石化公司和一个铜冶炼厂对 10 台原油罐、8 台浓硫酸罐、3 台重油罐和 2 台轻污油罐等共计 23 台不同介质、不同规格的常压储罐进行了声发射检测及评价,表 6.9 为检测结果统计。

表 6.9　储罐声发射检测应用案例结果统计

序号	容积/m³	存储介质	型号规格/mm	投运时间	声发射评价等级
1	20000	原油	$\phi40632\times18290$	29 年	Ⅲ
2	50000	原油	$\phi60160\times19530$	20 年	Ⅲ
3	50000	原油	$\phi60160\times19530$	12 年	Ⅲ
4	3220	浓硫酸	$\phi60000\times19327$	23 年	Ⅰ
5	2800	浓硫酸	$\phi60000\times19323$	23 年	Ⅰ
6	3300	浓硫酸	$\phi60000\times19530$	23 年	Ⅱ
7	1580	浓硫酸	$\phi60000\times19530$	23 年	Ⅱ
8	2800	浓硫酸	$\phi60000\times19530$	20 年	Ⅲ
9	2800	浓硫酸	$\phi60000\times19530$	20 年	Ⅲ
10	2800	浓硫酸	$\phi60000\times19530$	20 年	Ⅱ
11	2800	浓硫酸	$\phi60000\times19530$	20 年	Ⅱ
12	3300	重油	$\phi16600\times15270$	19 年	Ⅲ
13	3300	重油	$\phi16600\times15270$	19 年	Ⅳ
14	3300	重油	$\phi16600\times15270$	19 年	Ⅲ
15	3000	原油	$\phi18584\times12300$	19 年	Ⅲ
16	3000	原油	$\phi18584\times12300$	19 年	Ⅱ
17	3000	原油	$\phi18584\times12300$	19 年	Ⅲ
18	1000	轻污油	$\phi32000\times13224$	18 年	Ⅱ
19	1000	轻污油	$\phi40040\times15830$	18 年	Ⅲ
20	20000	原油	$\phi40000\times21970$	26 年	Ⅲ
21	20000	原油	$\phi40000\times21970$	26 年	Ⅱ

序号	容积/m³	存储介质	型号规格/mm	投运时间	声发射评价等级
22	50000	原油	φ60160×19530	8 年	Ⅱ
23	30000	原油	φ44000×19740	20 年	Ⅳ

Ⅰ级:2 台;Ⅱ级:8 台;Ⅲ级:11 台;Ⅳ级:2 台　　　　　　　　合计:23 台

6.5.2　典型检测应用案例数据分析

检测所用声发射仪器为德国 Vallen 公司的 AMSY-5 型声发射仪,传感器型号为 VS30-V 型谐振式声发射探头,下面给出 9 个典型案例。

1. 2 号 50000m³ 原油储罐

2 号原油储罐的声发射检测结果分别如图 6.23 和图 6.24 所示,其基于时差定位源的 C 值和基于区域定位的 K 值及检测评价结果如表 6.10 所示。

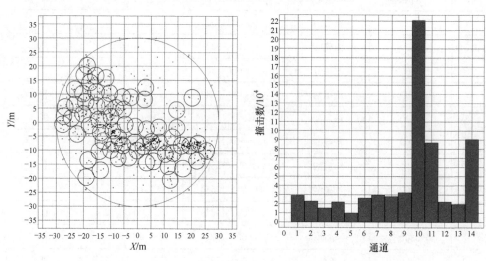

图 6.23　2 号储罐声发射定位源图　　　图 6.24　2 号储罐声发射撞击数分布图

表 6.10　2 号储罐声发射检测评价结果

时差定位 C 值	时差定位源最大级别	区域定位 K 值	区域定位源最大级别	最终级别
3	Ⅱ	500	Ⅲ	Ⅲ

2. 3 号 50000m³ 原油储罐

3 号原油储罐的声发射检测结果分别如图 6.25 和图 6.26 所示,其基于时差定位源的 C 值和基于区域定位的 K 值及检测评价结果如表 6.11 所示。

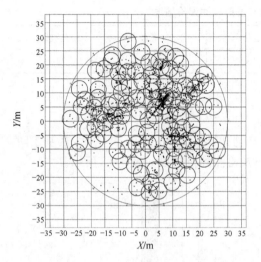

图 6.25　3 号储罐声发射定位源图　　　　　图 6.26　3 号储罐声发射撞击数分布图

表 6.11　3 号储罐声发射检测评价结果

时差定位 C 值	时差定位源最大级别	区域定位 K 值	区域定位源最大级别	检测级别
3	Ⅱ	500	Ⅲ	Ⅲ

3. 8 号 2800m³ 浓硫酸储罐

8 号浓硫酸储罐的声发射检测结果分别如图 6.27 和图 6.28 所示,其基于时差定位源的 C 值和基于区域定位的 K 值及检测评价结果如表 6.12 所示。

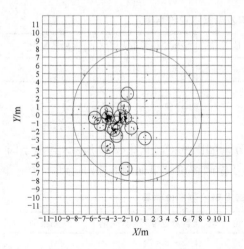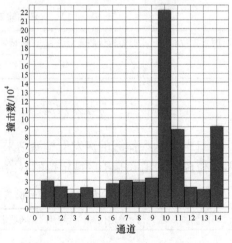

图 6.27　8 号储罐声发射定位源图　　　　　图 6.28　8 号储罐声发射撞击数分布图

表 6.12　8号储罐声发射检测评价结果

时差定位 C 值	时差定位源最大级别	区域定位 K 值	区域定位源最大级别	检测级别
3	Ⅲ	300	Ⅱ	Ⅲ

4. 9号 $2800\mathrm{m}^3$ 浓硫酸储罐

9号浓硫酸储罐的声发射检测结果分别如图 6.29 和图 6.30 所示,其基于时差定位源的 C 值和基于区域定位的 K 值及检测评价结果如表 6.13 所示。

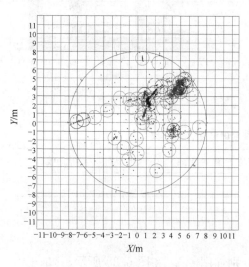 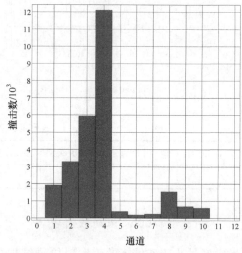

图 6.29　9号储罐声发射定位源图　　　　图 6.30　9号储罐声发射撞击数分布图

表 6.13　9号储罐声发射检测评价结果

时差定位 C 值	时差定位源最大级别	区域定位 K 值	区域定位源最大级别	检测级别
3	Ⅲ	300	Ⅱ	Ⅲ

5. 11号 $2800\mathrm{m}^3$ 浓硫酸储罐

11号浓硫酸储罐的声发射检测结果分别如图 6.31 和图 6.32 所示,其基于时差定位源的 C 值和基于区域定位的 K 值及检测评价结果如表 6.14 所示。

表 6.14　11号储罐声发射检测评价结果

时差定位 C 值	时差定位源最大级别	区域定位 K 值	区域定位源最大级别	检测级别
3	Ⅱ	500	Ⅰ	Ⅱ

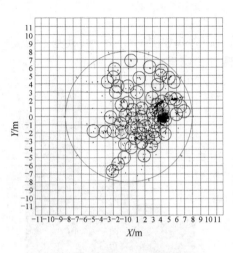

图 6.31　11 号储罐声发射定位源图

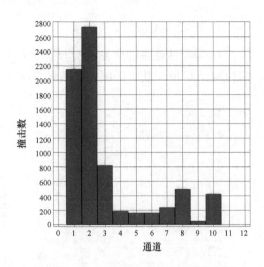

图 6.32　11 号储罐声发射撞击数分布图

6. 15 号 3000m³ 原油储罐

15 号原油储罐的声发射检测结果分别如图 6.33 和图 6.34 所示,其基于时差定位源的 C 值和基于区域定位的 K 值及检测评价结果如表 6.15 所示。

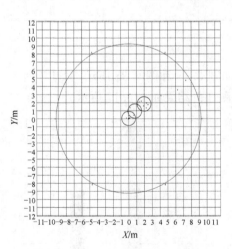

图 6.33　15 号储罐声发射定位源图

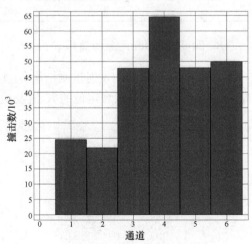

图 6.34　15 号储罐声发射撞击数分布图

表 6.15　15 号储罐声发射检测评价结果

时差定位 C 值	时差定位源最大级别	区域定位 K 值	区域定位源最大级别	检测级别
3	II	500	III	III

7. 16 号 3000m³ 原油储罐

16 号原油储罐的声发射检测结果分别如图 6.35 和图 6.36 所示,其基于时差定位源的 C 值和基于区域定位的 K 值及检测评价结果如表 6.16 所示。

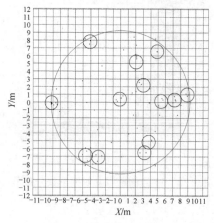

图 6.35　16 号储罐声发射定位源图　　　　图 6.36　16 号储罐声发射撞击数分布图

表 6.16　15 号储罐声发射检测评价结果

时差定位 C 值	时差定位源最大级别	区域定位 K 值	区域定位源最大级别	检测级别
3	II	500	II	II

8. 20 号 20000m³ 原油储罐

20 号原油储罐的声发射检测结果分别如图 6.37 和图 6.38 所示,其基于时差定位源的 C 值和基于区域定位的 K 值及检测评价结果如表 6.17 所示。

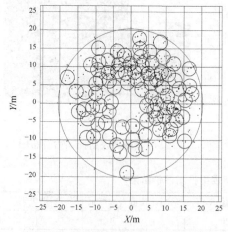

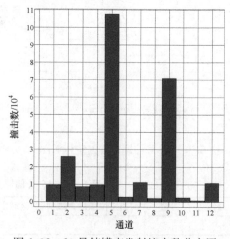

图 6.37　20 号储罐声发射定位源图　　　　图 6.38　20 号储罐声发射撞击数分布图

表 6.17 20 号储罐声发射检测评价结果

时差定位 C 值	时差定位源最大级别	区域定位 K 值	区域定位源最大级别	检测级别
3	Ⅱ	300	Ⅲ	Ⅲ

9. 21 号 20000m³ 原油储罐

21 号原油储罐的声发射检测结果分别如图 6.39 和图 6.40 所示,其基于时差定位源的 C 值和基于区域定位的 K 值及检测评价结果如表 6.18 所示。

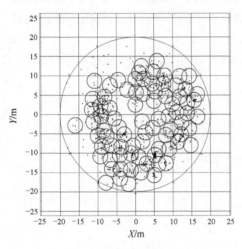

图 6.39　21 号储罐声发射定位源图

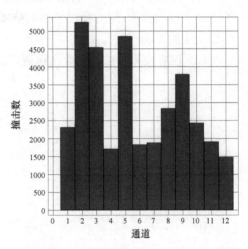

图 6.40　21 号储罐声发射撞击数分布图

表 6.18 21 号储罐声发射检测评价结果

时差定位 C 值	时差定位源最大级别	区域定位 K 值	区域定位源最大级别	检测级别
3	Ⅱ	300	Ⅱ	Ⅱ

6.6　本 章 小 结

本章系统论述了大型常压储罐声发射检测技术研究及应用成果,这些成果包括液体介质中声发射源的定位特性、金属常压储罐底板腐蚀声发射信号特征和常压储罐底板腐蚀声发射检测结果评价方法,并给出了大型常压储罐底板腐蚀声发射检测应用统计分析结果和典型案例的数据,具体总结如下:

(1)声发射检测是适用于大型常压金属储罐底板腐蚀检测的有效方法;储罐底板腐蚀产生的声发射信号是通过液体来传播的,而且可以形成有效的声发射定位源,检测信号的有效频率主要集中在 20~50kHz;储罐底板的腐蚀状况与声发射信号的活性关系密切,与声发射信号的强度关系不大;一般腐蚀的声发射信号幅度在 30～60dB,大于 60dB 的信号较少,而且与氧化物的分开、断裂有关。

（2）对于储罐底板进行的声发射在线检测,其检测结果可以采用声发射源的时差定位分析及分级方法,也可采用声发射源的区域定位分析及分级方法;给出了基于时差定位分析的声发射源的分级与评定区域内每小时出现的定位事件数 E 有关的分级方法和基于区域定位分析的声发射源的分级与每个通道每小时出现的撞击数 H 有关的分级方法。

（3）提出了对声发射检测结果采用Ⅰ、Ⅱ、Ⅲ、Ⅳ、Ⅴ级的分级方法,并且给出了腐蚀状况的评价;同时提出了根据储罐底板声发射检测分级结果确定被检储罐维修次序的方法。

（4）这些检测方法已在全国得到广泛的推广应用,并得到开罐检测验证。

第7章　压力管道泄漏声发射检测技术研究及应用

管道输送是与铁路、公路、水运、航空并列的五大运输行业之一,它作为一种特殊设备越来越广泛用于石油、化工、化肥、电力、冶金、轻工、医药等各工业领域和城市燃气、供热系统,几乎一切流体在其生产、加工、运输及使用过程中都使用压力管道。据1998年的报道,世界上共有长输管道230多万km,美国有长输管道96万km,城市燃气管道196万km。据2011年的统计,我国拥有压力管道总计83.68万km,其中长输管道13.50万km,工业管道30.98万km,公用管道9.20万km,集输管道30.00万km。虽然我国压力管道量大面广,但与世界上主要工业化国家相比仍有很大差距,可以预计,随着我国经济的持续发展,以及天然气长输管道和大中城市燃气工程的建设,我国管道拥有量必将大大增加,其安全问题至关重要。

在所有管道中,城市埋地燃气管道与人们的日常生活最紧密相关,因此又称之为城市生命线。由于城市埋地燃气管网输送介质具有易爆、易燃、有毒等危险特性,一旦发生失效破坏,往往造成巨大经济损失,甚至导致灾难性事故,威胁人身安全和破坏生态环境。

我国现有7万多km的城市埋地燃气输送管道,其中有40%已运行20年左右,不少管道已进入事故高发阶段。由于管线的老化、不可避免的腐蚀、自然或人为损坏等因素,管道泄漏事故频频发生,曾多次发生由泄漏引发的恶性事故。城市燃气管道常埋在地下,因此使泄漏检测变得困难。如果泄漏得不到及时发现并加以制止,不仅造成能源浪费、经济损失,而且可产生爆炸、火灾、环境污染等灾难性事故,造成巨大的生命和财产损失。然而,目前我国在城市埋地燃气管道检测监测技术方面非常落后,在泄漏检测方面,没有能够快速确定埋地管道泄漏部位的技术和仪器,有些管道一旦发生泄漏,往往需要花费大量的物力、人力和时间来寻找泄漏点,为管道的安全运行带来事故隐患。

本章针对我国城市埋地燃气管道泄漏检测的现状、存在问题和市场需求,开展埋地燃气管道泄漏声发射检测技术研究,提出城市埋地燃气管道连续泄漏声信号相关分析定位技术,研制便携式埋地燃气管道泄漏点定位检测仪器,填补国内空白,以提高我国埋地燃气管道检测技术水平。

7.1　压力管道泄漏检测监测技术国内外研究现状

压力管道泄漏是影响长输管道平稳运行的重大安全隐患。根据泄漏量的不同，管道泄漏一般分为小漏、中漏、大漏。小漏也称砂眼，泄漏量低于正常输送量的3%，主要是由于管道防腐层被破坏，管壁在土壤电化学腐蚀作用下出现锈点，腐蚀逐渐贯穿整个管壁的现象。中漏的泄漏量在正常输送量的3%～10%。大漏的泄漏量则大于正常输送量的10%。在管道运营中，由于倒错流程、阀门误动作等原因可能使干线超压造成管道泄漏。近年来，犯罪分子打孔盗油也成为管道泄漏的主要原因之一。据统计，自1998年以来在中国石油管道公司管辖的范围内，累计发生打孔盗油盗气案件将近300起。及时、迅速发现管道泄漏并准确判定泄漏点是管线平稳安全运行的当务之急。

从压力管道泄漏检测的实时性和连续性，可将压力管道泄漏分为监测和检测技术。泄漏监测主要是对管道从无泄漏到发生泄漏过程的监测，一般采用固定装置对管道进行实时监测，一旦发生泄漏就发出警报；泄漏检测一般采用移动式的仪器设备进行，一种是进行定期检验发现已经产生和有可能产生泄漏的部位，另一种是管道已发生泄漏，采用仪器发现管道的泄漏点。以下对国内外有代表性的管道泄漏检测监测技术进行综述。

7.1.1　压力管道泄漏外检测技术

检测人员直接或使用检测仪器从管道外部进行的检测通称为外检测技术。管道外检测设备因价格相对较为便宜，操作较为方便，已得到广泛应用。目前，国内管道外检测技术基本上达到先进发达国家水平，但在缺陷准确定位、合理指导大修方面尚有较大的差距。在实际工作中应用较为广泛的外检测技术主要包括人工巡线法、超声波泄漏检测技术和声波法检测技术等。

1. 人工巡线法

人工巡线法在国内外均得到广泛应用。国外公司开发出一种航空测量与分析装置。该装置可装在直升机上，对管道泄漏进行准确判断。我国通常是雇佣巡线员沿管道来回巡查，虽与发达国家有较大差距，但针对我国国情来说，也是切合实际的。

2. 超声波泄漏检测技术

如果一个管道或容器内充满气体，当内部压强大于外部时，由于内外压差较大，一旦有漏孔，气体就从漏孔冲出。当漏孔尺寸较小且雷诺数较高时，冲出气体就会形成湍流,湍流在漏孔附近会产生一定频率的声波,声波振动的频率与漏孔尺寸有关,漏孔较大时人耳可听到漏气声,漏孔很小且声波频率高于 20kHz 时,人耳听不到,但它们能在空气中传播,被称为空载超声波。超声波是高频短波信号,其强度随着传播距离增加而迅速衰减,具有指向性。利用这个特征,即可判断出泄漏位置。当对输气管道进行实时检查时,可单独捕捉气体泄漏时所产生的微小的超声波信号,即可判断出正确的泄漏位置。

该方法经济、方便,易于安装维护,定位准确,是改善环境、节约能源的有力工具,但易受周围环境噪声影响。SunPark Industrial Automation Technology 公司的 R-0501 型超声波泄漏检测仪可对空气、煤气、蒸气以及液体等的输送管道以及各种设备的泄漏进行检查。

3. 声波法检测技术

压力管道泄漏所产生的声发射信号是广义的声发射信号,管壁本身不释放能量,而只是作为一种传播介质。泄漏过程中,在泄漏点处由于管内外压差,使管道中的流体在泄漏处形成多相湍射流,这一射流不仅使流体的正常流动发生紊乱,而且与管道及周围介质相互作用向外辐射能量,在管壁上产生高频应力波。该应力波携带着泄漏点信息(泄漏孔形状和大小等)沿管壁向两侧传播,贴装在管道外壁的声波传感器可监测到泄漏声信号的大小和位置。没有泄漏发生时,声波传感器获得的是背景噪声;当有泄漏发生时,产生的低频泄漏声信号容易从存在的背景噪声中区别出来。如采用两个以上的传感器,通过相关分析可对泄漏源定位。这种方法的优点是检测速度快、成本低、环境适应性强;缺点是检测距离短,两个传感器的间距为 100~300m。

管道泄漏声发射信号是一种连续型信号,频带范围主要分布在 1~80kHz。管道泄漏时产生的声发射信号具有以下特点:①泄漏声发射信号是由管中流体介质泄漏时与管道及周围介质相互作用激发的,是一种连续型信号,因此检测仪器不需要采用较高的采样率;②泄漏声发射信号沿管道向上、下游传播,接收并分析该信号,可以获得泄漏源大小位置等信息;③泄漏声发射信号受诸多因素的影响,如泄漏孔径大小和形状以及介质压力、管道周围介质、环境噪声等,因此声发射信号本质上属于一种非平稳随机信号;④根据导波理论,泄漏声发射信号具有多模态特性,并且在管道内传播时存在频散现象。

基于波形互相关时差计算的定位方法是管道泄漏声发射源定位的重要方法之一,其定位公式为 $X = L/2 + (t_1 - t_2)v/2$,如图 7.1 所示,其中 L 为管道长度,t_1 和 t_2 为信号分别传到上游和下游的时间,v 为泄漏声信号沿管壁的传播速度,X 为泄漏位置。t_1、t_2 和 v 的准确程度直接影响到泄漏定位精度。

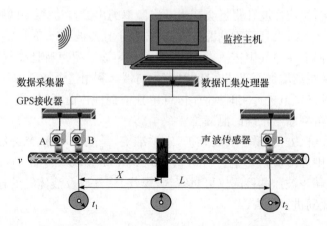

图 7.1　声波法管道泄漏检测定位原理图

　　这类仪器操作简单、使用方便、检测速度快、成本低,能识别较小泄漏。泄漏识别和定位受多种因素影响,检测距离短,两传感器的间距一般不超过 300m。该方法可用于所有埋地管道的泄漏判断和定位。近年来,学术界发表了大量针对声发射泄漏检测的研究论文,内容主要集中在不同类型管道的泄漏声信号采集探头的研制、泄漏声信号分析方法以及泄漏点定位方法的研究。

　　模态声发射(modal AE)是声发射技术与导波理论相结合发展起来的声发射检测新技术。这种理论认为,声发射源信号是由许多模式的波组成,不同模式的波在传播介质中的传播速度和频率都各不相同,通过选用分辨率高的宽带传感器探测声发射信号,通过分离声发射信号的每一个组成模式的信号,并对其进行分析,从而提取出与声发射源相关的模式信号,获取声发射源特征信息。根据模态声发射理论,利用管道中导波传播的频散特性,在提取单一模态导波基础上进行互相关时差计算,能够有效地提高定位精度。国内外对于模态声发射在管道泄漏检测方面的应用目前还停留在试验研究阶段,提出了多种试验方案,但这些方案只是针对问题的某些方面,并没形成一整套完善的、有效的检测管道泄漏的方法。

　　目前,国内外开发的声波泄漏检测仪主要适合水等液体介质,典型的泄漏检测仪有英国 RADCOM 公司的 SoundSens"i"多探头相关仪、德国 SEBA KMT 公司的 Correlux 多功能相关仪、英国帕尔玛公司的 MicroCALL＋漏水噪声相关仪和瑞士 Gutermann 公司的 Aquascan700 相关泄漏检测仪。对于气体管道,国内外产品较少。据报道,瑞士 WAGMET 公司的 LOG3000 泄漏相关仪能用于燃气管道泄漏检测,但实际应用效果较差。这些仪器的性能参数如表 7.1 所示。

表 7.1 声波泄漏检测仪性能参数

性能项目	多探头相关仪 SoundSens"i"（英国）	多功能相关仪 Correlux（德国）	漏水噪声相关仪 MicroCALL＋（英国）	相关泄漏检测仪 Aquascan700（瑞士）	泄漏相关仪 LOG3000（瑞士）
适用对象	输水管道为主	输水管道为主	输水管道为主	输水管道为主	输水管道和燃气管道
检测距离	两传感器间距在 100m 左右，可配置多套	两传感器间距在 100m 左右	两传感器间距在 100m 左右	两传感器间距在 100m 左右	两传感器的间距最远可达 1000m
检测灵敏度	钢质管道,管径为 200mm,压力为 0.2MPa 时,泄漏孔的流量为 0.01t/h	钢质管道,管径为 200mm 时,压力为 0.2MPa 时,泄漏孔的流量为 0.01t/h	与管材、管径、管内压力、泄漏孔形状等因素有关	与管材、管径、管内压力、泄漏孔形状等因素有关	与管材、管径、管内压力、泄漏孔形状等因素有关
显示的实时性	数据通过 USB 传到计算机,通过配置的软件分析可显示检测结果	相关仪主机 DKP-1 显示器可实时显示检测结果	相关仪主机 DigiCALL 可实时显示检测结果	相关仪主机 Aquascan700 可实时显示检测结果	笔记本电脑分析后可显示检测结果
数据传输方式	主机通过 USB 连接计算机,主机探头通过红外线通信,主机间通过 9 针 RS232 通信	无线通信	UHF 数字无线通信	无线通信	无线通信
频率	0～5kHz	0～5kHz	0～5kHz	0～5kHz	0～3kHz
泄漏点定位方式及精度	相关定位,两探头间距为 100m 时,定位误差小于 2m	相关定位,两探头间距为 100m 时,定位误差小于 2m	相关定位,两探头间距为 100m 时,定位误差小于 2m	相关定位,两探头间距为 100m 时,定位误差小于 2m	相关定位

7.1.2 压力管道泄漏内检测技术

压力管道内检测技术是将各种无损检测设备放在管道内部进行检测。随着科学技术的发展,管道检测机器人(又称为管道猪)在管道检测中得到较为广泛的运用,其检测是在管道运行过程中进行。目前,美国、英国、法国、德国等已开发出很成熟的产品,近年来我国也已开发出有关管道机器人样机,并在检测中得到成功应用。管道机器人是一种可在管道内行走的机械,可以携带一种或多种传感器,在操作人员的远端控制下进行一系列的管道检测作业,是一种理想的管道自动化检测装置。一个完整的管道机器人应当包括移动载体、视觉系统、信号传送系统、动力系统和控制系统。管道机器人的主要工作方式为:在视觉、位姿等传感器系统的引导下,对管道环境进行识别,接近检测目标,利用超声波传感器、漏磁通传感器、涡流传感器等多种检测传感器进行信息检测和识别,自动完成检测任务。其核心组成为:管道环境识别系统(视觉系统)和移动载体。目前,国外的管道机器人技术已经发展得比较成熟,它不仅能进行管道检测,还具有管道维护与维修等功能,是一个综合的管道检测维修系统。

1. 漏磁通检测技术

漏磁通(magnetic flux leakage,MFL)检测技术主要用于管道的腐蚀缺陷的检测,漏磁式管道腐蚀检测设备的工作原理是利用自身携带的磁铁,在管壁圆周上产生一个纵向磁回路场。如果管壁没有缺陷,则磁力线封闭于管壁之内,均匀分布。如果管内壁或外壁有缺陷,磁通路变窄,磁力线发生变形,部分磁力线将穿出管壁产生漏磁。漏磁场被位于两磁极之间的紧贴管壁的探头检测到。最终为管道业主提供管道上所有缺陷和管件的里程、距最近参考点的距离、周向位置、距上下游环焊缝的位置、缺陷的深度、轴向长度等信息。目前,漏磁检测技术被广泛地应用在长输管道、炼油厂管网、城市管网和海底管线的检测上。

由于漏磁信号和缺陷之间是非线性关系,管壁的受损情况需通过检测信号间接推断出来,其检测精度相对于超声波检测法较低,适用于最小腐蚀深度为 20%～30%壁厚的腐蚀状况检测。该方法要求传感器与管壁紧密接触,由于焊缝等因素的影响,管壁凹凸不平,使上述要求有时难于达到。同时,由于在测量前必须将管壁磁化,漏磁通法仅适合薄管壁,不适合厚管壁的检测。但是由于其价格低廉,检测精度能满足我国大部分地区的要求,目前在我国使用较多。

2. 涡流检测技术

涡流检测技术主要是用于检测管壁内表面的裂纹、腐蚀减薄和点腐蚀等,是目前采用较为广泛的管道无损检测技术,分为常规涡流检测、透射式涡流检测和远场涡流检测。常规涡流检测受到趋肤效应的影响,只适合于检测管道表面或者近表面缺陷,而透射式涡流检测和远场涡流检测则克服了这一缺陷,其检测信号对管内外壁具有相同的检测灵敏度。其中,远场涡流检测具有检测结果便于自动化检测(电信号输出)、检测速度快、适合表面检测、适用范围广、安全方便以及消耗的物品最少等特点,在发达国家得到广泛的重视。

由于温度、探头的提离效应、裂纹深度以及传感器的运动速度等均对涡流检测信号有一定的影响,而且由于远场涡流检测很难由检测信号直接确定缺陷种类,因此需要考虑对压力管道涡流检测信号的各种影响因素,才能取得较好的检测效果。

3. 超声波检测技术

超声波检测技术利用超声波直探头发射超声波,根据管道内外壁反射波的时间差来检测壁厚及腐蚀情况。相对于漏磁通检测技术而言,其具有直接和定量化的特点,其数据损失可由相关的软件得到补偿,所以具有较高的精度。但缺点是由于受超声波波长的限制,该检测法对薄管壁的检测精度较低,只适合厚管壁,同时对管内的介质要求较高。当缺陷不规则时,将出现多次反射回波,从而对信号的识别和缺陷的定位提出了较高要求。目前超声波检测的发展方向主要为提高对细小缺陷的检测精度和提高对伪信号的识别能力。

由于超声波的传导必须依靠液体介质,且容易被蜡吸收,所以对含蜡高的油管线进行检测,具有一定局限性。由于从发射器到管壁之间需要均相液体作为声波传播媒介,所以用于天然气管道时,需要在一个液体段(通常为凝胶)的两端运行两个常规清管器,将超声波检测器放入液体段中运行。日本钢管株式会社(NKK)研制的超声波检测清管器能再现管道壁厚和管道内壁表面的图像,探测焊缝腐蚀,检测腐蚀深度为管壁厚度的 10%。该公司研制的不需要耦合剂(即能用于天然气管道)的轮式干耦合超声波检测器,在试验中取得了满意效果,目前正在开发可用于长距离天然气管道的检测器。

4. 激光检测技术

激光检测技术只能适用于气体管道的内部检测,主要是检测管道内部的腐蚀和变形,它的发展基于现代光学、微电子学和计算机技术,测量系统主要包括激光扫描探头、运动控制和定位系统、数据采集和分析系统三个部分,利用了光学三角测量的基本原理。与传统的涡流法和超声波法相比,激光轮廓测量技术具有检测效率高、检测精度高、采样点密集、空间分辨力高、非接触式检测,并可提供定量检测结果和被检管道任意位置横截面显示图、轴向展开图、三维立体显示图等优点。

但是激光检测方法只能检测物体表面,要全面掌握被测对象的情况,必须结合多种无损检测方法,取长补短。目前,已研究出将激光轮廓测量法与漏磁通或超声法结合的管道检测系统。

7.1.3　压力管道泄漏监测技术

随着自动化仪表、计算机技术的深入发展,各种压力管道泄漏动态监测技术也相继出现,如压力点分析法、特性阻抗检测法、压力波法、流量差监测法、流量平衡法、SCADA 系统法、负压波检测法和分段试压法等。泄漏监测技术采用固定的装置(布置在管道内部的传感器)对管道从不泄漏到发生泄漏这一过程进行实时监测。

1. 特性阻抗检测法

特性阻抗检测法采用由特性电阻为元件的传感器构成的检漏系统,可随时检测到管道微量原油的泄漏情况。其传感器采用多孔聚四氟乙烯树脂作为探测元件,这种材料导电率、绝缘阻抗热稳定性好,不易燃烧,化学稳定性好,当漏油渗入后,其阻抗降低,从而达到检漏目的。

2. 流量平衡法

流量平衡法基于管道中流体流动的质量守恒原理。管道在无泄漏的稳定流动情况下,考虑到由温度、压力等因素造成管道填充体积或质量的改变,一定时间内出入口质量或流量差应在一定范围内变化。当泄漏程度到达一定量时,入口与出口就形成明显的流量差。检测管道多点的输入和输出流量,并将信号汇总构成质量流量平衡图,根据图像变化特征就可确定泄漏的程度和大致位置。

这种方法简单、直观、可靠性高。但介质沿管道运行时,其温度、压力和密度可能发生变化,管道内可能顺序输送不同介质,管道沿线进出支线较多,这些因素使管道流体状态及参数复杂,影响管道计量的瞬时流量,容易造成误报或漏报。该方法不能定位,对小泄漏的敏感性较差,因此需要和其他方法配合使用。该方法适用于液体和气体管道。

为了提高检测精度和灵敏度,人们改进了基于时点分析的质量流量平衡法,提出了动态质量流量平衡法。流量计的精度以及管道内充装介质余量的估计误差是动态质量流量平衡法的两个关键因素。流量计流量测量误差的减小可显著提高用动态质量流量平衡原理检漏管道的精确性,为此可以采用拟合流量计流量误差曲线的方法,对流量计进行精度补偿,对流量计的计量精度进行实时在线校正,从而提高流量计精度。

目前美国 Controlotron 公司推出的 1010LD 检漏系统应用质量平衡法进行泄漏报警和漏点定位。适用管道长度为 161km(100mile),漏点定位精度为 10m。1010DN 型超声波流量计适用管道长度最长为 300m,精度为 0.5%。EFA 公司和 EnviroPipe Applications 公司基于质量流量平衡法分别开发了 LeakNetTM Package 系统和 LeakTrack 200 系统。英国 Micronics 公司的 U2000 在线式超声波流量计漏点精度为 1%或±0.02m/s 中的较大者(流体的雷诺数大于 4000),现场校准后精度可达到 0.5%。

中国石油大学(北京)综合应用负压波和质量流量平衡法开发了 PLDS 2.0 原油成品油管道泄漏监测系统,在西部原油管道和成品油管道上进行了成功的应用,两传感器的监测管道长度达到 300km,定位误差不超过管线长度的 1.5%。天津大学也采用压力流量联合分析法开发了原油管道泄漏监测系统。目前,已在我国 7000 多 km 的长输输液管道上安装了国产管道泄漏监测与定位系统,取得了较好的应用效果。

3. SCADA 系统法

SCADA 系统即监控和数据采集系统。利用计算机技术收集现场数据,通过通信网传送到监控中心,在监控中心监视各地运行情况并发出指令对运行状况进行实时监控,SCADA 系统法包括瞬变模型法和统计决策法。

瞬变模型法建立管内流体流动的数学模型,在一定边界条件下求解管内流场,然后将计算值与管端的实测值相比较。为提高检测的灵敏度及精度,可在监测管道内增加若干传感器。在泄漏定位中使用稳态模型,根据管道内的压力梯度变化可以确定泄漏点的位置。该方法能很好地对多相流管道进行泄漏检测,能够检测到泄漏量小于总流量 1% 的泄漏。

该方法适用于气体和液体管道的泄漏监测。但该方法需要大量的设备进行数据采集,以及全天的 SCADA 技术支持,对压力、流量、密度等传感器的精度要求较高,且需要大量的测量仪表、人员培训和系统维护,费用较高。误报警率高是瞬变模型法在实际应用中一个难以解决的问题。但该方法漏点定位精度高,并具有决策控制功能。

现有管道的 SCADA 系统所包含的模拟仿真系统软件,不仅能对管道运行工况进行模拟,还能对管线泄漏进行报警和定位。SCADA 系统是基于计算机的通信系统,具有管道参数的监视、处理、传输和显示的综合功能。SCADA 系统的综合功能被工程界认为是目前最有前景的管道监测控制方法。

Criticalcontrol Solutions 公司的 LeakWarn Classic 系统,在静态或瞬态状况下具有良好的检漏能力。东北管道设计院与清华大学自动化系合作研制成功的输油管道泄漏计算机实时监测系统最小检漏量为总流量的 0.5%,最大定位误差为被监测管道长度的 2%,反应时间小于 180s。

统计决策法不是利用数学模型来计算管道的压力或者流量,而是探测压力和流量关系的变化。不同管道系统的操作控制和运行状态是不同的,但当一条管道发生泄漏后,管道的压力和流量的关系一定会发生变化。该方法采用顺序概率测试假设检验的统计分析方法和模式识别技术对实测的流量和压力值进行分析,从实际测量到的信号中实时计算泄漏发生的置信概率,在实际统计时输入和输出的质量流通过流量变化来平衡。在输入与输出的流量和压力均值之间会有一定的偏差。通过计算标准偏差和检验零假设,对偏差的显著性进行检验,以判断是否出现故障。泄漏发生后,采用最小二乘算法进行定位。

该方法较好地解决了误报警,且不用建立复杂的管道模型,降低了计算量,对工况条件变化的适应能力非常好。缺点是对仪器的精度要求较高,对气体管道泄漏的响应时间较慢,且需要流量信号,设备的购买和维护费用高。泄漏检测精度受仪表精度影响较大,定位精度较差。该方法对气体、液体和多相流管道都适用。

荷兰皇家壳牌(Shell)石油公司基于统计决策法开发了 ATMOS PIPE 管道泄漏监测系统,该系统具有记忆功能,可以把因工况运行条件的改变而变化的变量记录下来,所以在运行条件变化时系统仍然能够适用。利用该方法在 Shell 公司的几条管线上进行了测试,在一条长 40km 的低压乙烯管道中可以在 3h 内检测到 3‰的泄漏量,在另外一条 73km 的含硫的输气管道中可以在 2h 内检测到 0.7%的泄漏量。在检测过程中人为地不断改变工况条件,也没有误报警发生,说明该系统具有较好的适应能力。在其监测的管道中,管道长度最短的为 3km,最长的为 1250km;管道直径最小的为 4in(1in=2.54cm),最大的为 48in。

4. 负压波检测法

当管道发生泄漏时,泄漏处因流体物质损失而引起局部流体密度减小,产生瞬时压力降和速度差。这个瞬时的压力降以声速沿管道向泄漏点的上下游处传播。当以泄漏前的压力作为参考标准时,泄漏产生的压力降就称为负压波。该波以一定速度自泄漏点向两端传播,布置在管道上下游的压力传感器可捕捉到这一瞬态的压力下降信号,根据上下游压力传感器接收到此压力信号的时间差和负压波的传播速度就可以确定泄漏点。利用负压波传到两端传感器的时间差和传播速度进行定位。负压波沿管道衰减,衰减速度与管道沿线阻力因数有关。

图 7.2 为负压波定位原理图,设泄漏点距管道 A、B 两端的距离分别为 L、$D-L$,管道总长度为 D,负压波在管道中的传播速度为 a,负压波由泄漏点传递到两端的时间分别为 t_1、t_2,则波动源与管道 A 端的距离 L 为

$$L=\frac{D}{2}+\Delta t \cdot \frac{a}{2} \tag{7.1}$$

式中,$\Delta t = t_1 - t_2$。从上式可以看出,负压波传播到上下游传感器的时间差的确定和管内负压波速的确定是瞬态负压波定位方法的关键。

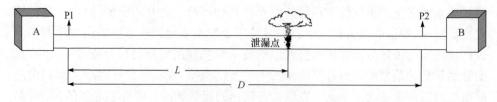

图 7.2　负压波定位原理图

该方法是一种灵敏、准确的泄漏检测和定位方法,不需要流量信号,不用建立

数学模型。但要求泄漏发生是快速的、突发性的,对于缓慢泄漏和小泄漏,该方法无效,且不能用于已发生泄漏的检测。该系统抗干扰能力差,对于干扰工况,易误报警。对于顺序输送的长输管道,由于工况操作比较频繁,易误报警,一般需要结合其他方法来提高泄漏识别的准确率。该方法适用于输液管道,对于输气管道检测效果较差。负压波对大量突然的泄漏敏感,对直管道的泄漏定位较准确。

国内外对负压波泄漏检测技术进行了大量的研究,主要集中在负压波信号降噪处理、泄漏信号识别和泄漏点的定位。信号降噪处理方法的研究主要有自适应滤波法、小波降噪法、延时相减降噪法、奇异值分解降噪等;泄漏信号识别的研究主要有模式识别、模糊聚类、人工神经网络、仿射变换、信息融合等;泄漏点定位的研究主要包括时间差的精确计算和负压波速的修正。

目前在国内,负压波法在输油管道上进行了多次试验,并进行了成功的应用,但在输气管道上的试验和应用较少。其中,猎隼 SAKER-II 型输油管道泄漏报警及定位系统操作简单,可实时动态显示两站的流量、压力数据和曲线,并能对数据进行检索,当发生泄漏时,可自动报警且报警后可手动定位核实。清华大学基于负压波法开发了 PLSS 3.0 管道泄漏监测系统。Tracer Research 公司基于负压波法开发了 LeakLoc 系统。

5. 压力点分析法

压力点分析法通过对管道某点当前压力信号与其发展趋势比较,通过软件分析确定是否泄漏。当管道处于稳定状态时,压力、速度和密度分布不随时间变化,一旦发生泄漏时泄漏点由于物质损失发生压力骤降,破坏原有稳态,管道开始向新的稳态过渡。在此过程中产生沿管道以声速传播的扩张波,引起管道沿线各点的压力变化,并将失稳瞬态向前传播。该方法在管道沿线设点检测压力,采用统计方法分析检测值,提取出数据变化曲线,并与管道正常运行时的曲线比较。如果现行状态曲线脱离其特有形式,表明有泄漏。

压力点分析法使用简便、安装迅速,可检测气体、液体和某些多相流管道泄漏,对气体管道泄漏响应时间较快。缺点是不能检测微渗漏,无法定位,对泄漏量的评估能力比较差。

Osbert 公司采用压力点分析法和流量平衡法开发出了一套泄漏检测系统,在 12min 内检测到孔径为 6.35mm 的泄漏。美国谢夫隆管道公司将压力点分析法作为其 SCADA 系统的一部分,能够在 10min 内确定 $0.19m^3/min$ 的泄漏。

6. 分段试压法

分段试压法通过沿管道分段关闭截断阀门,观测关闭段压力下降的变化,从而判断泄漏的程度和位置。美国管道运输部制定的管道安全规则要求,对全部新建管道在首次运行以前和对管道改线、更换管段后重新运行以前都要进行这种试验。因检测时需要管道分段停运而影响了正常生产,而且不能及时准确定位检测,长输管道检测工作量较大,检测时间较长,所以这种方法无法用于实时监测管道运行工况。

7.1.4　压力管道泄漏检测监测技术发展趋势

自 20 世纪 70 年代以来,国内外在压力管道泄漏检测监测技术方面的研究工作不断进行,尝试各种新的方法和手段。从简单的人工分段沿管线巡检发展到较为复杂的监测与检测相结合的方法,提高了管道泄漏检测的灵敏度和定位精度。压力管道泄漏监测检测技术较多,但由于管道类型(长输管道、集输管网、输配管道等)、输送介质类型(原油、成品油、天然气、水、多相等)和所处环境的多样性,使得没有任何一种泄漏监测检测方法适用于所有管道。

目前,对于长输管道,一般采用泄漏监测技术。长输原油和成品油管道主要采用负压波检测法、质量流量平衡法、瞬变模型法或声波法;长输天然气管道主要采用声波法。对于油气田集输管网、城市输水管网、城市输配气管网,一般采用泄漏检测技术。输液管道主要采用基于声波法的相关泄漏检测仪;输气管道主要采用空气采样法。

为了满足不同复杂管道系统诊断的要求,随着计算机技术、网络技术及人工智能的进一步发展,埋地管道泄漏诊断技术将进入远程与本地相结合、监测与检测相结合、多种技术相结合、检测技术法规标准化的综合诊断技术阶段:

(1)远程与本地相结合。随着计算机网络技术、管网建设技术和管线的数据采集与监控技术的日趋完善,对管道泄漏故障的本地与远程诊断相结合将是今后管道在线监测与泄漏诊断系统的发展趋势。对于泄漏特征比较明显的泄漏事件,采用本地泄漏诊断系统快速得出结论;对于泄漏特征模糊的泄漏事件,如缓慢泄漏和渗漏等情况,采用远程泄漏诊断系统,利用多个监测点的信息,综合历史数据、管道运行状态的发展趋势,做出合理的评判。

(2)监测与检测相结合。随着管道工业的不断发展,公众对环境的要求越来越高,对管道泄漏诊断和定位要求也越来越高,泄漏检测技术和监测技术在很多方面都有互补性。泄漏检测方法有很高的定位精度和较低的误报警率;泄漏监测技术能实现实时在线监测,及时给出报警信号。SCADA 系统不仅能为泄漏检测提供数据源,而且能对管道的运行状况进行监控,是管道自动化的发展方向。单一的诊断系统并不经济,因此管道泄漏诊断将具有检测与监测结合、诊断系统与 SCADA 系统相结合的发展趋势。

(3)多种技术相结合。由于管道特性、输送介质、运行环境及管道监控系统通信能力的多样性,使得单一方法很难满足管道泄漏检测要求,这就需要将多种技术相结合。因此,应综合考虑各种技术的特点和管道的实际情况,确定管道泄漏诊断与定位方法的最佳组合方案,对管道泄漏进行及时、准确的识别和精确定位,确保管道的安全运行,更好地保护和改善环境,保障人们的生命财产安全。

(4)检测技术法规标准化。管道的泄漏检测是管道完整性检测和评价的重要内容。目前,管道泄漏检测的相关法规标准只有一项关于漏水检测的标准,即CJJ 92—2002《城市供水管网漏损控制及评定标准》。因此,应加强对各种泄漏检测技术的技术难点、可行性和适用性的深入研究,并制定相应法规标准。

7.2　管道泄漏点定位的理论基础

管道产生泄漏是因为管道因材料腐蚀老化或其他外力作用产生裂纹或者腐蚀穿孔,而因管道内外存在压力差使管道中的流体向外泄漏。其中流体通过裂纹或者腐蚀孔向外喷射形成声源,然后通过和管道相互作用,声源向外辐射能量形成声波,这就是管道泄漏产生声波的现象,也称为广义的声发射现象。通过捕捉这种声发射现象可以对管道的泄漏进行检测。本节构造了一个物理模型对埋地燃气管道泄漏声发射信号产生机制做出了合理的解释,从而得到一种新的有效检测方法。

7.2.1　管道泄漏的物理模型

管道泄漏的声发射源物理模型如图 7.3 所示。裂纹和腐蚀孔被理想化成直径为 D 的圆喷口,通过圆喷口的泄漏形成充分喷射的泄漏声发射区。该模型将声发射区分成三个区域:混合区、过渡区和充分发展区。混合区的延伸距离为 D 的 4~4.5 倍,过渡区大致扩展到 D 的 10 倍。

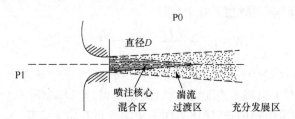

图 7.3　管道泄漏的声发射源模型图

已开展的研究显示,沿泄漏表面,泄漏口附近声压较低,在 3~4 倍 D 的距离内迅速增加到极大值,以后又慢慢降低,泄漏声音大部分来自混合区和过渡区的湍流运动,高频噪声主要是在喷口附近生产的,低频噪声在下游产生,频谱峰在混合区的尖端附近产生。通过试验表明,泄漏声发射的频谱具有宽频带噪声的特性,模型与实际的泄漏情况是相当符合的。

图 7.4 为在模拟试验环境下通过宽带传感器所采集到的泄漏信号的频谱图。

从图中可以看出,管道泄漏信号的能量主要分布在 0~30kHz,并且在0~20kHz集中分布。通过对泄漏信号宽带频率的研究,有利于进一步了解泄漏信号的特征,为管道泄漏声发射专用传感器的研发提供有力的依据。

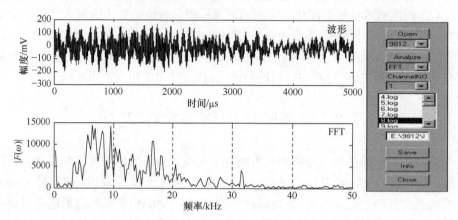

图 7.4　管道泄漏信号的频谱图

流体通过泄漏口的喷流性质有一个临界状态。当管道内外泄漏的流体压力(或驻点)之比为 1.893 时,泄漏速度将达到局部声速,进一步提高压力不能使泄漏速度继续增加,流体泄漏被阻塞,此时将产生冲击声。一般冲击声比湍流声高10dB 以上,若泄漏口不光滑、厚度小,就可使之大大降低。考虑工程实际的状态,因此泄漏湍流和冲击声部分都具实际的应用意义。下面讨论泄漏湍流和压力的关系。

Lighthill 分析了气流均匀、无障碍物即无单偶极子声源,而只有四极子声源情况下湍流噪声功率满足速度八次方定律:

$$W = K_v \frac{\rho^2 v^8 D^2}{\rho_0 C_0^3} = K_v \rho^2 v^3 D^2 M^5 / \rho_0 \tag{7.2}$$

式中,K_v 为常数,约为$(0.3~1.8) \times 10^{-4}$,上式适用于亚声速泄漏。

试验证明,对于阻塞式泄漏,虽然泄漏速度保持局部声速不变,但噪声仍要增大。而且速度测量也很困难,用压力作为泄漏参量有如下关系:

$$W = K_p \frac{(p_1 - p_0)^4 D^2}{(p_1 - 0.5 p_0)^2 p^2} \tag{7.3}$$

试验表明,实际有效的压力比范围为:$1/100 < (p_1 - p_0)/p_0 < 100$。令 $R = p_1 / p_0$,则距泄漏点沿 $90°$ 方向 1m 处的声压级为

$$L_p = 80 + 20 \lg \frac{(R-1)^2}{(R-0.5)^2} + 20 \lg \frac{D}{D_0} \quad (\text{dB}) \tag{7.4}$$

若泄漏口的湍流速度是泄漏速度的 1/10,式(7.2)和式(7.3)在亚声速时相

等,此时

$$\frac{v}{v_c}=\frac{1}{10}\frac{\sqrt{1.322(p_1-p_0)}}{\sqrt[4]{(p_1-0.5p_0)p_A}} \tag{7.5}$$

式中,p_A 为泄漏口压力,当 $p_1>\left(\frac{\nu+1}{2}\right)^{\frac{\nu}{\nu-1}}p_0$ 时(此时泄漏处于阻塞状态),$p_A=\left(\frac{2}{\nu+1}\right)^{\frac{\nu}{\nu+1}}p_1$,否则 $p_A=p_0$,其中 ν 为气体比热比。上式解释了在一个相当的压力范围内,湍流速度随驻压增加而不断增加,因而泄漏声发射信号继续增加。

7.2.2　管道泄漏声波传播的数学模型

管道泄漏声源向外辐射能量,其传播媒介包括空气或水以及其他包绕管道的介质(如防腐涂料等)、管体本身等。如果泄漏是裂纹引起,在裂纹的扩展阶段释放出弹性波,是突发型信号;如果泄漏是由腐蚀引起的,也可能释放突发的弹性波信号。埋地燃气管道形成泄漏后将产生湍流等为主的应力波,其为连续型信号。管壁作为波导,传播因缺陷扩展和泄漏而产生的声波。忽略因管道结构、管道中的流体流动等因素带来的差异,可以将管道看作一系列的管线网,从而构成了一个简化的理想模型。泄漏产生的声波沿管壁传播,存在纵波、横波和表面波(Lamb 波)等多种模式,不同模态声速的典型数值见表 7.2。

表 7.2　典型材料的声传播速度

材料	纵波 C_p/(m/s)	横波 C_s/(m/s)	表面波 C_r/(m/s)
铝	5300	3100	2900
铸铁	5000	3000	2000
钢	5900	3200	3000
空气	340	—	—
水	1480	—	—

由于管壁很薄,声波在管壁两界面多次反射,每次反射都发生模式变换,这样传播的波称为导波,由于多次反射叠加,其在中心频率附近得到增强,可沿管壁长距离传播。

7.2.3　管道泄漏相关分析定位计算方法

如图 7.5 所示,A、B 为两个声发射传感器,其中泄漏点位于两个传感器之间。将 A、B 两个传感器接收到的信号作互相关,得出信号传到 A、B 两个位置时的时

间差 Δt，从而得到如下的公式：

$$X=(D-v\Delta t)/2 \tag{7.6}$$

式中，X 为泄漏点距参考传感器 A 的距离；D 为两个传感器之间的距离；v 为声波传播的速度；Δt 为从相关函数得出的泄漏信号到达传感器的时间差，Δt 的获得可通过采用 3.3.5 节介绍的互相关技术测量连续波之间的时差或时间延迟测量的方法获得。

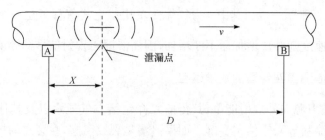

图 7.5　管道泄漏定位方法示意图

7.3　管道泄漏点定位检测仪的开发研制

由于国内外没有能够快速确定埋地燃气管道泄漏点位置的技术和仪器，埋地燃气管道一旦发生泄漏，往往需要花费大量的物力、人力和时间来寻找泄漏点，为管道的安全运行带来事故隐患。由此，国家科技部于 2006 年向中国特种设备检测研究院和北京声华兴业科技有限公司下达"十一五"科技支撑课题，开展埋地燃气管道泄漏声学方法检测关键技术研究，研制便携式埋地燃气管道泄漏点定位检测仪。在"十二五"期间，作者课题组又进一步开展了现场检测应用，对提出的检测方法和开发的仪器进行完善，取得了较好的应用效果，下面重点对这些研究成果进行介绍。

7.3.1　管道泄漏点定位检测仪的总体设计原则

在综合了国内外类似仪器的优点，考虑了市场的需求，以填补国内空白和满足国内仪器生产制造条件后，提出该仪器系统的设计原则：

（1）硬件采用数字化电路；

（2）软件采用 Windows XP 及后续版本的操作系统；

（3）价格便宜，能被国内大部分检验单位所接受；

（4）能满足大量检验单位用于任务较为单一的工程检验；

（5）能满足部分高层次的检验单位对检测对象的检测和大量科研院所、大专院校开展的科研工作，能进行声发射信号的全波形采集和存储，并可进行基于波形的谱分析、小波分析等高级信号处理功能；

（6）至少配备两个专用的声信号传感器，以满足工程的现场检测，易于携带；

（7）现场检测容易，使用操作简便；

（8）能在高温、高湿等恶劣气候条件下工作；

（9）兼容性好，易于升级。

7.3.2　管道泄漏点定位检测仪的总体设计方案

拟在理论研究的基础上，着重进行仪器的研制，以证明方法的可行性。本项目开发的埋地管道泄漏检测定位仪的结构如图 7.6 所示，仪器系统由一台笔记本电脑控制的主机和多个分别安装在管道上的传感器和泄漏信号采集模块组成，通过 GPS 天线校准时间，各信号采集模块通过 CDMA 模块将采集到的信号传输到仪器主机，通过在笔记本电脑上的数据分析软件，对泄漏信号进行相关定位分析，给出泄漏点的定位和泄漏程度的大小。

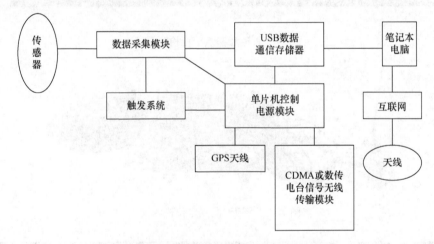

图 7.6　埋地管道泄漏检测定位仪的结构框图

7.3.3　开发的埋地管道泄漏点定位检测仪

通过攻克专用管道气体泄漏信号探测与提取技术、专用管道气体泄漏采集 GPS 实时精确时钟同步技术、专用管道气体泄漏在线和离线采集技术、专用管道气体泄漏信号无线传输技术，设计开发了专用管道气体泄漏点定位检测仪样机。该仪器包括：传感器、信号数据采集模块、CPU 单片机控制模块、USB 数据通信存储模块、GPS 时钟触发和精确定时模块、CDMA 或数传电台泄漏信号无线传输模块、电源控制模块和笔记本电脑。管道泄漏检测定位仪通过 USB 2.0 连接到笔记本电脑进行离线数据采集设置和数据提取。

开发的管道泄漏点定位检测仪包括：信号数据采集模块、传感器、GPS 天线、数据发射和接收天线、充电器、计算机通信和数据处理软件、笔记本电脑。图 7.7 为开发的检测系统示意图,图 7.8 和图 7.9 为仪器部件和整体照片。

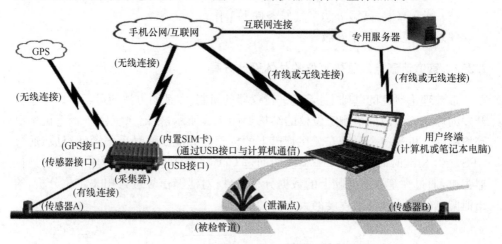

图 7.7　管道泄漏点定位检测系统

图 7.8　管道泄漏点定位检测仪

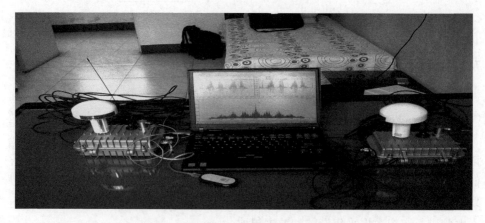

图 7.9　管道泄漏点定位检测系统(一套)

已开发完成的埋地压力管道泄漏点定位检测仪器样机具有如下技术特点。

（1）开发的仪器经测试达到如下技术指标。

① 泄漏定位的精确度：小于或等于探测器间距的±2％，最大为±3m。

② 仪器检测状态：无线实时监测或离线。

③ 数据传输方式：USB 2.0、基于数传电台的无线传输、基于网络和 CDMA 技术的远程传输。

④ 在管道 0.4MPa 的压力下传感器间距与灵敏度如表 7.3 所示。

表 7.3 压力管道泄漏点定位检测仪器灵敏度

两个传感器的最大间距/m	泄漏检测的灵敏度
50	2mm 孔或≥0.5％管道总流量
100	5mm 孔或≥1％管道总流量
300	8mm 孔或≥2％管道总流量

（2）硬件采用数字化电路。

（3）软件采用 Windows XP 及后续版本的操作系统。

（4）价格便宜，能被国内大部分检验单位所接受。

（5）能满足大量检验单位用于任务较为单一的工程检验。

（6）能满足部分高层次的检验单位对检测对象的检测和大量科研院所、大专院校开展的科研工作，能进行声发射信号的全波形采集和存储，并可进行基于波形基础上的谱分析、小波分析等高级信号处理功能。

（7）仪器体积小，重量轻，易于携带，使用操作简便。

（8）兼容性好，易于升级。

（9）能在高温、高湿等恶劣气候条件下工作。

7.3.4 管道泄漏点定位检测分析软件的开发

泄漏声波信号分析软件是管道泄漏检测定位仪最重要的组成部分之一，它能分析和存储声发射信号，考虑到开发环境和操作使用方便，兼容性好等因素，确定操作系统采用 Windows XP 及后续版本，操作环境在简体中文、英文和繁体中文下运行，软件开发语言为 VC++和 MATLAB。

如图 7.10 所示，该软件可以通过 FFT、人工神经网络、小波来对数据进行定位、分析，可根据要求得出 RMS 值等。对于采集的数据，可进行单个数据分析和批量数据分析。分析结果可采用波形显示或者棒形显示。如图 7.11 所示，管道泄漏点定位检测分析软件界面主要包括 5 个窗口。左边的窗口是设备管理器。右边上方两个窗口是波形窗口,显示被分析数据的波形和采集信息;下方左侧的窗口是定位分析窗口,显示根据当前数据分析的定位结果,下方右侧是FFT分析显示。

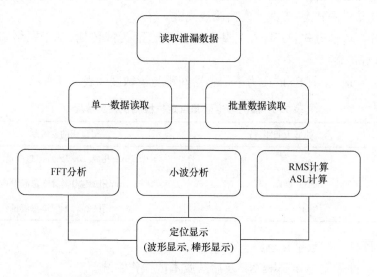

图 7.10　管道泄漏检测分析软件功能框图

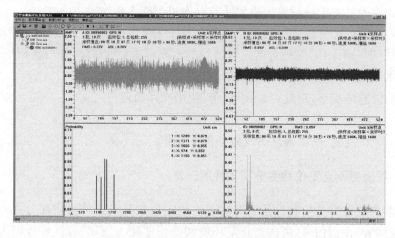

图 7.11　管道泄漏点定位检测分析软件界面

7.4　管道泄漏声发射信号传播速度试验研究

实际气体泄漏产生的声波既在管道中的气体介质中传播,也在管壁中传播,并产生透射、反射和相互干涉,因此传感器接收到的是能量最大的波包,其声速应介于气体中的声速 340m/s 和管壁中的声速 3200m/s 之间。而且管道的泄漏声信号传播速度与管道材质、管径、管内介质等因素有关。本节对以下几种典型管道的泄漏声信号传播速度进行了测量。

（1）ϕ159mm×6mm 的钢质管道，全长 65m，埋深 0.5m。管内介质为空气，压力为 0.35～0.4MPa。应用课题组开发的管道泄漏定位仪，通过模拟泄漏孔放气的方法对该钢质管道进行声速测定。测得声速范围为 900～1050m/s，多次试验的均值为 950m/s。

（2）ϕ142mm×3mm 的钢质管道，全长 15.1m。管内介质为空气，压力为 0.2～0.25MPa。应用课题组开发的管道泄漏定位仪，通过模拟泄漏孔放气的方法对该钢质管道进行声速测定。测得的声速范围为 920～1020m/s，多次试验的均值为 965m/s。

（3）ϕ142mm×3mm 的钢质管道，全长 15.1m。管内介质为空气，压力为 1 个标准大气压。应用课题组开发的管道泄漏定位仪，用 0.1MPa 的氧炔气罐喷头气流对管壁进行喷射，以模拟管道泄漏产生的连续声泄漏信号，对该管道进行声速测定。测得的声速范围为 850～980m/s，多次试验的均值为 920m/s。

（4）管道全长为 143.6m 的变径钢质管道，ϕ89mm×3mm 的管段长 39m，ϕ273mm×8mm 的管段长 73.6m，ϕ133mm×5mm 的管段长 31m，埋深 1～5m。管内介质为空气，压力为 0.35～0.4MPa。应用课题组开发的管道泄漏定位仪，通过模拟泄漏孔放气的方法对该钢质管道进行声速测定。测得声速范围为 750～950m/s，多次试验的均值为 880m/s。

（5）ϕ300mm×10mm 的铸铁管道，全长 43.5m，埋深约为 1m。管内介质为天然气，压力为 0.04MPa。应用课题组开发的管道泄漏定位仪，对该管道实际存在的泄漏点进行检测定位。通过测算得到的声速为 650m/s。

7.5　管道泄漏声发射信号衰减试验研究

泄漏信号衰减试验仪器为埋地管道泄漏检测仪，如图 7.12 所示，试验管道为 ϕ159mm×6mm 的钢质管道，全长 65m，埋深 0.5m。在泄漏点 A 模拟 1～5mm 孔径的泄漏，传感器分别在 P1～P14 进行采集信号，通过 RMS 值来分析管道衰减特征。图 7.13 分别为不同泄漏孔衰减测试结果曲线，通过衰减试验得到，在距泄漏点 10m 处是个临界点，10m 之内的 RMS 值衰减较慢，超过 10m 衰减较快，对于 2～5mm 的泄漏孔，其衰减曲线形态基本相似。

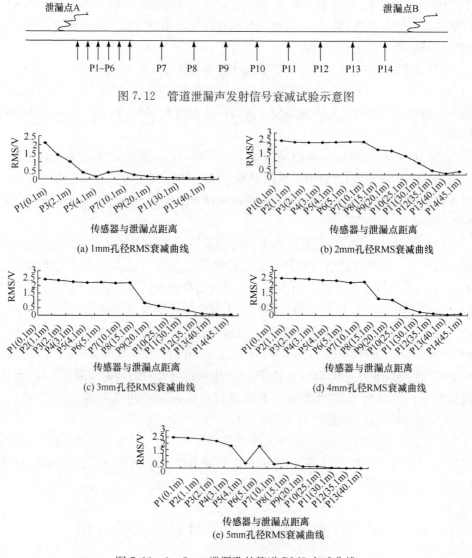

图 7.12　管道泄漏声发射信号衰减试验示意图

图 7.13　1~5mm 泄漏孔的管道 RMS 衰减曲线

7.6　埋地管道泄漏定位检测方法试验研究

　　对于地下管道的泄漏检测,正常管道和存在泄漏的管道产生的声发射信号会不同。根据这一原理,将若干个数据采集仪安装在管道的不同位置,在同一时刻对 5~50kHz 频率的声发射信号进行采集,然后进行数据分析,判断出管道泄漏点的位置。

7.6.1　65m 埋地管道泄漏定位试验

1. 试验装置

模拟管道尺寸为 $\phi159mm\times6mm$，模拟管道测试段全长为 65m，埋深 0.5m。用球阀在与管道左侧距离 12.8m 处模拟管道的实际泄漏，传感器的布置如图 7.14 所示。

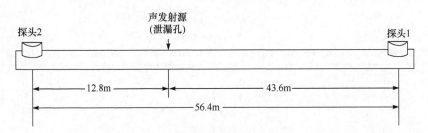

图 7.14　65m 埋地管道传感器布置和泄漏点示意图

为了模拟输气管道各个不同的泄漏情况，本试验采用一个高压球阀模拟输气管道突发性泄漏，同时，利用五个带有不同孔径的堵头（$\phi1\sim5mm$）模拟不同孔径的泄漏，其泄漏模拟装置如图 7.15 所示。

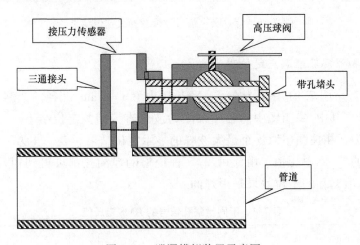

图 7.15　泄漏模拟装置示意图

2. 背景噪声测试

埋地管道内充空气压力在 0.4MPa 左右，在不打开泄漏孔的情况下进行背景噪声信号采集，采集到的波形和相关定位结果如图 7.16 所示，如为噪声信号，相关定位结果总是在两个探头的正中心。

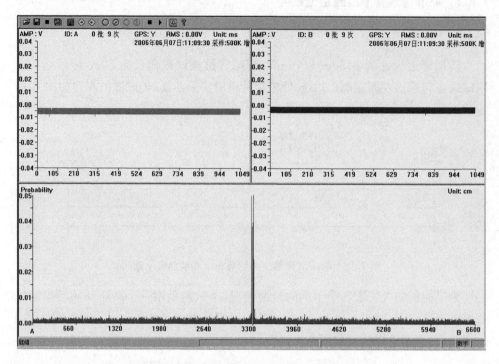

图 7.16　背景噪声信号波形及相关定位结果

3. 模拟泄漏孔泄漏点定位测试结果

图 7.17～图 7.21 分别为在 0.4MPa 压力下 1～5mm 孔径的泄漏波形和相关定位结果，其中，每组图中的第 4 幅图为波形直接相关定位结果，每组图中的第 3 幅图为在相关图中取 5 个最大波峰的显示定位结果。表 7.4 为不同泄漏孔信号探头的 RMS 电压值。由此可见，5 种规格的泄漏孔都可得到很好的定位，而且 1mm 泄漏孔的定位效果是很好的。

表 7.4　不同泄漏孔信号的 RMS 电压值

泄漏孔径/mm	无泄漏	1	2	3	4	5
探头 1 RMS/V	0.06	0.10	0.19	0.25	0.74	0.84
探头 2 RMS/V	0.06	0.13	0.34	0.58	1.24	1.56

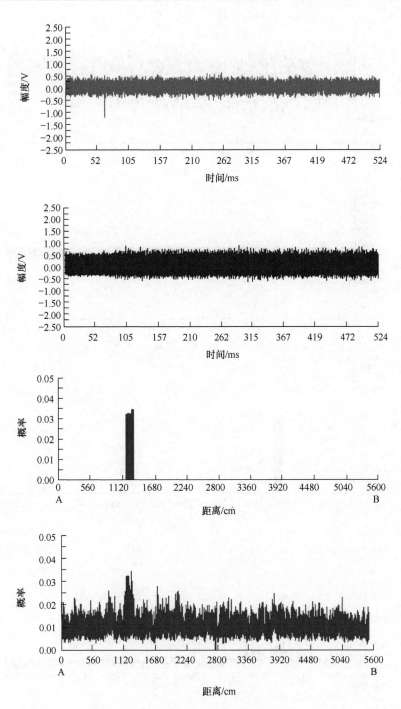

图 7.17　1mm 泄漏孔的定位

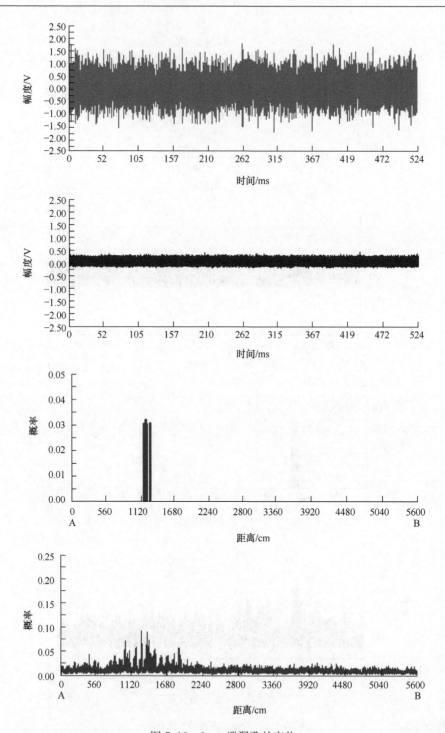

图 7.18 2mm 泄漏孔的定位

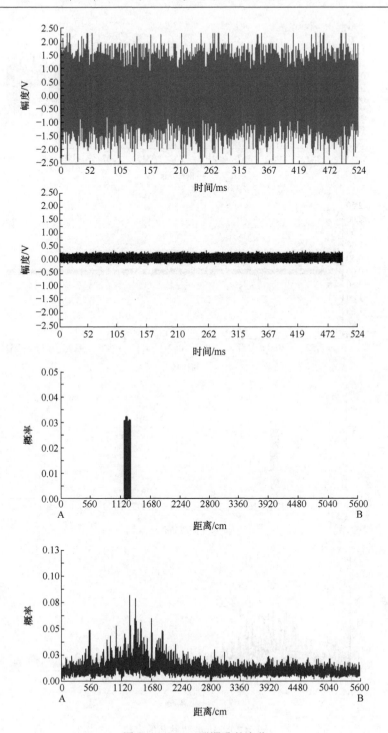

图 7.19 3mm 泄漏孔的定位

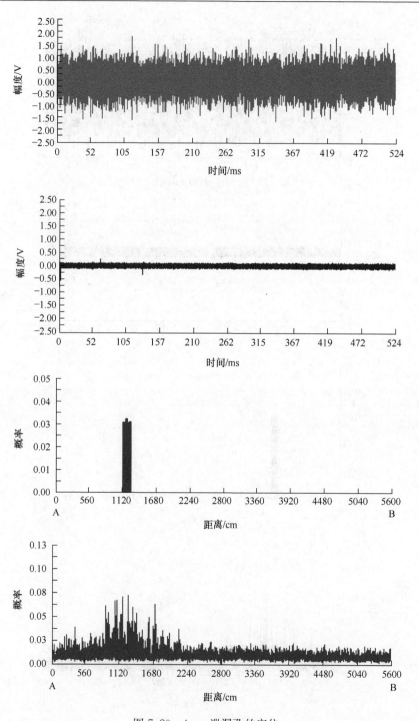

图 7.20 4mm 泄漏孔的定位

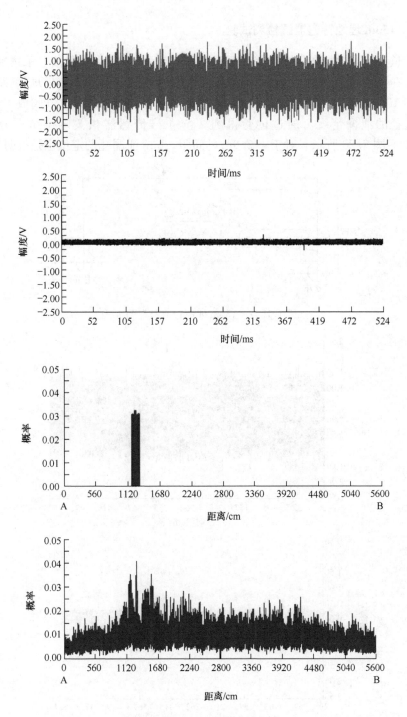

图 7.21　5mm 泄漏孔的定位

7.6.2 150m埋地管道泄漏检测试验

管道试验装置如图7.22所示,埋深1.5～5m不等,三个泄漏信号采集模块分别布置在2、3和4号井,同时在3号井的管道上安装一个模拟泄漏的球阀,距3号传感器10cm(偏2号传感器),采用泄漏孔径分别为2～5mm的放气阀放气,模拟不同孔径的泄漏情况。通过试验得到2与4号传感器相关定位结果分别如图7.23～图7.26所示。对于143.6m的间距,2mm泄漏孔的定位也是很明显的。

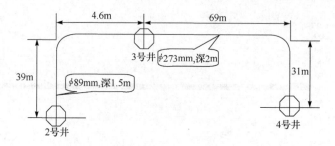

图7.22　150m埋地管道示意图

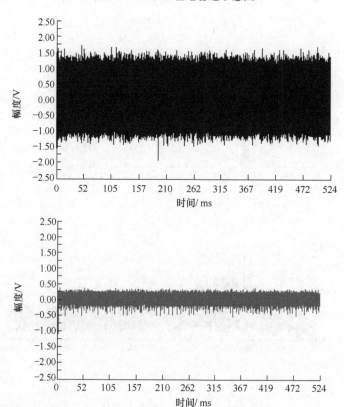

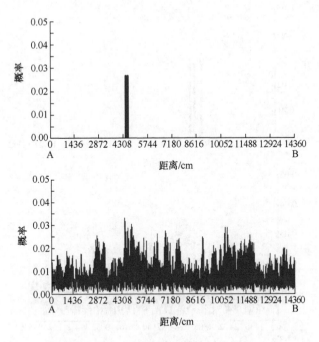

图 7.23　2mm 泄漏孔信号与定位图

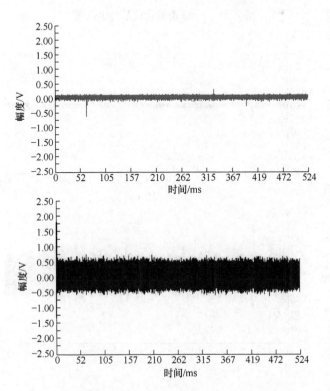

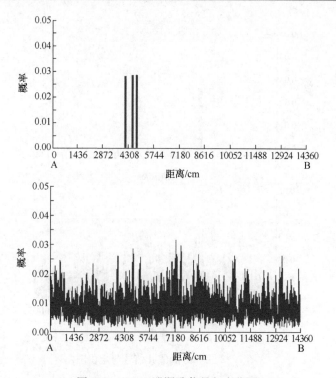

图 7.24　3mm 泄漏孔信号与定位图

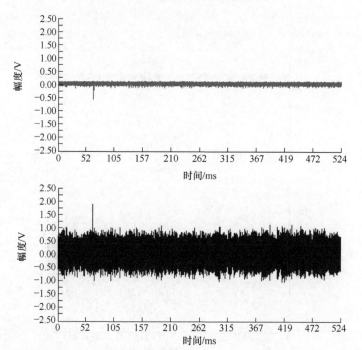

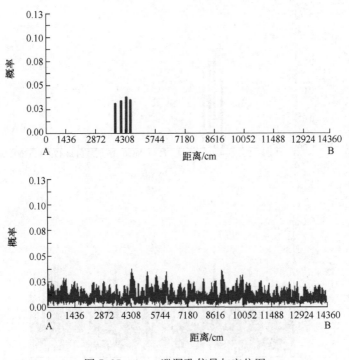

图 7.25　4mm 泄漏孔信号与定位图

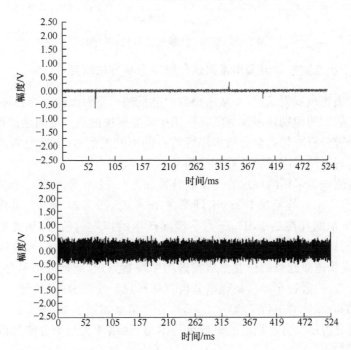

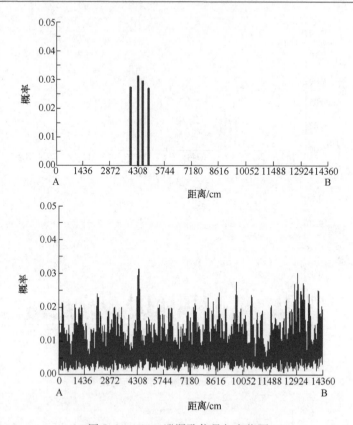

图 7.26　5mm 泄漏孔信号与定位图

7.6.3　基于小波变换的泄漏声发射信号特征分析方法研究

准确采集到声发射信号,并从中提取出能反映声发射源性质的各种特征,从而实现对声发射源的识别是声发射实际应用中需要解决的最主要问题。小波变换对信号的多分辨分析思想适合分析多样性特点的声发射信号,因此是管道泄漏检测定位仪分析管道泄漏声发射信号特征的基本方法之一。

泄漏检测试验采用的埋地管道试验装置如图 7.14 所示,探头 1 和探头 2 间管道的长度为 56.4m,外径为 133mm,埋深在 3～5m。图 7.27 为 2 号井内 2 号探头附近的 3mm 泄漏孔在 0.6MPa 压力下泄漏产生的声发射信号,从波形图中能看出,有明显的管道泄漏声发射连续信号,但将未经处理的泄漏信号直接做相关分析,不能确定管道泄漏点的位置。从频谱图中观察发现,此泄漏信号是宽频信号。根据前面的方法,通过小波特征频谱分析方法作进一步的分析,选择 db3 小波基,对图 7.27 的时域信号进行 7 级小波分解,分解结果如图 7.28 所示。图中的时域波形为小波分析每个分解尺度的时域重构信号,频谱图为每个分解尺度对应的频谱信息。

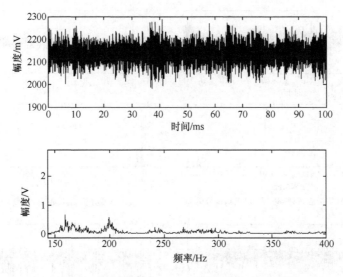

图 7.27　3mm 泄漏孔产生的声发射信号及其频谱图

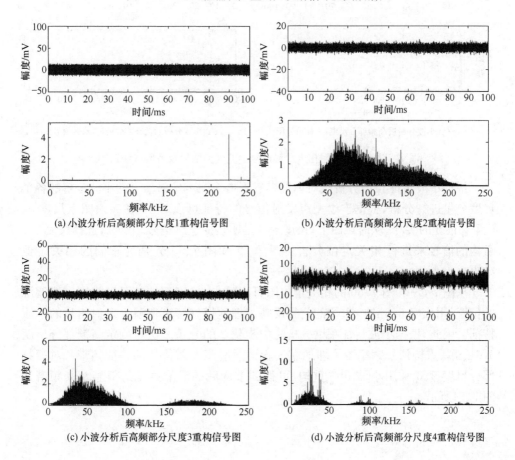

(a) 小波分析后高频部分尺度1重构信号图　　　　　　(b) 小波分析后高频部分尺度2重构信号图

(c) 小波分析后高频部分尺度3重构信号图　　　　　　(d) 小波分析后高频部分尺度4重构信号图

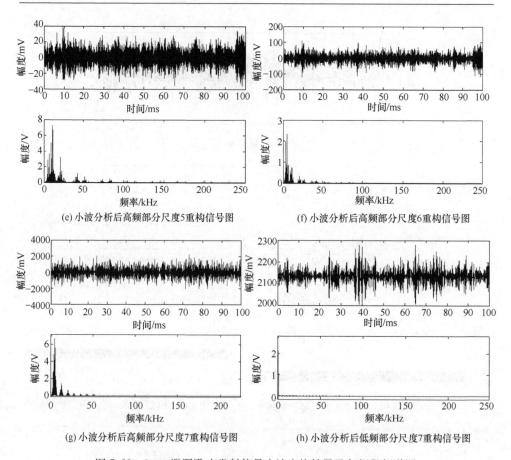

(e) 小波分析后高频部分尺度5重构信号图　　(f) 小波分析后高频部分尺度6重构信号图

(g) 小波分析后高频部分尺度7重构信号图　　(h) 小波分析后低频部分尺度7重构信号图

图 7.28　3mm 泄漏孔声发射信号小波变换结果及各频段频谱图

　　根据小波特征频谱分析法对埋地燃气管道泄漏声发射信号的小波分解的各个尺度分量进行分析,根据连续型声发射信号的特征可以看出,在频谱图上尺度5、6、7 有很陡的尖峰,从时域图上,尺度 5、6 是明显的连续信号。所以,选择尺度 5、6 重构的信号来进行相关定位分析。图 7.29 和图 7.30 分别为它们的相关定位结果。

　　从图 7.29 和图 7.30 的相关定位图可以看出,尺度 5、6 都可以辨别出泄漏源的位置,用尺度 5、6 进行重构的信号反映了埋地燃气管道泄漏声发射信号的本质特征。因此,根据小波特征频谱分析法中步骤 2 的分析方法可确定高频部分尺度 5、6 分解、重构信号频率段为埋地燃气管道泄漏声发射信号的特征频带。对高频部分尺度 5、6 采用小波 db2 重构,可得到重构后的泄漏声发射信号及其频谱如图 7.31所示。

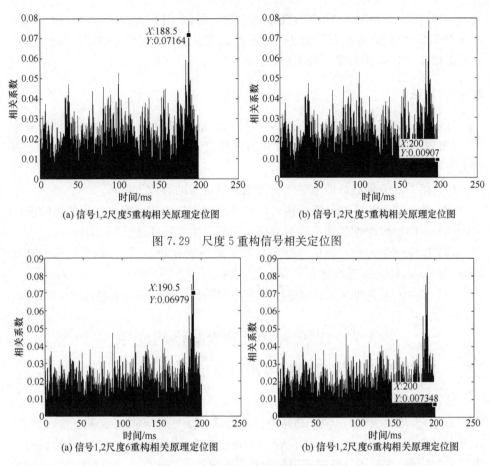

(a) 信号1,2尺度5重构相关原理定位图

(b) 信号1,2尺度5重构相关原理定位图

图 7.29 尺度 5 重构信号相关定位图

(a) 信号1,2尺度6重构相关原理定位图

(b) 信号1,2尺度6重构相关原理定位图

图 7.30 尺度 6 重构信号相关定位图

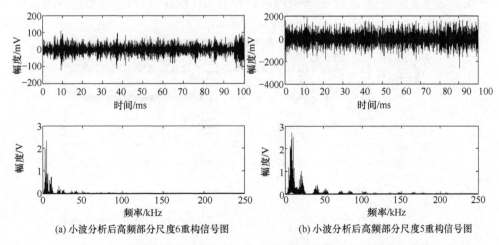

(a) 小波分析后高频部分尺度6重构信号图

(b) 小波分析后高频部分尺度5重构信号图

图 7.31 管道泄漏声发射检测信号小波特征频带重构信号及其频谱图

对比图 7.28 和图 7.31 中的频谱图可以发现,采用小波特征频谱分析可以识别出图 7.27 中高频特征和较低特征均不是管道泄漏声发射信号的本质特征,采用 10~60kHz 的信号相关定位效果最好。

7.6.4 结论

在对埋地燃气管道泄漏声发射信号特征全面分析和声发射信号处理的基础上,本节通过用管道泄漏检测定位仪分别对某市 150m 埋地管道和 65m 埋地燃气管道进行实测,得出如下结论:

(1) 相关定位是进行埋地燃气管道泄漏点定位的有效方法;

(2) 基于波形的小波分析重构可以提高埋地燃气管道泄漏点定位的灵敏度;

(3) 适用于埋地燃气管道泄漏点定位的频率主要位于 1~60kHz;

(4) 泄漏产生的声发射信号是通过管道内空气介质传播的,钢质管道声速在 880~960m/s,铸铁管道声速在 650m/s 左右;

(5) 在内压不变的情况下,泄漏声发射信号强度随着泄漏孔直径的增加而增加。

7.7 现场压力管道泄漏检测应用

7.7.1 某市中低压天然气管道泄漏检测

该管道尺寸为 $\phi 219mm \times 6mm$,埋深为 1.5m,设计压力为 0.39MPa,材质为 Q235B 钢,介为天然气,位于马路边。在管道 A、B 两个阀处各安装一个传感器,A、B 间的距离为 100m。由于本段管道为新建管道,没有泄漏点,本次试验目的是为了采集货车、汽车等外界噪声引起的背景噪声信号波形。图 7.32 为采集到的背景噪声信号波形,由图可见,该背景噪声信号为不连续信号,与连续型的泄漏信号有本质区别。

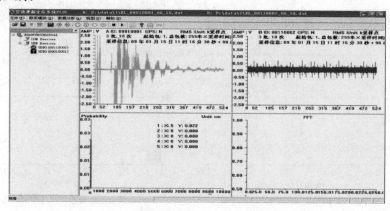

图 7.32　某市中低压天然气管道背景噪声信号图

7.7.2　某市热力管道泄漏检测

　　该热力管道分两层,材质为 20♯钢,内层规格为 $\phi630\text{mm}\times8\text{mm}$,外层规格为 $\phi1220\text{mm}\times12\text{mm}$,内层压力为 0.8MPa,温度为 200℃。在相距 200m 的 A、B 两个阀处布置泄漏信号采集模块。图 7.33 为两个泄漏模块采集到的声发射信号波形及相关定位结果,给出在距 A 点 171m 处泄漏发生的概率较大,虽然市政没有核准开挖,但通过采用防腐层破损检测仪进行检测,发现在 171m 处确实存在防腐层破损的现象。

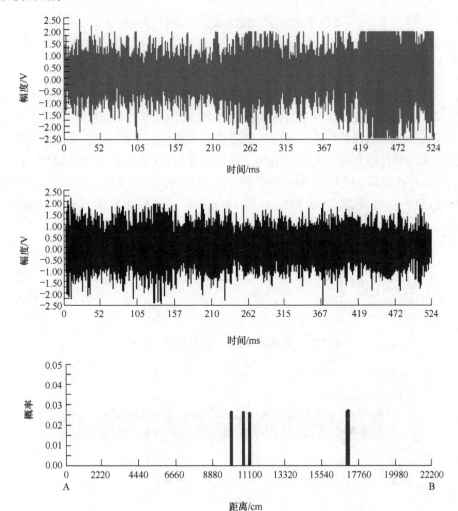

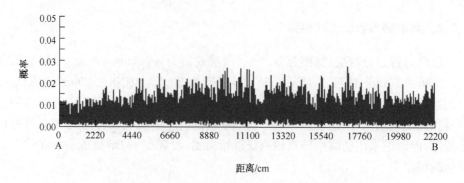

图 7.33　某市热力管道泄漏检测信号及相关定位图

7.7.3　某市燃气管道 1 泄漏检测

　　该燃气管道为铸铁管道,尺寸为 $\phi300mm\times12mm$,无保护层,运行压力为 0.04MPa。由于怀疑该段管道可能存在泄漏,在如图 7.34 所示管道的 A 和 B 处分别安装泄漏检测仪模块对 AB 段的管道进行泄漏检测。图 7.35 为该燃气管道泄漏检测信号及相关定位图,根据相关定位结果分析,在距 B 点 19.9m 和 20.5m 处最有可能存在泄漏点,因为这两处的概率(归一化)达到 0.113 和 0.108。检测后开挖此路段,发现一处泄漏点,实测距 B 点 18.5m,定位误差为:$(20-18.5)/18.5=8.1\%$。

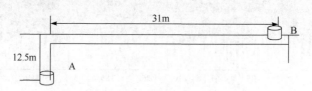

图 7.34　某市燃气管道 1 泄漏检测示意图

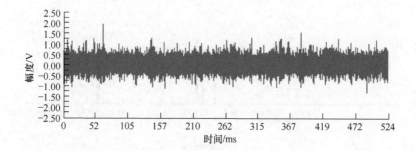

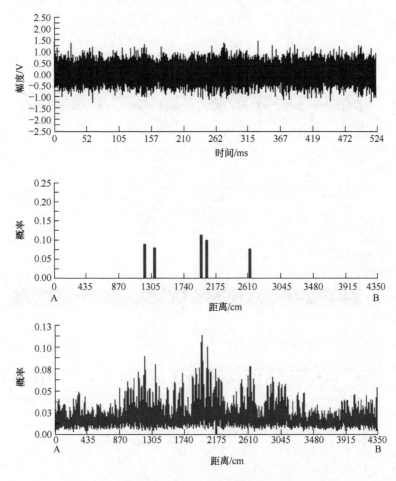

图 7.35   某市燃气管道 1 泄漏检测信号及相关定位图

7.7.4   某市燃气管道 2 泄漏检测

该燃气管道为铸铁管道,尺寸为 $\phi 500\text{mm} \times 12\text{mm}$,无保护层,运行压力为 0.05MPa。由于怀疑该段管道可能存在泄漏,在如图 7.36 所示管道的 A 和 B 处分别安装泄漏检测仪模块对 AB 段的管道进行泄漏检测。图 7.37 为该燃气管道泄漏检测信号及相关定位图,根据相关定位结果分析,在距 A 点 7.9m 处最有可能存在泄漏点,因为此处的概率(归一化)为 0.316。检测后开挖此路段,发现一处泄漏点,实测距 A 点 8.0m,定位误差为:(8.0−7.9)/8.0=1.25%。

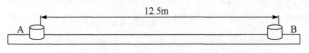

图 7.36   某市燃气管道 2 泄漏检测示意图

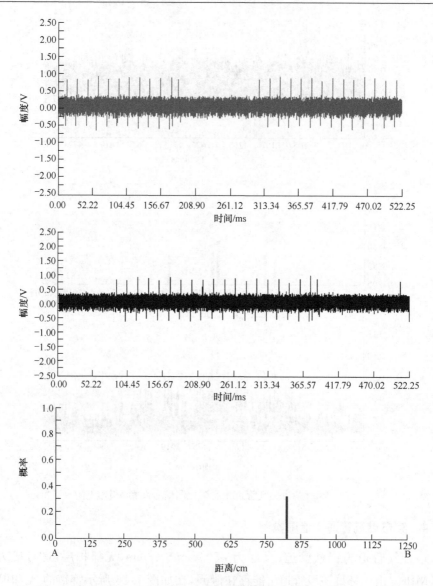

图 7.37　某市燃气管道 2 泄漏检测信号及相关定位图

7.7.5　某市燃气管道 3 泄漏检测

　　该燃气管道为铸铁管道,尺寸为 ϕ300mm × 10mm,无保护层,运行压力为 0.04MPa。由于怀疑该段管道可能存在泄漏,在如图 7.38 所示管道的 A 和 B 处分别安装泄漏检测仪模块对 AB 段的管道进行泄漏检测。图 7.39 为该燃气管道泄漏检测信号及相关定位图,根据相关定位结果分析,在距 A 点 18.82m 处最有可能存在泄漏点,因为此处的概率(归一化)为 0.199。该路段等待开挖验证。

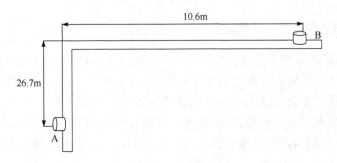

图 7.38　某市燃气管道 3 泄漏检测示意图

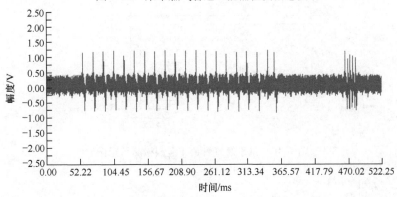

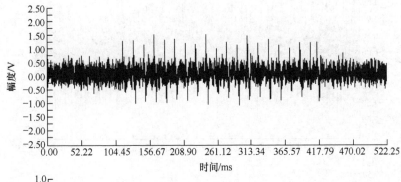

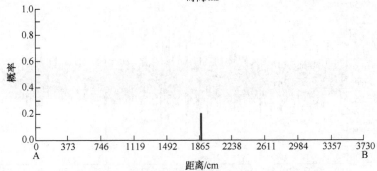

图 7.39　某市燃气管道 3 泄漏检测信号及相关定位图

7.7.6　某市燃气管道 4 泄漏检测

该燃气管道为铸铁管道，尺寸为 $\phi300mm\times10mm$，无保护层，运行压力为 0.04MPa。由于怀疑该段管道可能存在泄漏，在如图 7.40 所示管道的 A 和 B 处分别安装泄漏检测仪模块对 AB 段的管道进行泄漏检测。图 7.41 为该燃气管道泄漏检测信号及相关定位图，根据相关定位结果分析，在距 B 点 14.49m 处最有可能存在泄漏点，因为此处的概率(归一化)为 0.1138。该路段等待开挖验证。

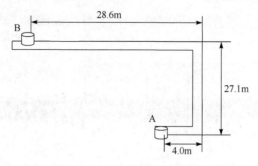

图 7.40　某市燃气管道 4 泄漏检测示意图

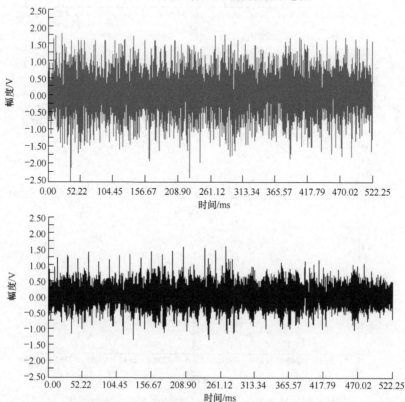

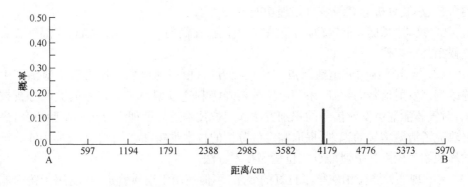

图 7.41　某市燃气管道 4 泄漏检测信号及相关定位图

7.8　本章小结

本章系统论述了压力管道泄漏声发射检测技术基础理论、研究及应用成果,这些成果包括管道泄漏点定位检测仪的开发研制、管道泄漏声发射信号传播速度试验研究、管道泄漏声发射信号衰减试验研究和埋地管道泄漏定位检测方法试验研究,并给出了压力管道泄漏声发射检测的典型案例,具体总结如下。

(1) 通过攻克专用管道气体泄漏信号探测与提取技术、GPS 实时精确时钟同步技术、专用管道气体泄漏在线和离线采集技术、专用管道气体泄漏信号无线传输技术,设计开发了专用管道气体泄漏点定位检测仪样机。该仪器包括传感器、信号数据采集模块、CPU 单片机控制模块、USB 数据通信存储模块、GPS 时钟触发和精确定时模块、CDMA 或数传电台泄漏信号无线传输模块、电源控制模块和笔记本电脑。管道泄漏检测定位仪通过 USB 2.0 连接到笔记本电脑进行离线数据采集设置和数据提取。

已开发完成的埋地压力管道泄漏点定位检测仪器样机具有如下技术特点:

① 泄漏定位的精确度:≤探测器间距的 2%,最大为 ±2m;在管道 0.4MPa 的压力下,50m 传感器间距可探测到 1mm 孔的泄漏信号,100m 传感器间距可探测到 2mm 孔的泄漏信号。

② 硬件采用数字化电路,数据传输可采用 USB、基于数传电台的无线实时传输和基于网络技术的远程传输。

③ 软件采用 Windows XP 及后续版本的操作系统,兼容性好,易于升级。

④ 价格便宜,能被国内大部分检验单位所接受,并能满足大量检验单位用于任务较为单一的工程检验。

⑤ 能满足部分高层次的检验单位对检测对象的检测和大量科研院所、大专院校开展的科研工作,能进行声发射信号的全波形采集和存储,并可进行基于波形的

谱分析、小波分析等高级信号处理功能。

　　⑥ 仪器体积小，重量轻，易于携带，使用操作简便，并且能在高温、高湿等恶劣气候条件下工作。

　　（2）提出了压力管道泄漏点定位检测方法，根据埋地燃气压力管道泄漏产生连续型声发射信号的特征，采用小波分析降噪和连续型声发射信号的关联分析技术，对气体泄漏声发射信号的识别方法和定位技术进行了理论分析和试验研究，最终攻克了泄漏信号的识别、提取和定位分析的技术难题，提出了基于波形小波分析的埋地燃气压力管道泄漏点定位检测技术方法。

　　（3）现场检测应用取得了良好的效果，不但适用于钢质管道，还适用于铸铁低压管道，具有良好的应用前景。

第 8 章　起重机械声发射检测技术研究及应用

起重设备广泛应用于物流、机械制造、冶金、电力、建筑等国民经济各行各业中,是特种设备八大类之一。据 2013 年年底的统计,我国拥有在用起重设备总量为 213.5 万台。目前,起重机械朝着大型化、高速化方向发展,随着起重机数量的迅速增加,其机械承载结构的故障已经引起了人们的普遍重视。

起重机械的安全运行关系到保障人民生命和财产安全,是国家公共安全的重要组成部分。近十多年来,我国每年起重机事故为 50～80 起,占八类特种设备事故的 25%～30%。例如,2007 年 4 月 18 日发生在辽宁省铁岭市清河特殊钢有限公司的一起起重机事故造成 32 人死亡、6 人重伤,直接经济损失达 866.2 万元。另外,据不完全统计,近年来全球起重机意外事故(公开报道的)呈快速上升趋势,死亡人数也逐年增加,美国每年约有 50 人丧生于起重机事故中,统计数据见图 8.1。

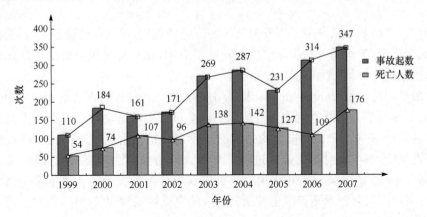

图 8.1　美国起重机事故及死亡人数统计图

为了确保起重机械运行安全,我国要求每年对起重机械进行一次全面检验,而且对使用年限较长的起重机械需要进行安全评价。但由于起重机械主要由大型钢结构组成,如采用常规无损检测方法进行检测,需要搭脚手架、对焊缝进行打磨,进行检验的时间长、成本高,用户难以接受,而且检验机构现有的人力也不能满足需求。因此,寻求快速、可靠的无损检测技术,以检测、监测起重机械金属结构中存在的危险源,是我国起重机械安全检验与评价的迫切需要,也是我国对起重机械进行更科学的安全监察和降低事故的需要。由于声发射技术具有对起重机械钢结构进行加载过程中快速检测和评价的可能性,本章通过对起重机械中存在的声发射源及其特性进行研究,提出起重机械声发射检测的结果评价方法,并最终制定起重机械声发射检测技术标准。

目前在起重机械中常用的无损检测技术有目视检测、磁粉检测、渗透检测、超声检测和应力测试等。常规检测方法存在的不足主要包括以下方面。

(1)检验成本高:常规检测方法可以准确给出缺陷的相关信息,但需要对探测部位的表面进行打磨,大型起重设备体积庞大,结构复杂,进行全面检测需要耗费大量的时间和费用;检验后未发现任何缺陷,重新投入运营,也会因停产造成大量的经济损失。

(2)检测周期长:常规无损检测方法需要进行停机检验,须耗费大量人力、物力搭设脚手架,进行打磨等辅助工作,因此其检验周期一般比较长。

(3)容易漏检、误判:目视检测只能看到人所能到达的位置,且是明显的宏观裂纹,对于那些人很难到达或不易发现的位置,裂纹可能被漏检;而采用超声、磁粉、渗透等手段主要是进行抽样检测,很难实现对整体结构的检测。

8.1　起重机械声发射检测技术国内外研究现状

在很多行业中已开展了声发射技术的研究和应用,但在运动设备上,目前仅在轴承、变速箱、钢丝绳等的状态监控上开展了应用,在起重机械金属结构缺陷检测和结构完整性评价方面的研究还很少。

最早的应用是 Carlyle 在 50t 港口门座起重机上进行的声发射测试。Drummond 等采用声发射线性定位方法监测了航空母舰上的电动桥式起重机主梁的载荷试验过程,并对 BP 公司提供的一个已退役起重机的管状桁架结构吊杆进行了破坏性试验,对声发射源的强度进行了分析。其研究指出,与仅进行载荷测试相比,结合定期的载荷测试和声发射检测可以获取更多的关于起重机主梁完整性的信息;采用声发射技术不仅能定性地分析威胁完整性的裂纹等缺陷,同时也可以进行定量分析。

在我国,关于声发射技术在起重机械金属结构中的无损检测和完整性评价方面的研究和应用文献还很少,但已有一些单位和学者在做这方面的尝试,目前还没形成一种成熟的研究和应用方法。孙德平利用声发射技术监测了偏轨箱形梁表面焊接裂纹扩展的声发射信号参数特征。骆红云等对某港口的翻车机 C 形环和装船机的主梁部件,采用区域、线性、平面等十几个定位阵列,进行了声发射实时监测,并对声发射源进行了危险等级划分。其研究也表明,通过适当地调整传感器布置,设置一定的滤波条件,可以在一定程度上屏蔽掉设备运转引起的噪声和振动。田建军等进行了 QY8C 型汽车起重机臂梁起吊过程的声发射检测,指出在重要受力支撑点和变截面应力分布不均匀位置,有较多的声发射信号产生。

现有文献研究中,提到的声发射传感器均采用主响应频率为 150kHz 的谐振式传感器,主要描述的是声发射源的参数特征,缺乏对声发射源的定位特征和频谱特征的详细描述;也有文献提到了摩擦等干扰信号源的存在,但没有对干扰源的特征进行进一步的分析,也没有提出如何解决源的识别问题。

此外,在起重机械声发射检测方法的标准方面,现有的是美国 ASTM 的 F914-03、F1430-03 标准,其主要是针对绝缘高空载人设备的声发射检测的标准测试方法,而国内尚无起重机械声发射检测方面的相关标准。国外已有一些公司在起重机械无损检测中采用声发射技术,但主要也局限于高空载人设备或起重机玻璃纤维部件。例如,加拿大 Kova 工程有限公司主要开展玻璃纤维起重机组件的声发射检测业务;美国 Preferred Aerial Technology 有限公司开展有高空载人设备的声发射检测等。

目前,声发射检测技术在起重机械检测应用中遇到的问题有:

（1）对起重机械中声发射源特性的认识不足,现场典型声发射源的获取困难。声发射检测的前提是了解被检测对象中的声发射源特性,包括声发射信号的参数特征、定位特征和波形信号的频谱特征等,而目前在起重机械行业的应用研究仍处于起步阶段,对其现场声发射源的认识还是空白。同时,声发射信号具有不可预知性、突发瞬态性,人们不能预知何时会出现何种声发射现象,所以如何获取典型的声发射源也是一件困难的事情。

（2）对起重机械声发射信号的分析和处理技术不足。现今人们获取声发射源信息的唯一有效途径是通过传感器接收声发射源发出的原始信号,声发射检测技术中常用的信号处理技术是参数分析方法和波形分析方法。参数分析方法通过分析声发射信号的统计特征参数来获取声发射源的相关信息,如能量、振铃计数、幅度、上升时间、持续时间等,但声发射参数只是对声发射信号波形的某个特征的描述,参数分析方法的数据量少,所能提供的信息量有限,因此对声发射源的整体特征分析能力也有限。而声发射波形信号中蕴含着丰富的声发射源信息,对于起重机工作过程中存在有多种声发射源的特点,通过获取其波形信号并进行特征分析,以达到对声发射源的正确认识。

（3）缺乏对起重机械声发射检测结果评定的方法和判据。声发射检测结果评定,即对声发射源进行评价的定量问题,也是起重机械声发射检测方法标准制定的重要内容。现有的声发射检测标准基本上都是以各种声发射信号参数来进行衡量,如以信号的幅度、能量、计数等来衡量源的强度,以产生声发射信号的发射频率和能量释放速率来衡量源的活度,或者综合评价声发射信号的幅度、能量等参数随载荷或时间的变化等。需要根据起重机现场测试的结果,并结合复验结果,来确定结果的评定方法。

8.2 Q235 钢结构件表面焊接裂纹扩展的声发射特性研究

8.2.1 试验目的

裂纹是起重机金属结构中常见的故障,裂纹扩展是起重机声发射检测中常见的声发射源,在进行起重机声发射检测前,必须明确起重机常用结构件中裂纹扩展的声发射特性,才能进行正确的检测和识别。本节通过预置了表面焊接裂纹的Q235 钢箱形、槽形试件的三点弯曲试验,用声发射仪器监测其试验过程的声发射现象,获取结构件上表面裂纹扩展的声学信号样本,确定该类型结构件上裂纹缺陷扩展的声发射参数特征和定位特征,其结果可以为后续波形信号的特征提取和模式识别研究提供典型声发射源信号样本,也为大型结构件的声发射定位方法选取提供参考。

8.2.2 试验装置及试件

本试验采用三点弯曲试验,试验装置如图 8.2 所示,包括:材料试验机、声发射仪、声发射传感器等。

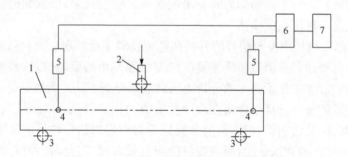

图 8.2 Q235 钢结构件表面焊接裂纹扩展的声发射三点弯曲试验装置图
1-试件;2-试验机压头;3-试验机支点;4-声发射传感器;5-前置放大器;6-声发射仪;7-显示、打印

1. 材料试验机

采用 SANS SHT4206 型电液伺服材料试验机,最大负荷 2000kN,立柱间有效距离 880mm,最大压缩空间 800mm,活塞行程 250mm。

2. 声发射仪

试验所用的声发射仪器为德国 Vallen 公司的 AMSY-5 型 6 通道声发射仪,选

用的传感器有 VS900-M、VS150-M 两种,主要频率范围依次为 100～900kHz 和
100～500kHz。前置放大器为 AEP4 型,增益 34dB。声发射仪有关采集参数设置
见表 8.1。

表 8.1　声发射仪工作参数设置表

门限值 /dB	采样点 个数	采样率 /MHz	触发前预采样本 个数	持续鉴别时间 /μs	重整时间 /μs
40.0	8192	10	200	400.0	3200

3. 箱形试样制备及传感器布置

试件采用起重机常用钢材 Q235 钢焊接而成,板厚 8mm,化学成分和机械性能
见表 8.2,几何尺寸如图 8.3 所示。

表 8.2　Q235B 钢的化学成分与机械性能

C/%	Si/%	Mn/%	P/%	S/%	$R_{p0.2}$/MPa	R_m/MPa	A/%
0.16	0.19	0.54	0.021	0.030	335	475	34.0

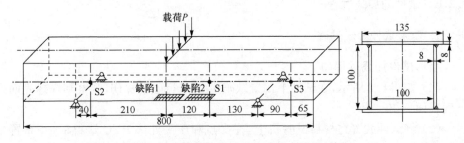

图 8.3　Q235 钢箱形试件尺寸及传感器布置图(单位:mm)

在试验中,在消除试件残余应力后,利用铜丝和 FeS 粉末,分别在箱形试
件下盖板预制焊接裂纹缺陷 1 和 2,缺陷位置如图 8.3 所示。在箱形试件一
侧腹板外侧布置传感器 S1～S3,见图 8.3,其中 S1 为宽带传感器 VS900-M
型,S2、S3 为 VS150-M 型。试验中,传感器 S2 与 S3 组成线性定位组,用于获
取试验过程裂纹扩展的声发射参数和定位特征,传感器 S1 获取声发射定位源
的宽频带波形信号。

4. 槽形试件制备及传感器布置

试件由厚度为 8mm 的 Q235 钢焊接而成,材质与箱形试件相同,利用铜丝在槽形试件侧面板外侧预置焊接裂纹缺陷 1 和 2,试件的几何尺寸和缺陷位置如图 8.4 所示。在槽形试件一侧侧面板的外侧分别布置传感器 S1~S3,见图 8.4,其中 S1 为宽带传感器 VS900-M 型,S2、S3 为 VS150-M 型,传感器 S2 与 S3 组成线性定位组,传感器 S1 用于获取声发射定位源的宽频带波形信号。

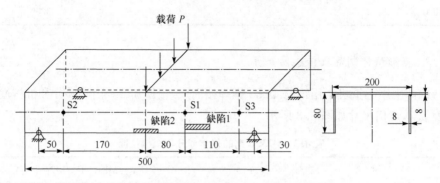

图 8.4　Q235 钢槽形试件尺寸及传感器布置图(单位:mm)

8.2.3　试件的加载过程

1. 箱形试件加载过程

箱形试件加载过程如下:

(1) 如图 8.3 所示,在试件上预置缺陷 1,并进行磁粉探伤,观察到焊缝表面已出现表面裂纹。

(2) 将试件放置在材料试验机上,在支点和压头处垫 PVC 塑料板,并布置好声发射传感器。

(3) 对声发射检测系统的灵敏度进行校准:采用 $\phi 0.5$mm、伸长量约为 2.5mm、硬度为 HB 的铅芯折断信号作为模拟源,在传感器附近标定三次,以减小标定值的误差,标定平均值间的幅度差应不大于 3dB。

(4) 利用试验机缓慢加载至 280kN,并保持载荷,采集加载和保载过程的声发射信号。

(5) 卸载,并重复上一步两次。

(6) 取下试件,观察第一阶段试验后缺陷 1 的外观。

(7) 预置缺陷 2,重复步骤(2)~(5)。最后一次加载时,在 280kN 载荷下保载 5min,然后继续加载,直到超过强度极限。

(8) 卸载,取下试件,在缺陷 1 和 2 处做磁粉探伤,观察第二阶段试验后缺陷 1

和 2 的外观。

图 8.5 为箱形试件加载过程示意图:第一阶段试件表面有预置的焊接缺陷 1,分别进行了三次重复加载,分别记为第 1~3 次加载,监测裂纹扩展的声发射特征;第二阶段试件表面有已受载过的缺陷 1 和新预置的焊接缺陷 2,进行了三次重复加载,分别记为第 4~6 次加载。两个阶段试件的最大变形量依次为:6.39mm、35.33mm,在第 6 次加载时的 280kN 载荷下,试件变形量为 4.2mm。试验中,PVC 塑料板厚度为 3mm,第一阶段试验后观察到塑料板已经产生了永久变形,考虑反复加载及 PVC 塑料厚度的影响,也可说明在 280kN 载荷下,试件仍处于弹性变形阶段。第二阶段试验后,观察到试件已发生永久变形。

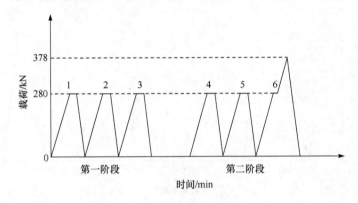

图 8.5　箱形试件加载过程示意图

图 8.6 为第 6 次加载过程中载荷随位移变化曲线,由图可知,在加载到 280kN以前,箱形试件处于弹性变形阶段,该试件的最大承载荷载是 378kN。

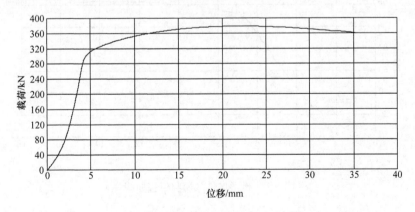

图 8.6　箱形试件载荷与位移曲线

2. 槽形试件加载过程

槽形试件的加载过程与箱形试件类似,如图 8.7 所示。槽形试件加载过程分为三个阶段:第一阶段预置了缺陷 1,进行了 3 次重复加载,最大载荷为 80kN;第二阶段新预置了缺陷 2,进行了 3 次重复加载,最大载荷为 80kN;第三阶段将缺陷 2 处材料打磨减薄,进行了 3 次重复加载。前两次最大载荷为 80kN,第三次持续加载,直到试件失稳。分别观察 9 次加载过程中缺陷处的宏观形貌,图 8.8 为第 9 次加载过程的载荷与位移曲线,从图中可以看出,在 80kN 载荷下,试件处于弹性变形阶段。

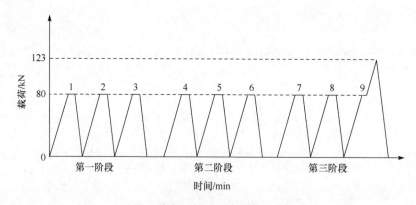

图 8.7　槽形试件加载过程示意图

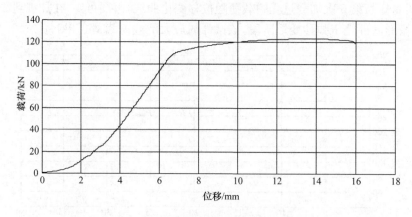

图 8.8　槽形试件载荷与位移曲线

8.2.4　Q235 钢箱形试件三点弯曲试验声发射监测结果及分析

箱形试件三点弯曲试验中,首先测定背景噪声的声发射特征,其次根据 8.2.3

节描述的试验过程,对箱形试件进行 6 次加载,试验结果及分析如下。

1. 裂纹扩展的声发射定位特征

如图 8.3 所示,在传感器 S2 和 S3 线性定位坐标轴下,箱形试件下盖板上预置的焊接裂纹缺陷 1 的位置为 220～260mm,缺陷 2 的位置为 310～400mm。

图 8.9 为箱形试件 6 次加载过程中出现的声发射信号定位图,声发射定位事件的统计见表 8.3。

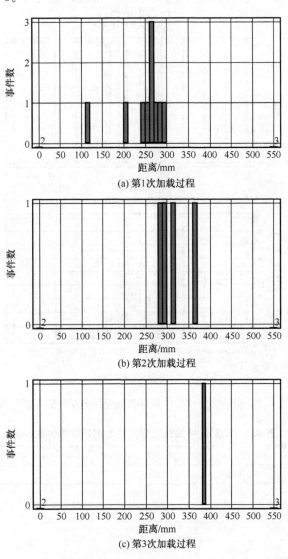

(a) 第1次加载过程

(b) 第2次加载过程

(c) 第3次加载过程

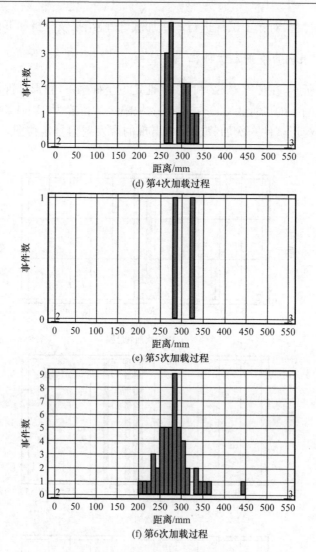

(d) 第4次加载过程

(e) 第5次加载过程

(f) 第6次加载过程

图 8.9　箱形试件 6 次加载过程出现的声发射信号定位图

表 8.3　箱形试件加载过程的声发射定位事件统计表

序号	载荷/kN	主要定位区域/mm	定位事件数	备注
第 1 次	0～280	240～300	8	缺陷 1
第 2 次	0～280	280～310	3	缺陷 1
第 3 次	0～280	380	1	缺陷 1
第 4 次	0～280	260～340	14	缺陷 1、缺陷 2
第 5 次	0～280	290,330	2	缺陷 1、缺陷 2
第 6 次	0～378	210～370	48	缺陷 1、缺陷 2

由图 8.9 和表 8.3 可知：

（1）带裂纹缺陷的箱形试件表面裂纹的扩展，会产生较多的声发射定位事件，且可以采用线性定位方法进行正确的定位。

在仅有缺陷 1 的第一阶段加载过程中，定位事件的坐标范围与缺陷 1 的实际坐标的最大偏差为 50mm；在新预置的缺陷 2 的第 4 次加载过程中，定位事件的坐标落在了缺陷 1 和 2 的实际坐标范围内；第 6 次加载过程中，裂纹的扩展产生了大量的定位事件，定位事件的坐标落在了缺陷 1 和 2 的实际位置包络区域内。传感器间距为 550mm，定位事件的最大偏差小于传感器间距的 10%。

（2）对于新预置的裂纹缺陷 1 和 2，在第 1 次和第 4 次加载过程中的定位事件数远多于其他重复加载过程。

表 8.3 显示，在仅有缺陷 1 的第 1 次加载过程中出现了 8 个定位事件，而重复加载两次出现了 4 个；新预置了缺陷 2 的第 4 次加载过程出现了 14 个定位事件，而第 5 次加载过程仅有 2 个，远小于第 4 次的。以上结果表明，带裂纹缺陷的箱形试件在不超过加载史最大载荷前，裂纹缺陷处仅会出现少量的定位事件，第一次加载过程是获取裂纹声发射信号的重要过程。

（3）所采取的降噪措施可以很好地隔离干扰源的影响。

压头实际位置在 210mm 处，位于定位坐标轴内的支点坐标为 460mm，而图 8.9 中，在压头和支点位置几乎未有定位源出现，说明降噪措施起到了很好的效果。

2. Q235 钢裂纹扩展的声发射信号特征分析

在上述箱形试件裂纹扩展的定位特征分析基础上，这里对整个加载过程中引起定位事件的裂纹扩展声发射信号的特征进行进一步分析，包括参数特征和宽频带波形信号的特征分析。

1）裂纹扩展声发射信号的参数特征

图 8.10～图 8.12 分别为箱形试件加载过程中裂纹扩展声发射信号的参数历程图、关联图和分布图。

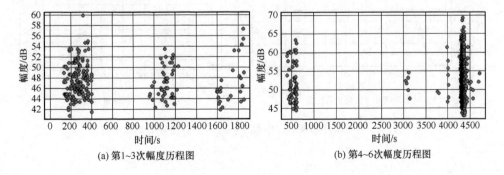

(a) 第 1~3 次幅度历程图　　　　　　　(b) 第 4~6 次幅度历程图

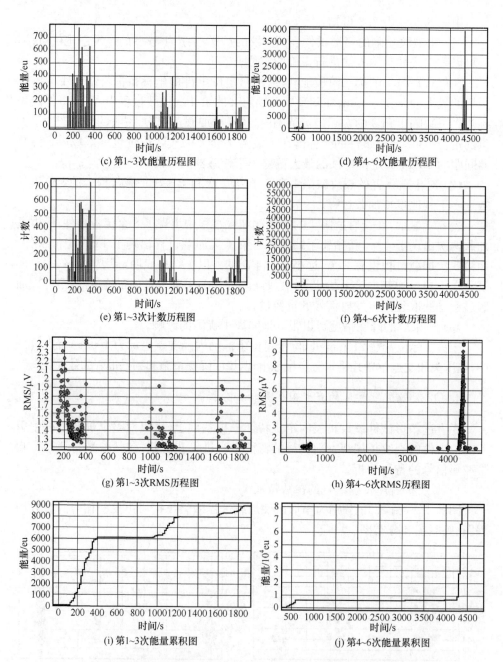

图 8.10 箱形试件加载过程中裂纹扩展声发射信号的参数历程图

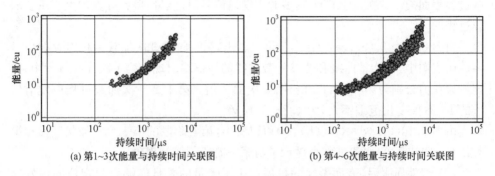

(a) 第1~3次能量与持续时间关联图　　　　　　(b) 第4~6次能量与持续时间关联图

图 8.11　箱形试件加载过程中裂纹扩展的声发射信号参数关联图

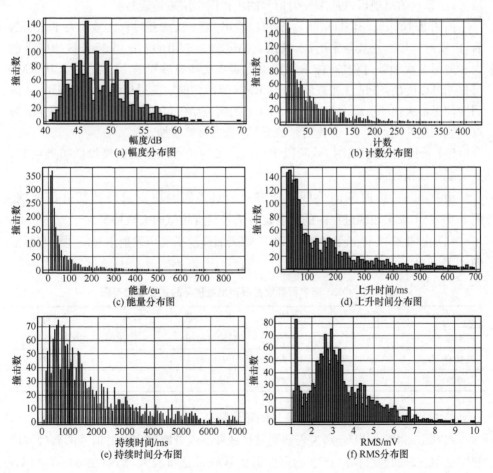

(a) 幅度分布图　　　　　　　　　　　(b) 计数分布图

(c) 能量分布图　　　　　　　　　　　(d) 上升时间分布图

(e) 持续时间分布图　　　　　　　　　(f) RMS分布图

图 8.12　箱形试件第二阶段加载过程中裂纹扩展声发射信号的参数分布图

由图 8.10～图 8.12 可知：

（1）试件在预置缺陷后的首次加载过程与后续的重复加载过程相比,首次加载过程表面裂纹的扩展会产生较多的声发射信号，且能量、振铃计数均大于重复加载过程的。

由图 8.10(a)、(c)、(e)、(g)、(i)可以看出，第一阶段 3 次加载过程声发射信号参数历程图中，其能量曲线和振铃计数曲线的峰值均出现在第 1 次加载过程中，且能量累积值分别为第 2 次的 2 倍、第 3 次的 3 倍。第 1、2、3 次加载过程声发射信号的 RMS 值变化范围不大，为 $1.2\sim2.4\mu V$。

由图 8.10(b)、(d)、(f)、(h)、(j)可以看出，第二阶段的第 4、5 次加载过程和第 6 次小于 280kN 的加载过程中显示了与第一阶段相似的现象。

(2)试件屈服后，表面裂纹的扩展产生了大量的并且能够引起定位的声发射信号，屈服点的出现可以从声发射信号的历程图中清晰地观察到。

由图 8.10(b)、(d)、(f)、(h)、(j)可以看出，第 6 次加载过程在载荷大于 280kN后，声发射信号的数量急剧增加，其最大幅度值为 70dB，能量、振铃计数的值远远大于前面 5 次加载过程的，能量累积值为第 4 次加载过程的 10 倍以上。从 RMS历程图可以看出，在试件加载后期，其 RMS 值由先前加载过程的最大值 $2.4\mu V$ 瞬间增加至最大值 $10\mu V$，由 4.2 节～4.4 节的研究结果可知，此时试件已经屈服，裂纹尖端的塑性变形严重，因此信号的 RMS 值也突然增加。

(3)箱形试件的两次加载阶段中定位声发射信号均是表面裂纹的扩展引起，其关联特征相似。

用能量和持续时间的关联图能够初步对不同的声发射源特征进行区别。图 8.11 显示，6 次加载过程中的所有定位信号具有相似的关联特征。

(4)由图 8.12 得到了试验中 Q235 钢表面裂纹扩展声发射信号的主要参数范围，见表 8.4。

表 8.4　Q235 钢表面裂纹扩展声发射信号的主要参数范围

声发射参数	范围	主要范围	声发射参数	范围	主要范围
幅度/dB	$40\sim70$	$44\sim60$	持续时间/μs	$1\sim7\times10^3$	$200\sim3.5\times10^3$
能量/eu	$1\sim800$	$10\sim200$	上升时间/μs	$1\sim700$	$1\sim300$
振铃计数	$1\sim430$	$1\sim200$	RMS/μV	$1.1\sim10$	$1.1\sim6.5$

2) Q235 钢裂纹扩展声发射信号的频谱特征

图 8.13 和图 8.14 分别为表面裂纹扩展和支点处摩擦声发射信号的典型波形和频谱图。表面裂纹扩展产生的声发射信号频带分布较宽，集中在 $80\sim500$kHz范围内，主要有三个频带：$80\sim160$kHz、$250\sim370$kHz、$400\sim500$kHz，并且有峰值。支点处摩擦产生的声发射信号主要在 150kHz 以下，且在 20kHz 和 70kHz 附近有明显的峰值，其主要能量分布在 100kHz 以下。

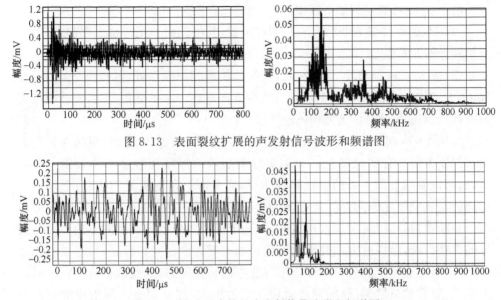

图 8.13　表面裂纹扩展的声发射信号波形和频谱图

图 8.14　支点处摩擦的声发射信号波形和频谱图

3. 试验前后缺陷处的宏观形貌分析

试验结束后,将预置焊接缺陷处打磨平,做磁粉探伤,可观察到许多宏观裂纹,呈现交错分布。下面分别就缺陷 1 和 2 处试验前后的宏观形貌进行对比分析。

预置焊缝缺陷 1 在试验前、第 3 次和第 6 次加载后分别做磁粉探伤,其宏观形貌特征如图 8.15 所示。

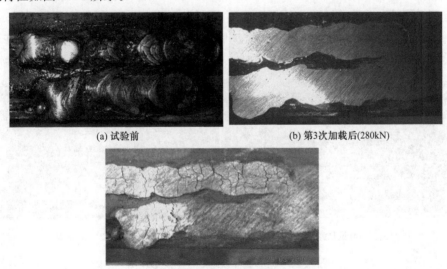

(a) 试验前　　　　　　　　　　　　　(b) 第3次加载后(280kN)

(c) 第6次加载后(378kN)

图 8.15　箱形试件缺陷 1 处宏观形貌图

由图 8.15 可观察到如下现象：

（1）试验前，焊缝表面已有宏观裂纹出现，其中上面一条焊缝上明显，而另一条焊缝上不太明显。

（2）箱形试件加载至 280kN 后，裂纹已扩展到焊缝深处，其长度平均为 3～5mm，大多数裂纹沿纵向方向，与焊缝长度方向垂直。加载过程，下盖板受拉应力最大，因此表面裂纹在深度方向不断成长。

（3）第 6 次加载后，焊缝表面的宏观裂纹在数量上大量增加，裂纹在长度方向和深度方向都有明显增长。上侧焊缝上裂纹的深度和数量都要大于下面一条，这与试验前上面一条的宏观裂纹明显，而下面一条不明显相吻合；上面一条焊缝的宏观裂纹在纵向上的数量多，而且很多都纵向贯穿了焊缝，并沿焊缝方向有一条断续裂纹，将纵向裂纹连接起来，而下面一条焊缝仅在纵向方向有几条明显的贯穿裂纹，沿焊缝方向几乎没有明显的宏观裂纹。究其原因，箱形试件在受压情况下，下盖板受到的力主要为沿焊缝方向的拉应力，因此微裂纹会首先沿纵向成长，随着载荷增加，纵向裂纹间由于应力增大，相互间会出现沿焊缝方向的连接裂纹。

对比图 8.15 中缺陷 1 在承受不同载荷情况下的宏观形貌可知，随着载荷的增加，裂纹（尤其是纵向裂纹）的数量在增加，在长度和深度方向不断成长。在弹性变形阶段，宏观裂纹的数量少，长度短，深度浅；试件屈服变形后，宏观裂纹数量多，长度长，深度深。

缺陷 2 在试验前和第 6 次加载后做磁粉探伤，其宏观形貌特征如图 8.16 所示。由图可见，试验前缺陷 2 处焊缝表面已有宏观裂纹出现，但长度很短；第 6 次加载后，焊接气孔、夹渣处的宏观裂纹扩展明显，说明随着载荷的增加，裂纹在长度、深度方向都有生长。

(a) 试验前　　　　　　　　　　　　　(b) 第6次加载后(378kN)

图 8.16　箱形试件缺陷 2 处宏观形貌图

8.2.5　Q235 钢槽形试件三点弯曲试验声发射监测结果及分析

下面分析槽形试件 9 次加载过程中裂纹缺陷的定位特征及宏观形貌变化。槽形试件中的缺陷与箱形试件一样是表面裂纹,试件在受载过程中其声发射定位信号的参数及频谱特征相同,均为裂纹缺陷的扩展,在此不再赘述。

1. 裂纹扩展的声发射信号定位特征

如图 8.4 所示,槽形试件上预置的表面焊接裂纹缺陷 1 和 2 在传感器 S2 和 S3 定位组下的坐标分别为 210~320mm、140~200mm。由加载程序可知,第 1~8 次加载过程中最大载荷均为 80kN,第 9 次加载过程最大载荷为 123kN。

图 8.17 为槽形试件 9 次加载过程的声发射定位图,声发射定位事件的统计见表 8.5。

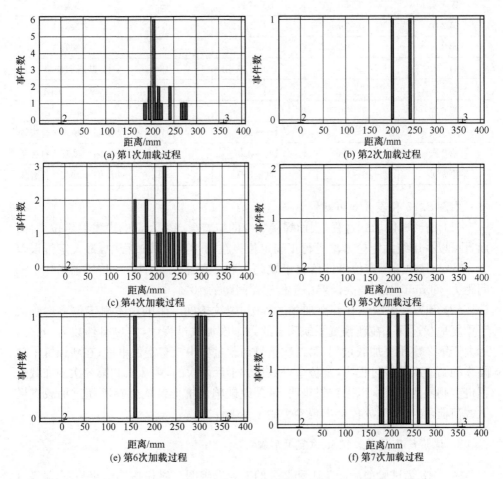

(a) 第1次加载过程　　　　　　　(b) 第2次加载过程

(c) 第4次加载过程　　　　　　　(d) 第5次加载过程

(e) 第6次加载过程　　　　　　　(f) 第7次加载过程

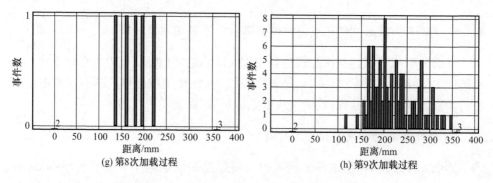

(g) 第8次加载过程　　　　　　　　　(h) 第9次加载过程

图 8.17　槽形试件加载过程的声发射定位图

表 8.5　槽形试件加载过程声发射定位事件统计表

序号	载荷/kN	主要定位区域/mm	定位事件数	备注
第 1 次	0～80	180～280	18	缺陷 1
第 2 次	0～80	210,245	2	缺陷 1
第 3 次	0～80	—	0	缺陷 1
第 4 次	0～80	160～330	18	缺陷 1、缺陷 2
第 5 次	0～80	165～290	7	缺陷 1、缺陷 2
第 6 次	0～80	300～320	3	缺陷 1、缺陷 2
第 7 次	0～80	180～290	17	缺陷 1、缺陷 2 打磨薄
第 8 次	0～80	140～230	5	缺陷 1、缺陷 2 打磨薄
第 9 次	0～123	140～350	53	缺陷 1、缺陷 2 打磨薄

由图 8.17 和表 8.5 可知：

（1）槽形试件加载过程，表面焊接裂纹的扩展会产生大量的声发射定位事件，而且可以采用线性定位方法进行正确定位。在第 1 次加载过程中，最大定位误差为 30mm，其他阶段定位事件落在了缺陷 1 和 2 包络的范围内。传感器 S2 与 S3 间距为 360mm，因此最大误差小于传感器间距的 10%。

（2）预置裂纹缺陷在首次加载过程中，裂纹扩展产生的声发射定位事件数大于重复加载过程。在新预置了缺陷 1 的第 1 次加载过程中，定位事件数为 18 个，远大于第 2 次重复加载过程，第 3 次重复加载过程中没有定位事件；在新预置了缺陷 2 的第 4 次加载过程中，定位事件数也大于后两次的，第 7 次和第 8 次的加载过程也有相同的现象。以上结果表明，带裂纹缺陷的槽形结构件在不超过加载史最大载荷前，裂纹缺陷处仅会出现少量的定位事件。

2. 试验前后预置缺陷处的宏观形貌

图 8.18 为试验前后缺陷 1 和 2 处的宏观形貌图。磁粉探伤结果显示，缺陷 1

和 2 在试验前均已出现了表面微裂纹。试验后缺陷 1 所在焊缝有大量的宏观裂纹,且多为纵向分布,与试验前相比,裂纹长度更长;缺陷 2 位于侧面板的下侧,加载过程中其受力较大,因此在试验后出现了明显的裂纹扩张。

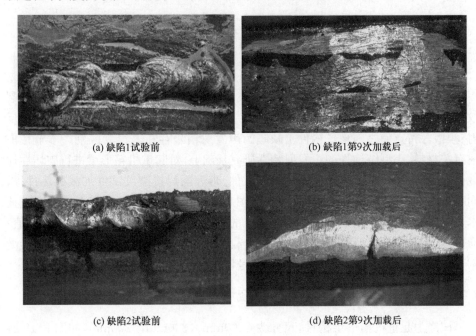

(a) 缺陷1试验前　　　　　　　　　　　　　　(b) 缺陷1第9次加载后

(c) 缺陷2试验前　　　　　　　　　　　　　　(d) 缺陷2第9次加载后

图 8.18　槽形试件预置缺陷试验前后宏观形貌图

8.2.6　结论

本节通过带预置表面焊接裂纹缺陷的箱形和槽形试件三点弯曲试验,获取了小型结构件中表面裂纹扩展的声发射特性,获取的表面裂纹扩展声发射信号可以作为进一步声发射源特征提取的基础数据,同时为后面起重机械大型结构件破坏性试验的传感器布置方法等奠定了基础。本节试验得到的结论如下:

(1) Q235 钢箱形和槽形试件上的表面裂纹扩展会产生大量的声发射信号,可以采用线性定位方法对其进行正确的定位。

(2) 获得了 Q235 钢表面裂纹缺陷扩展过程定位声发射信号的主要参数分布范围,幅度主要分布在 40~55dB;试件发生塑性变形后,裂纹扩展声发射信号的能量、计数和 RMS 参数变化明显,屈服点的出现可以从 RMS 历程图中清晰地观察到。

(3) Q235 钢表面裂纹扩展引起的声发射定位信号为突发型,其频带分布较宽,集中在 100~500kHz 范围内,主要有 3 个频带:80~160kHz、250~370kHz、400~500kHz,并且有峰值。支点处摩擦的声发射信号主要在 150kHz 以下,且在

20kHz 和 70kHz 附近有明显的峰值。

（4）对于新预置的表面裂纹缺陷，试件在首次加载中裂纹扩展产生的声发射信号数量和定位事件数远大于随后的重复加载过程。

8.3　起重机箱形梁破坏性试验过程的声发射特性研究

8.3.1　试验目的

实验室研究金属材料断裂过程的声发射特征时，预置裂纹多为开槽或疲劳裂纹，试样的尺寸与现场起重机构件有较大差别，因此裂纹的性质，声波的衰减、反射、频散等特点使之与现场构件上缺陷的声发射信号存在着很大区别。本节在前述有关材料、小型结构件的声发射特性研究基础上，对起重机箱形梁进行破坏性加载试验，并采用声发射仪器监测其完好试件、带表面焊接裂纹试件加载破坏过程，同时采用有限元计算箱形梁应力分布云图和位移云图；采用常规应力应变测试技术，测试加载过程中箱形梁主要受力部位的应力值；测试试验过程各阶段挠度值；通过以上测试手段，研究起重机箱形梁受载破坏整个过程的特性，并获取箱形梁结构表面裂纹缺陷和塑性变形的声发射信号特征。

8.3.2　试件制备、检测设备及传感器布置

试样为起重机箱形梁构件，尺寸为 5800mm×300mm×200mm，如图 8.19 所示，材料为 Q235B 钢，化学成分及机械性能见表 8.2。在试验过程中，在图示焊缝缺陷位置自制表面焊接裂纹。

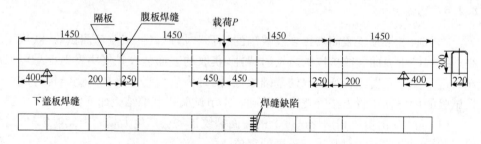

图 8.19　箱形梁试件尺寸简图（单位：mm）

试验中用于加载和测量的设备如下。

（1）压力试验机：试验中加载装置为 YE-5000 四柱液压式压力试验机，其活塞的最大行程为 250mm，最大试验压力为 5000kN。

（2）声发射检测系统：采用全数字化 12 通道 AMSY-5 声发射系统，附件主要包括传感器、笔记本电脑、前置放大器、信号电缆等。传感器选用 VS150-RIC 和 VS900-M 型高灵敏度声发射传感器；前置放大器为 AEP4 型，增益为 34dB。

（3）应力应变测试系统：采用英国 Solartron 公司生产的 IMP3595 型高精度分散式数据采集系统，该系统可用于应力、应变、电压、热电偶和铂电阻等信号的全自动采集和监控，具有远程、高分散、高精度、高可靠性、低功耗、组合灵活等优点。

根据 8.2 节箱形试件上表面裂纹扩展的定位特征可知，在起重机箱形梁上布置线性传感器定位组可以对其上的声发射源进行正确定位。试验中，在箱形梁上布置 5 个声发射传感器。其中，传感器 S1～S4 为 VS150-RIC 型，用于线性定位；传感器 S5 为 VS900-M 型，用于采集声发射全波形信号。图 8.20 为箱形梁结构和声发射传感器布置图。

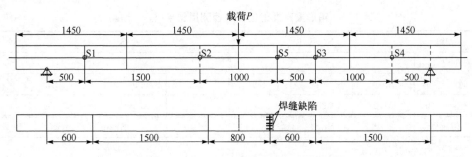

图 8.20　箱形梁结构及声发射传感器布置图（单位：mm）

8.3.3　箱形梁声发射模拟源衰减及声速测量

采用 HB ϕ0.5mm 铅芯折断模拟声发射源，VS150 型传感器灵敏度为 99dB，VS900-M 型为 96dB。在箱形梁腹板（板厚 5mm）上，以铅芯折断为声发射信号模拟源进行了衰减测量，其声发射幅度、能量、计数、持续时间衰减曲线如图 8.21 所示。声发射传感器之间的定位声速测量结果如表 8.6 所示。

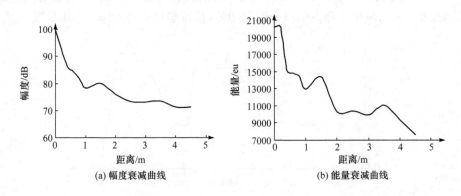

(a) 幅度衰减曲线　　　　　　　(b) 能量衰减曲线

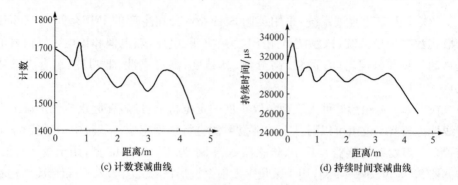

(c) 计数衰减曲线　　　　　　　(d) 持续时间衰减曲线

图 8.21　箱形梁模拟声发射信号参数衰减曲线

表 8.6　箱形梁声发射定位声速测量结果（板厚 5mm）

传感器	S2-S3			S3-S2		
距离/m	1.5			1.5		
时间差/μs	290	288	289	278	297	275
声速/(m/s)	5172	5208	5190	5395	5050	5454
传感器	S1-S4			S4-S1		
距离/m	4.0			4.0		
时间差/μs	929	978	939	985	945	1001
声速/(m/s)	4305	4089	4259	4060	4232	3996

8.3.4　声发射试验加载步骤

为了消除加载过程中箱形梁支点和压头处摩擦引起的噪声,在支点和压头接触面上垫橡胶,隔离试验中支点和压头与箱形梁挤压产生的摩擦信号。

试验的加载步骤如图 8.22 所示,用声发射仪监测整个测试过程,在每次加载后均保载 5min,测试各测点的应变值,并测试预置裂纹区域的应力集中情况。

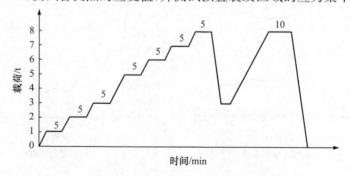

图 8.22　箱形梁声发射试验加载曲线

8.3.5　箱形梁声发射试验结果及分析

1. 各保载阶段应力测试结果

表 8.7 给出了整个加载过程中保载时应力测试的结果,图 8.23 为测点 6、7、8 的应力值随载荷变化的曲线。由测试结果可知,加载过程中各测点的应力呈线性递增趋势,在 7t 载荷下最大应力为 192.6MPa,已超过 Q235B 钢的许用弯曲应力,在 7t 后的加载过程,材料屈服现象加剧。

表 8.7　箱形梁加载过程应力值(单位:MPa)

载荷 \ 测点编号	跨端		1/4 跨			跨中			
	1	2	3	4	5	6	7	8	9
1t	−12.6	14.1	−4.1	19.3	18.9	17.6	38.0	30.4	13.6
2t	−18.7	15.3	−6.1	30.6	29.7	27.9	61.1	48.4	22.9
3t	−26.0	15.0	−8.5	43.7	42.6	40.5	89.0	70.1	33.5
5t	−38.5	17.6	−13.0	66.9	66.0	63.1	138.9	107.4	54.1
6t	−45.0	20.5	−15.6	79.8	78.7	75.9	164.3	125.1	74.0
7t	−51.3	23.5	−19.1	94.0	91.9	87.9	192.6	142.1	108.4
8t	−54.3	25.0	−22.9	101.2	100.7	109.5	217.2	160.5	169.8

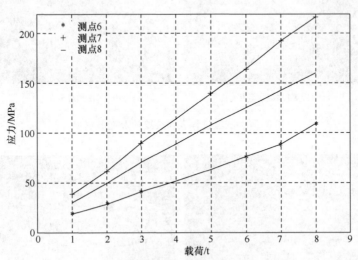

图 8.23　测点 6、7、8 的应力变化曲线

与有限元计算结果对比:5t 载荷和 8t 载荷下腹板与下盖板连接处受最大拉应力,有限元计算值分别为 130.07MPa 和 208.12MPa,实测值中,该处也为最大,试验中最大值分别为 138.9MPa 和 217.2MPa。实测值与有限元计算值分布规律相似,但有误差。

2. 试验过程中表面裂纹和塑性变形的宏观形貌图

图 8.24 和图 8.25 给出了试验前后表面裂纹缺陷和塑性变形位置的宏观形貌图。试验过程中，预置表面裂纹随着载荷的增加，裂纹开口增大，5t 保载时裂纹开口增大明显。加载过程中，最大受力区域在箱形梁跨中承载点位置，8t 载荷下保载时，该区域的腹板已经屈曲变形，见图 8.25(a)，第二次加载至 8t 时，箱形梁已经失稳，塑性变形严重，见图 8.25(b)。

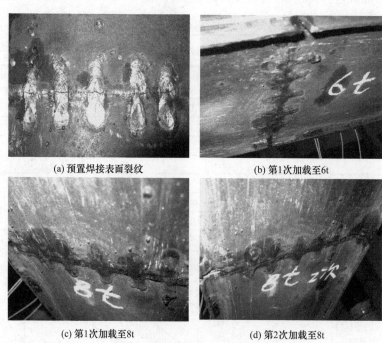

(a) 预置焊接表面裂纹 (b) 第1次加载至6t

(c) 第1次加载至8t (d) 第2次加载至8t

图 8.24　试验过程表面裂纹的宏观形貌图

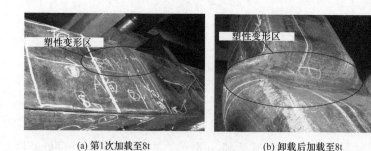

(a) 第1次加载至8t (b) 卸载后加载至8t

图 8.25　试验过程塑性变形区域形貌图

3. 各加载、保载阶段声发射信号的定位源特性

试验中每次加载过程分为加载、保载两个步骤,各次加载过程的载荷逐步上升,在达到最大载荷 8t 后卸载至 3t,然后持续加载直到 8t。试验过程中裂纹区域和塑性变形区域的总体特征如下:

(1) 裂纹区域:载荷达到 5t 时,裂纹区域的应力集中变大,裂纹扩展加剧,第 2 次由 3t 加载至 8t 的过程中,裂纹区域的应力集中变化不明显,裂纹扩展不明显。

(2) 塑性屈服区域:载荷大于 7t 时,材料屈服现象加剧,加载至 8t 时,腹板已经屈曲,第 2 次加载至 8t 时,箱形梁已经失稳,塑性变形严重。

图 8.26 给出了整个加载过程各阶段的声发射源定位图,试验前测定裂纹区域的定位坐标范围为 80~110cm,试验过程中,塑性变形区域为 40~70cm。表 8.8 分别统计了两个区域各加载和保载阶段的声发射定位事件次数,由表可以看出,这两处缺陷的声发射行为与裂纹扩展和塑性变形的行为对应得很好。对于裂纹区域:在 0~3t 载荷下裂纹区域有扩展,但不明显;在 3~8t 载荷下,裂纹区域扩展产生了大量的声发射定位事件;第 2 次由 3t 加载至 8t 的过程中,裂纹扩展不明显。对于塑性屈服区域:载荷小于 7t 时,塑性变形区域的声发射行为不明显;大于 7t 时塑性变形产生了大量的声发射定位事件;第 2 次加载到 8t 时塑性变形区域产生了数量极大的声发射定位事件。这些声发射信号的产生机制主要包括两方面:一是裂纹扩展的声发射信号;二是塑性变形加剧,引起材料内部晶体的断裂及位错运动而产生的声发射信号。

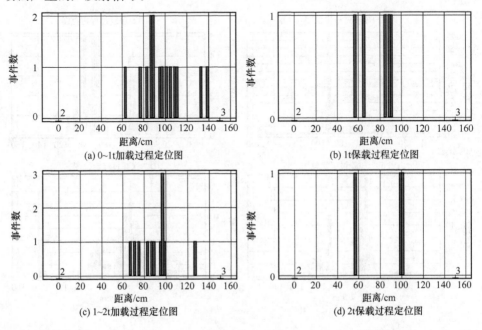

(a) 0~1t加载过程定位图　　　　　　　(b) 1t保载过程定位图

(c) 1~2t加载过程定位图　　　　　　　(d) 2t保载过程定位图

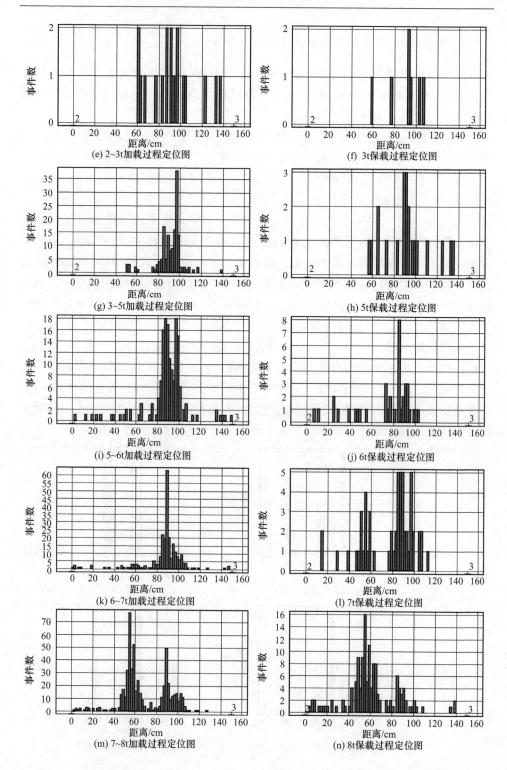

(e) 2~3t加载过程定位图

(f) 3t保载过程定位图

(g) 3~5t加载过程定位图

(h) 5t保载过程定位图

(i) 5~6t加载过程定位图

(j) 6t保载过程定位图

(k) 6~7t加载过程定位图

(l) 7t保载过程定位图

(m) 7~8t加载过程定位图

(n) 8t保载过程定位图

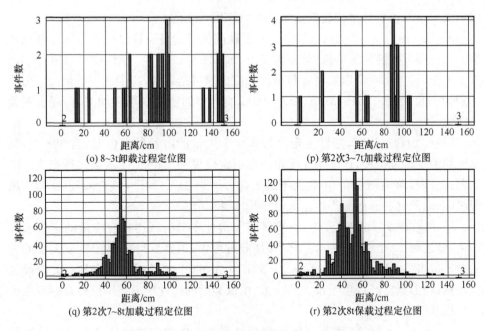

(o) 8~3t卸载过程定位图

(p) 第2次3~7t加载过程定位图

(q) 第2次7~8t加载过程定位图

(r) 第2次8t保载过程定位图

图 8.26　试验各阶段塑性变形和裂纹的声发射源定位图

表 8.8　箱形梁加载过程中缺陷源区的声发射定位事件次数统计表

载荷	定位事件数		载荷	定位事件数	
	裂纹	塑性变形		裂纹	塑性变形
0～1t 加载	10	1	1t 保载	3	2
1～2t 加载	8	1	2t 保载	2	1
2～3t 加载	11	4	3t 保载	5	1
3～5t 加载	139	9	5t 保载	12	4
5～6t 加载	133	10	6t 保载	22	4
6～7t 加载	201	20	7t 保载	34	15
7～8t 加载	197	308	8t 保载	25	88
8～3t 卸载	17	5	3～7t 加载	13	4
7～7.9t 加载	63	605	8t 保载	73	852

　　由表 8.8 可见,0～1t、1～2t、2～3t 的加载过程中,表面裂纹扩展产生了 29 个声发射定位事件,而塑性变形区域仅出现了少量的定位事件。这与该过程中应力值较小,裂纹区域的宏观扩展不明显是一致的。由此可以断定,此过程的裂纹区域

的声发射信号主要是由预置的宏观小裂纹扩展产生的。

3～5t、5～6t、6～7t 加载过程中,预置缺陷位置的表面裂纹扩展持续不断地产生了大量声发射定位源事件,分别为 139 个、133 个、201 个,塑性变形区域分别产生了 9 个、10 个、20 个声发射定位事件。应力测试结果中,跨中测点的最大应力值分别为 138.9MPa、164.3MPa、192.6MPa,材料中的塑性变形在加大,但屈服现象不明显。

7～8t 加载过程中,塑性变形区域产生了大量的声发射定位源,为 308 个,裂纹区域裂纹持续扩展,产生了 197 个声发射定位事件,与 6～7t 加载过程相当。应力测试发现,跨中测点在 8t 载荷下最大应力达到 217.2MPa,接近 Q235B 钢的屈服极限,因此材料的屈服产生了大量定位事件。

第 2 次 3～7t 加载过程中,裂纹区域和塑性变形区域均只有少量的定位事件产生,分别为 13 个和 4 个。在 7～8t 加载过程中,塑性变形区域产生了大量的声发射定位事件,达到 605 个,而裂纹区域产生了 63 个声发射定位事件。此阶段试验过程,箱形梁已经产生了很大的变形,由试验后的塑性区形貌图可以观察到永久变形极其明显。

1t、2t、3t、5t、6t、7t 载荷下保持载荷过程的声发射定位事件主要是裂纹区域的,且加载过程中裂纹扩展是明显的。声发射定位事件快速增加的载荷下,所对应的保载过程的定位事件数也多。塑性变形区域在小于 7t 的保载过程中,仅有少量的声发射定位事件,而 7t 载荷时产生了较多的定位事件,为 15 个。7t 载荷下,测试的应力值已超过许用弯曲应力,因此在该载荷下塑性变形加大。

8t 载荷下保持载荷,裂纹区域的声发射定位事件与 7t 载荷下相当,但塑性变形区域产生了 88 个定位事件。试验后观察到塑性变形区域已经发生了屈曲,产生了永久变形。第 2 次达到 8t 载荷时,保载过程产生了数量巨大的定位事件,为 852 个,试验后塑性区的形貌表明,此阶段中箱形梁失稳,结构件屈服严重。

总之,在 0～8t 加载过程中,表面裂纹从 3t 开始活动明显,并且在随后的加载和保载过程产生了大量的声发射定位事件,并且在 7t 时达到最大值。从 7t 开始,塑性变形区域的塑性变形加剧,产生了大量的声发射定位事件。

根据以上试验结果及分析,可以将带表面裂纹的箱形梁破坏性试验过程的声发射特征归纳如下:

(1)声发射现象与应力测试结果基本对应,但声发射更灵敏,能动态监测,尤其是能监测到屈服现象的出现。

(2)裂纹扩展的声发射定位事件 85％以上产生于第一次加载过程,是获取声发射数据的重要阶段。

(3)结构件局部屈曲后,塑性屈服部位会持续不断地出现大量声发射定位事件。

（4）采用声发射线性定位方法可以测得箱形梁表面裂纹区域及塑性变形区域的声发射信号并进行正确的定位，证明了线形定位方法适用于起重机主梁的声发射检测。

4. 试验过程的声发射信号参数特征

图 8.27 为试验过程中 0～8t 加载过程中 2 号传感器的声发射撞击信号的参数历程图和关联图。由图可知：

（1）试验过程产生了大量的声发射信号，且随着载荷的增加，信号量不断增加，信号幅度不断增强，从 3t 加载开始，信号量增加明显，在 7～8t 加载过程声发射信号量达到最大。声发射信号的能量、累积振铃计数也随着载荷增加而增大，并在 7～8t 加载过程达到最大。RMS 值在 6～7t 加载过程达到最大值 $10.5\mu V$，说明从该载荷开始，材料会出现明显的屈服现象。

（2）与保载过程定位声发射信号的 RMS 值相比，保载过程 RMS 值分布在 $2.4～3.5\mu V$ 范围内，而加载过程为 $2.4～10.5\mu V$；加载过程的 RMS 值明显大于保载过程。

（3）试验过程中定位声发射信号的能量与持续时间、振铃计数与持续时间关联图融合在一起，呈现相似的特征。虽然定位信号主要由裂纹扩展和塑性变形两种机制产生，但参数关联图不能将两者区分开。

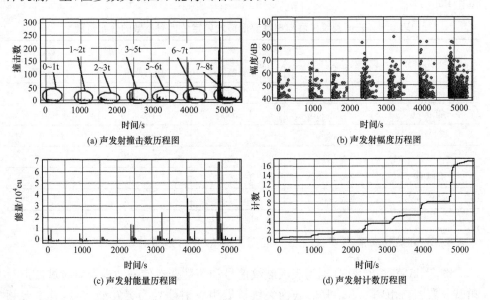

(a) 声发射撞击数历程图　　(b) 声发射幅度历程图

(c) 声发射能量历程图　　(d) 声发射计数历程图

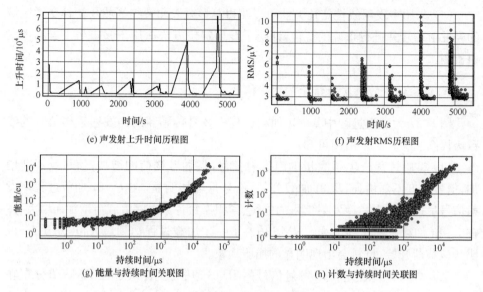

图 8.27　0～8t 加载过程中声发射参数信号历程图、关联图

表 8.9 给出了裂纹缺陷区域和塑性变形区域参与定位的声发射信号参数的分布范围。由表可知,两种声发射源的参数具有相似分布范围,与塑性变形相比,裂纹扩展的声发射信号的幅度、能量、振铃计数、持续时间、上升时间参数的主要分布范围更广。

表 8.9　表面裂纹扩展与塑性变形声发射定位信号参数的分布范围

声发射参数	表面裂纹		塑性变形	
	最大范围	主要范围	最大范围	主要范围
幅度/dB	40～91	42～67	40～90	42～55
能量/eu	1～2.5×10⁴	1～500	1～1.5×10⁴	1～300
振铃计数	1～4×10³	1～500	1～1100	1～50
持续时间/μs	1～7×10⁴	1～3000	1～2.5×10⁴	1～1000
上升时间/μs	1～2×10⁴	1～300	1～600	1～150
RMS/μV	2.3～10.5	2.4～7.5	2.5～9.2	2.7～7

5. 表面裂纹扩展与塑性变形声发射定位信号的频谱特征

图 8.28 和图 8.29 分别为表面裂纹信号和塑性变形信号的声发射时域波形及频谱分布图。由图 8.28 可知,表面裂纹扩展声发射信号为突发型信号,其主要频带为 100～500kHz,并且在 130kHz、350kHz、460kHz 处有峰值。由图 8.29 可知,塑性变形区域的定位信号为既有突发型也有突发型和连续型混合的信号,其主频

带也在 50～200kHz,在 140kHz 处有峰值。

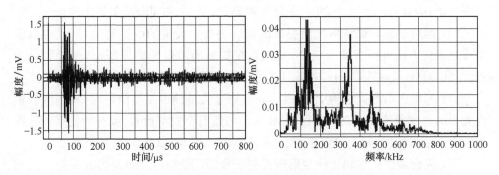

图 8.28 表面裂纹扩展的声发射信号波形和频谱图

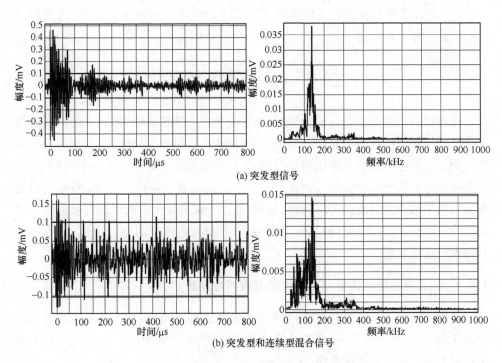

(a) 突发型信号

(b) 突发型和连续型混合信号

图 8.29 塑性变形声发射信号的波形和频谱图

8.3.6 结论

本节采用声发射技术研究了起重机箱形梁破坏性试验全过程的声发射特征,通过预置焊接表面裂纹,获取了表面裂纹扩展和塑性变形的声发射定位特征和定位信号的基础数据,为进一步开展的模式识别提供数据基础,也为现场起重机箱形梁声发射检验提供指导。通过对试验结果分析得到如下结论:

（1）箱形梁破坏性试验过程的声发射现象与应力测试结果基本对应，但声发射更灵敏，能进行动态监测，尤其是能监测到裂纹扩展和屈服现象的出现。

（2）起重机箱形梁结构表面裂纹的扩展会产生大量的声发射信号，且可以采用线性定位方法进行正确的定位；表面裂纹扩展的信号为突发型，其主要频带为100～500kHz，且在130kHz、350kHz、460kHz附近有峰值。

（3）起重机箱形梁结构中，塑性变形会产生大量的声发射信号，材料屈服后塑性变形的声发射信号可以被定位，其定位信号既有突发型信号，也有突发型和连续型混合的信号，其频带主要集中在200kHz以下，在140kHz附近有峰值。

（4）表面裂纹扩展和塑性变形声发射信号的能量与持续时间参数关联特征相似，但不能从参数关联图将二者区分开来。

（5）裂纹扩展的声发射定位事件85％以上产生于第一次加载过程，是获取声发射数据的重要阶段。

8.4　起重机械的声发射源特性研究

在现场进行起重机声发射检测时，为了合理地布置传感器，需要了解声发射信号在被检结构中的衰减特性；为了进行声发射源的识别研究，就必须获取起重机工作过程中可能遇到的各种干扰声发射源，并分析其特征。针对以上两个问题，本节首先研究起重机现场检验中的声发射信号衰减曲线和定位声速问题，研究大型箱形梁结构中的声发射线性定位问题；其次，通过十余台起重机的现场声发射检测试验，获取现场可能遇到的各种典型声发射源，并对这些声发射源的定位、分布和关联特性等进行分析。

8.4.1　起重机主梁结构模拟声发射源衰减特性测试

使用 HB ϕ0.5mm 铅芯，以铅芯折断为声发射信号模拟源，在每个测点位置进行四次测量，取其平均值，分别测试了箱形梁、工字钢主梁两种形式主梁结构的模拟声发射源线性衰减特性曲线。

1. 箱形梁衰减曲线测试

图 8.30 为 QD20/10t-22.5m 桥式起重机箱形梁结构简图及衰减测定点布置图，分别对其上盖板（板厚14mm）和腹板（板厚6mm）进行了衰减测量，两种

板材质均为 Q235B。图 8.31 为这两种板模拟声发射源信号的幅度与能量衰减曲线。

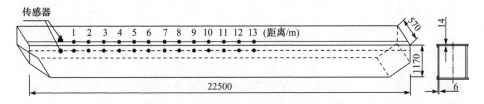

图 8.30 QD20/10t-22.5m 桥式起重机箱形梁模拟声发射源衰减测定点示意图(单位:mm)

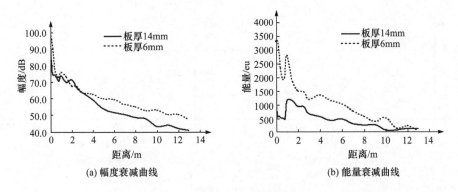

(a) 幅度衰减曲线 (b) 能量衰减曲线

图 8.31 QD20/10t-22.5m 桥式起重机箱形梁模拟声发射信号参数衰减曲线

由图 8.31 可以得到如下结论:

(1) 随着测点远离传感器,模拟声发射源信号的幅度和能量总体上均呈现衰减趋势,在 8m 处,两种板厚的幅度值均大于 50dB;

(2) 在距离传感器大于 3m 以后,6mm 板厚上模拟声发射源信号的幅度值均大于 14mm 板厚的幅度值,说明在 14mm 板厚上声源幅度衰减大于前者;

(3) 14mm 板厚上声源信号的能量衰减大于 6mm 板厚的衰减。

2. 工字钢主梁衰减曲线测试

图 8.32 为 MDG10-30 门式起重机工字钢主梁结构简图及衰减测定点布置图,其型号为工字钢 32b,材质为 Q235B,在其上腿(平均厚度 15mm)中心线上进行了衰减测量,其声发射幅度、能量、计数、持续时间衰减曲线见图 8.33。由此可知,在距离传感器 12.5m 处,其声源衰减的幅度值仍大于 55dB。对比图 8.31 可知,工字钢主梁上的能量和幅度衰减趋势比箱形梁上的要平缓。

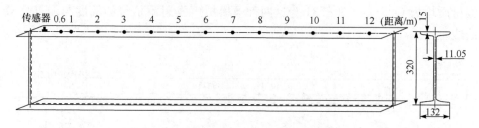

图 8.32　MDG10-30 门式起重机工字钢主梁模拟声发射源衰减测定点示意图(单位:mm)

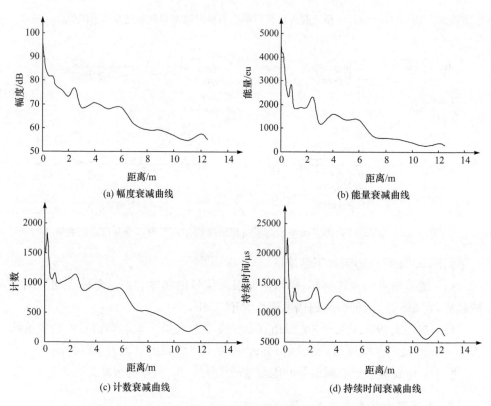

(a) 幅度衰减曲线

(b) 能量衰减曲线

(c) 计数衰减曲线

(d) 持续时间衰减曲线

图 8.33　MDG10-30 门式起重机工字钢主梁模拟声发射信号参数衰减曲线

8.4.2　起重机主梁结构声发射线性定位方法研究

1. 箱形梁结构声发射线性定位可行性研究

图 8.34 为 10t 桥式起重机箱形梁结构示意图,在箱形梁上盖板布置传感器 S1、S2、S3、S4,在两传感器中间的截面 A-A、B-B、C-C 上的 4 个测点 A1~A4、B1~B4、C1~C4 处分别用断铅信号模拟声发射源,记录其定位结果。图 8.35 为三个截面模拟声发射源的定位图。其中,图 8.35(a)为在三个截面与定位坐标轴

交点处模拟声发射源的定位结果,每个位置断铅 3 次;图 8.35(b)为分别在三个截面上 A1~A4 共 4 个测点处断铅的定位结果。表 8.10 为线性定位与实际坐标的误差表,表中截面位置 a 代表测点在定位坐标轴上,b 代表测点在三个截面上。

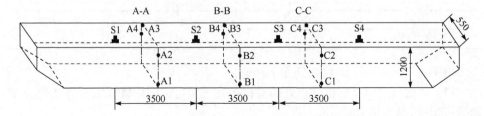

图 8.34　10t 桥式起重机箱形梁线性定位传感器布置图(单位:mm)

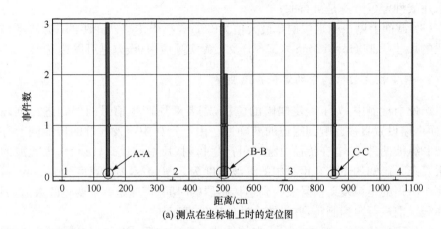

(a) 测点在坐标轴上时的定位图

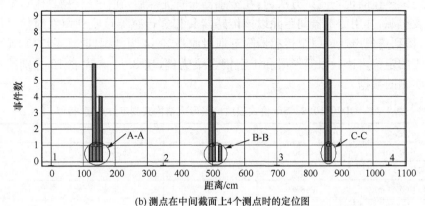

(b) 测点在中间截面上 4 个测点时的定位图

图 8.35　10t 桥式起重机箱形梁线性定位图

表 8.10　10t 桥式起重机箱形梁线性定位误差表(单位:cm)

截面位置	A-A	B-B	C-C
	150	525	850
a	155	517	859
b	127~154	496~525	858~868
最大偏差	23	29	18

由图 8.35 及表 8.10 可得到如下结论:

(1) 截面与定位坐标轴交点处的模拟声发射源可以采用线性定位方法进行准确的线定位,最大偏差 9mm;

(2) 截面上各测点的模拟声发射源集中出现在线性定位坐标轴上,说明箱形梁采用线性定位方法是可行的;

(3) 截面上测点的定位误差最大值为 29cm,小于传感器间距的 10%,考虑到主梁的尺寸(2200cm×120cm×55cm)及工程实际应用,误差是可以接受的。

2. 起重机主梁结构中的定位声速测量

声发射检测中,为了确定缺陷的位置,需要对所产生信号的位置进行准确定位,而声速设置直接影响到定位的准确性。由于钢材中声发射源的传播同时存在横波和纵波两种模式,在传播过程中可产生折射、反射和模式转换等,因此波的传播很复杂。已知的声波在钢材中的纵波速度为 5900m/s,横波速度为 3230m/s,而实测中测得的是声发射信号波包到达传感器的时间,声速是一个变化的数值,因而需在测试前进行声速测定,并设置合适的定位声速。

定位声速的现场测试方法为:在传感器布置完成后,在任一传感器附近断铅模拟声发射源,并用传感器间距除以该传感器和相邻传感器接收到声发射信号的时间差,得到定位声速。每个传感器附近通过测量 3~4 组数据,取其平均值,作为测试过程的定位声速。以箱形梁和工字钢主梁为例,表 8.11 和表 8.12 分别给出了现场实测的数据。

表 8.11　QD20/10t-22.5m 桥式起重机箱形梁结构实测定位声速(板厚 6mm)

传感器	2 号-3 号	3 号-4 号	4 号-5 号	5 号-6 号
距离/m	5.50	5.50	5.50	5.00
时间差/μs	1688	1547	1296	1462
定位声速/(m/s)	3258.29	3555.27	4243.83	3419.97
传感器	3 号-2 号	4 号-3 号	5 号-4 号	6 号-5 号
距离/m	5.50	5.50	5.50	5.00
时间差/μs	1611	1697	1253	1290
定位声速/(m/s)	3414.03	3241.01	4389.47	3875.97

表 8.12　MDG10-30 门式起重机工字钢 32b 主梁实测定位声速

传感器	3 号-4 号			4 号-3 号		
距离/m	7.20	7.20	7.20	7.20	7.20	7.20
时间差/μs	1542	1602	1724	2211	2321	2238
定位声速/(m/s)	4669.3	4494.4	4176.3	3256.5	3102.1	3217.2
传感器	5 号-6 号			6 号-5 号		
距离/m	7.50	7.50	7.50	7.50	7.50	7.50
时间差/μs	2349	2351	2253	2143	2013	2308
定位声速/(m/s)	3192.8	3190.1	3328.9	3499.8	3725.8	3249.6

　　由表 8.11 可知,实测最大声速为 4389m/s,最小声速为 3258m/s。其中最大声速在 4 号和 5 号传感器之间,测试中,小车停在 4 号和 5 号传感器之间,影响了声发射信号在其中的传播。通过多次调整声速,最后确定定位声速为 3500m/s,此时各传感器附近的声发射模拟源都可以进行正确的定位,定位效果比较理想。

　　由表 8.12 可知,实测最大声速为 4669m/s,最小声速为 3102m/s。其中,在 3 号传感器附近断铅模拟声发射,利用 3 号和 4 号传感器来测定的声速比利用其他传感器测得的声速大,也比反过来在 4 号传感器附近断铅测得的声速要大,说明声波在该工字钢结构上的传播比较复杂。通过调整,定位声速设置为 3400m/s。

8.4.3　起重机工作过程的典型声发射源及特征分析

　　通过对十余台起重机的现场声发射检测或针对性试验,获取了现场可能出现的各种典型声发射源信号,并对这些声发射源的定位特征、参数分布特征和关联特征等进行了分析和总结。塑性变形和表面裂纹的声发射源特征在前述章节已经进行了详细分析,本节主要分析小车/大车移动、起升/下降制动噪声、结构摩擦、氧化皮/漆皮剥落、雨滴、电气设备噪声等六种典型声发射源及其特征。

　　1. 小车、大车移动的声发射信号

　　桥、门式起重机在工作状况下,小车和大车移动经常引起大量的干扰声发射源,即使在静载过程,车轮与轨道之间摩擦也会产生干扰源。

　　图 8.36 为一台 10t 桥式起重机进行载荷试验时,测得的小车移动过程的声发射定位特征及参数关联特征。试验中,小车的移动产生大量的定位源,小车沿着轨道行走一次,整个箱形梁上均分布有定位事件。

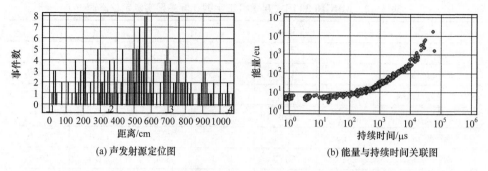

图 8.36　10t 桥式起重机上小车移动的声发射参数图

图 8.37 为一台 20/10t 桥式起重机大车移动引起的声发射定位信号及参数关联图,由于小车位于 4 号传感器附近,在 4 号传感器附近也有较多的定位源出现;同时,在 2 号和 6 号传感器附近有定位源出现,主要由大车移动产生。

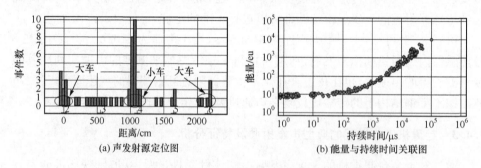

图 8.37　20/10t 桥式起重机上大车移动的声发射参数图

表 8.13 给出了桥式起重机小车移动定位源声发射信号的主要参数范围。图 8.38 为桥式起重机小车移动典型声发射信号的波形和频谱图,传感器型号为 VS900-M(本节以下部分,如不做特殊说明,声发射信号的波形和频谱图所用传感器均为宽带 VS900-M 型传感器)。从频谱图中可观察到,其频谱主要分布在 100～200kHz,峰值位于 80kHz。

表 8.13　桥式起重机小车移动声发射信号的主要参数范围

声发射参数	主要范围	声发射参数	主要范围
幅度/dB	36～50	持续时间/μs	1～2000
能量/eu	4～40	上升时间/μs	1～400
振铃计数	2～30		

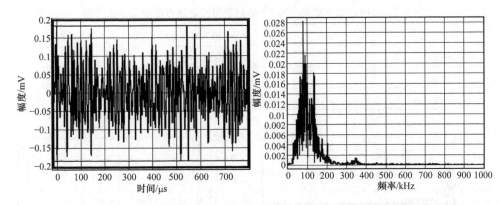

图 8.38　桥式起重机小车移动典型声发射信号的波形和频谱图

2. 起升、下降制动噪声的声发射信号

起重机在起升、下降过程中,由于载荷冲击会引起大量的定位信号,其主要集中在小车与轨道接触处。图 8.39 和图 8.40 分别为一台 10t 门式起重机起升/下降制动过程的声发射定位及参数图,小车位于 4 号和 5 号传感器中间。表 8.14 为其起升/下降制动声发射信号的主要参数范围,图 8.41 为其定位源的典型声发射信号的波形和频谱图,其频谱分布较广,在 50～1000kHz 范围内均有分布,在 60kHz、150kHz、650kHz 附近有峰值。

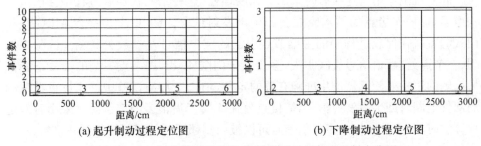

(a) 起升制动过程定位图　　　　　　　　(b) 下降制动过程定位图

图 8.39　10t 门式起重机起升/下降制动过程的声发射定位图

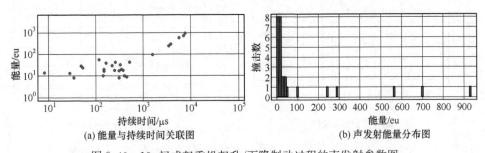

(a) 能量与持续时间关联图　　　　　　　　(b) 声发射能量分布图

图 8.40　10t 门式起重机起升/下降制动过程的声发射参数图

表 8.14　10t 门式起重机起升/下降制动声发射信号的主要参数范围

声发射参数	主要范围	声发射参数	主要范围
幅度/dB	45~60	持续时间/μs	1~500
能量/eu	1~50	上升时间/μs	1~30
振铃计数	1~20		

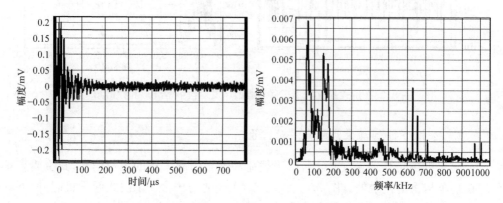

图 8.41　10t 门式起重机起升/下降制动过程的典型声发射信号的波形和频谱图

3. 结构摩擦的声发射信号

起重机主梁结构连接有时采用高强度螺栓,这种结构在加载过程中会产生结构摩擦,这种连接点的结构摩擦会产生声发射信号。图 8.42 为一台 MDG10-30 门式起重机在保载过程中的主梁节点引起的定位信号及参数关联图。试验中发现,在节点处,断铅信号衰减很大,至少低于门限 40dB,即节点一侧的信号不能使另一侧的声发射传感器产生准确有效的定位,但由于加载试验中的摩擦可在两侧的部件上同时产生声发射信号,铰接点处往往会产生很多的定位源。采用时差定位算法时,节点处摩擦的声发射信号可以被两侧邻近的传感器接收到并定位。

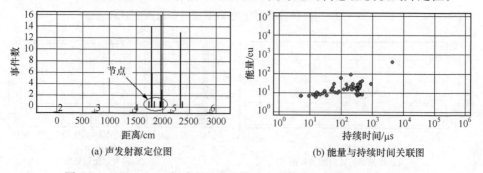

(a) 声发射源定位图　　　　　　　　(b) 能量与持续时间关联图

图 8.42　MDG10-30 门式起重机主梁节点摩擦声发射源定位及参数图

图 8.43 为一台 ZTQJ40/140 型在役架桥机进行载荷试验中的声发射定位特征及参数关联图。图 8.43(a)中有三个定位点,分别位于主梁节点、临时横联铰接点及其与桁架结构接触点;图 8.43(d)、(e)给出了主梁节点、横联铰接点及其与桁架结构接触点的实际位置。试验中,传感器布置在桁架结构的工字钢主梁上,接触点位于桁架的弦杆上,试验中横联的斜撑杆与桁架的弦杆接触并产生了摩擦,引起了定位事件。试验后采用断铅模拟声发射源复查定位源,确认是该位置结构摩擦产生的。同时也可以证明,桁架结构中弦杆上的结构摩擦声发射信号采用线性定位方法是可以进行正确定位的。

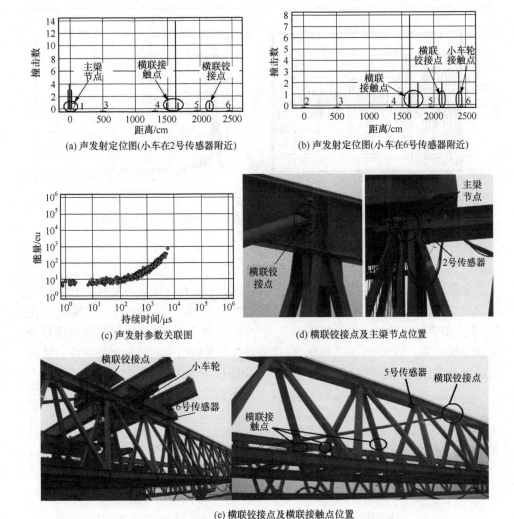

(a) 声发射定位图(小车在2号传感器附近)

(b) 声发射定位图(小车在6号传感器附近)

(c) 声发射参数关联图

(d) 横联铰接点及主梁节点位置

(e) 横联铰接点及横联接触点位置

图 8.43　ZTQJ40/140 型架桥机结构摩擦的声发射参数图

　　表 8.15 为 ZTQJ40/140 型架桥机结构摩擦声发射信号的主要参数范围。图 8.44为其结构摩擦声发射信号的波形及频谱特征,由图可知,其信号为突发型和连续型混合的信号,其频谱分布在 50～200kHz 范围内,峰值在 60kHz 处。

表 8.15　ZTQJ40/140 型架桥机结构摩擦声发射信号的主要参数范围

声发射参数	主要范围	声发射参数	主要范围
幅度/dB	45～65	持续时间/μs	1～500
能量/eu	7～30	上升时间/μs	1～30
振铃计数	3～12		

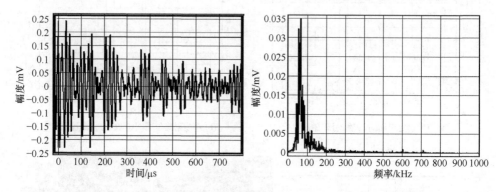

图 8.44　ZTQJ40/140 型架桥机结构摩擦声发射信号的波形和频谱图

4. 氧化皮/漆皮剥落的声发射信号

　　金属结构氧化皮/漆皮剥落也是起重机工作过程中的常见声发射源。通过试验获取了氧化皮/漆皮剥落的声发射信号。图 8.45 为一台 32t 门式起重机氧化皮/漆皮剥落的声发射参数特征图。表 8.16 为其氧化皮/漆皮剥落声发射信号的主要参数范围。图 8.46 为其氧化皮/漆皮剥落声发射信号的波形和频谱图。从频谱图中可观察到,其频谱主要分布在 50～180kHz 范围内。

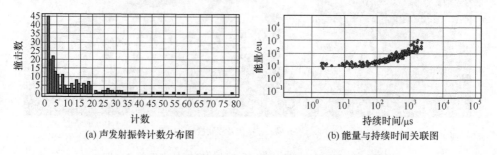

(a) 声发射振铃计数分布图　　　　　　(b) 能量与持续时间关联图

图 8.45　32t 门式起重机氧化皮/漆皮剥落声发射参数特征图

表 8.16　32t 门式起重机氧化皮/漆皮剥落声发射信号的主要参数范围

声发射参数	主要范围	声发射参数	主要范围
幅度/dB	45～60	持续时间/μs	1～1000
能量/eu	10～150	上升时间/μs	1～300
振铃计数	2～20	RMS/μV	2.8～4.5

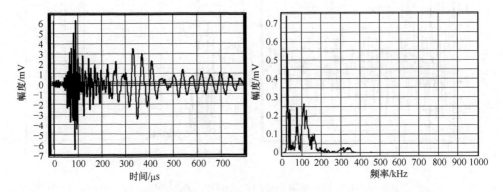

图 8.46　32t 门式起重机氧化皮/漆皮剥落声发射信号的波形和频谱图

5. 雨滴的声发射信号

多数起重机是露天工作的,因此在下雨的情况下,雨滴可能会成为声发射检测的干扰源。图 8.47 为测得的雨滴引起的声发射信号定位及关联特征,说明雨滴也可以引起声发射定位事件。表 8.17 为雨滴声发射信号的主要参数范围。图 8.48 为雨滴声发射信号的波形和频谱图,其频谱主要分布在 50～180kHz 范围内。

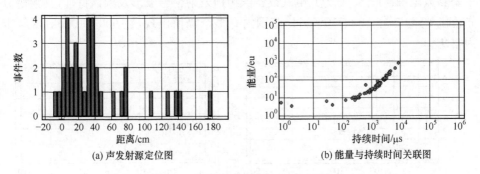

图 8.47　雨滴的声发射定位及关联图

表 8.17　雨滴声发射信号的主要参数范围

声发射参数	主要范围	声发射参数	主要范围
幅度/dB	40~55	持续时间/μs	1~2000
能量/eu	5~120	上升时间/μs	1~500
振铃计数	3~40		

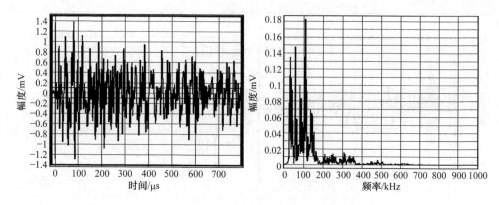

图 8.48　雨滴声发射信号的波形和频谱图

6. 电气设备噪声的声发射信号

电气设备噪声也是测试现场的一种声发射干扰源。图 8.49 为一台 10t 电动单梁桥式起重机进行声发射试验时测得的电气设备噪声源信号的定位图和关联图。在起重机控制系统没有接通电源时,没有发现电气设备噪声的信号。通电后进行载荷试验过程中,测得了电气设备干扰定位源及特征信号。表 8.18 为其参数主要参数范围。图 8.50 为其电气设备噪声声发射信号波形及频谱特征,其频谱分布范围非常广,在 100~1000kHz 范围内有多个峰值出现,在 600~1000kHz 频带内富集。

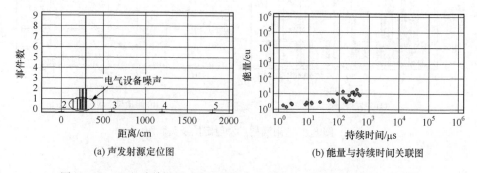

(a) 声发射源定位图　　　　　　　　(b) 能量与持续时间关联图

图 8.49　10t 电动单梁桥式起重机电气设备噪声的声发射定位及关联图

表 8.18　10t 电动单梁桥式起重机电气设备噪声定位源的主要参数范围

声发射参数	主要范围	声发射参数	主要范围
幅度/dB	50~64	持续时间/μs	50~500
能量/eu	6~15	上升时间/μs	1~100
振铃计数	20~60		

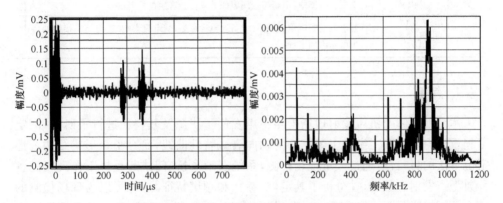

图 8.50　10t 电动单梁桥式起重机电气设备噪声的声发射信号波形和频谱图

7. 起重机工作现场的各种典型声发射源

根据起重机工作现场声发射检验及数据分析，得到现场起重机工作过程中声发射源的汇总表，见表 8.19。

表 8.19　现场起重机工作过程中声发射源汇总表

序号	分类名称	状况描述
1	裂纹扩展	起重机焊缝、母材上裂纹的尖端塑性变形钝化和扩展过程可产生声发射信号
2	塑性变形	起重机金属结构的塑性变形会产生大量的声发射信号，并且能被定位
3	小车、大车移动	桥、门式起重机小车移动时，车轮与轨道之间会产生大量的声发射信号；桥式起重机大车移动时，车轮与轨道之间会产生大量的声发射信号
4	起升、下降制动	起重机在载荷起升或下降制动过程中，结构受到冲击，在小车轮与轨道接触点等位置会产生大量的声发射信号
5	结构摩擦	起重机结构中，结构件可能会采用高强度螺栓、铆接或铰接方式连接，在载荷试验过程中节点位置的结构摩擦或其他金属接触面的摩擦是一种常见的声发射源，会产生大量的声发射信号

序号	分类名称	状况描述
6	氧化皮/漆皮剥落	长期服役的起重机,金属结构表面或油漆易产生氧化,外部环境潮湿、酸雨、海风等可使结构产生较严重的腐蚀,在载荷试验中,氧化皮或漆皮的破裂剥落过程会产生大量的声发射信号
7	雨滴	声发射检测中,雨滴与金属表面的撞击会产生声发射信号
8	电气设备噪声	起重机现场试验中,电气设备通电运行后,受电流影响,在与结构接触处会产生电噪声的干扰

8.4.4　结论

本节针对起重机声发射现场检测中声发射干扰源及其特征进行了研究,测定了起重机箱形梁和工字钢主梁结构的轴向衰减特性曲线,研究了箱形梁结构线性定位方法的可行性,通过大量现场检测,系统获取了桥、门式起重机工作现场的各种典型声发射源数据,并分析了其定位、参数和频谱特征,这些可以为现场检测的结果分析提供指导,为后续的声发射源模式识别提供基础数据。得到的结论主要有:

(1) QD20/10t-22.5m 桥式起重机箱形梁结构的声发射传感器布置间距为可达到 8m;DG10-30 门式起重机工字钢主梁结构的声发射传感器布置间距可达到 10m。在现场测试中,对于截面尺寸更大的结构件,还应在试验前测定被检构件的衰减特性。

(2) 起重机箱形梁、桁架结构主梁中的声发射源,可以采用线性定位方法进行正确的定位;定位声速关系到定位结果的准确性,应根据被检构件的不同,实测定位声速。

(3) 起重机声发射检测中,除了表面裂纹、材料屈服会产生大量的声发射信号外,小车/大车移动、起升/下降制动、结构摩擦、氧化皮/漆皮剥落、水滴、电气设备噪声等也可产生大量的声发射信号,并且可以被定位,这些声发射源是影响检测结果的主要干扰源。根据现场实测结果,给出了上述所有典型声发射源的主要参数和频谱特征。

(4) 获取了各种典型声发射源的波形信号及频谱特征,其中裂纹、塑性变形、起升/下降制动噪声的定位信号为明显的突发型信号;起升/下降制动噪声、电气设备噪声声发射信号的频带分布最广,为 50~1000kHz,表面焊接裂纹次之,为 100~500kHz,其他类型的声发射源主要频带都在 200kHz 以下。

8.5　起重机械声发射检测的结果评定

　　声发射检测的结果评定,即对声发射源的严重性程度进行定量的评价问题,是声发射检测工程应用中的重要环节,其目的是对声发射源特性进行分析后,给出缺陷严重性的评判标准,使检测人员能够对被检件进行完整性评价,并确定是否需要对源进行复验。

　　在声发射的应用领域中,人们根据多年的实践总结出许多经验,通过对声发射参数的分析,建立其与声发射源的表征和映射关系,如美国的 ASTM 和 ASME 标准,以及我国的国标 GB/T 18182—2012 等都是以声发射参数来进行检测对象的无损评价和安全性评价。美国 ASTM 的 F914-03 和 F1430-03 标准,是声发射技术在起重设备行业中的主要参照标准,国内尚无起重机械声发射检测技术方面的相关标准。

　　进行起重机械声发射检测后,需要对检测结果进行评价,其目的是划分声发射源的级别,确定需要采用其他无损检测手段进行复检的危险源。其主要内容包括:声发射源区的确定,声发射源的活度、强度划分,声发射源的综合等级评价和声发射源的复检。本节为作者课题组通过研究提出的起重机械声发射源的评价方法。

8.5.1　声发射源区的确定

　　采用时差定位时,以声发射源定位比较密集的部位为中心来划定声发射定位源区,间距在探头间距 10%以内的定位源可被划在同一个源区。

　　采用区域定位时,声发射定位源区按实际区域来划分。

8.5.2　声发射源的活性划分

　　(1)如果源区的事件数随着加载或保载呈快速增加,则认为该部位的声发射源为超强活性。

　　(2)如果源区的事件数随着加载或保载呈连续增加,则认为该部位的声发射源为强活性。

　　(3)如果源区的事件数随着加载或保载断续出现,则声发射源的活度等级评定按表 8.20 进行。

表 8.20　断续出现声发射源的活度等级划分方法

序号	声发射源区的描述	活性等级
1	在整个加载和保载阶段出现的定位源数不超过 5 个	弱活性
2	在所有加载阶段出现不超过 10 个定位源,所有保载阶段未出现定位源	弱活性
3	在所有加载阶段出现 10~20 个定位源,所有保载阶段未出现定位源	中活性

序号	声发射源区的描述	活性等级
4	在所有加载阶段未出现定位源,在所有保载阶段出现5~10个定位源	中活性
5	在所有加载和保载阶段均出现定位源,总数在5~20个	中活性
6	超过上述范围的	强活性

注:桥、门式起重机检测过程中,应注意起、制动平稳,车轮与轨道接触面附近定位源区的定位源事件,应进行判别。

8.5.3　声发射源的强度划分

声发射源的强度 Q 可用能量、幅度或计数参数来表示。源的强度计算取源区前 5 个最大的能量、幅度或计数参数的平均值(幅度参数应根据衰减测量结果加以修正)。声发射源的强度划分按表 8.21 进行,表中的 a、b 值应由试验来确定。表 8.22 是 Q235 钢采用幅度参数划分源的强度的推荐值。

表 8.21　声发射源的强度划分

源的强度级别	源强度
低强度	$Q < a$
中强度	$a \leqslant Q \leqslant b$
高强度	$Q > b$

表 8.22　Q235 钢采用幅度参数划分源的强度

源的强度级别	幅度
低强度	$Q < 55dB$
中强度	$55dB \leqslant Q \leqslant 75dB$
高强度	$Q > 75dB$

注:表中数据是经衰减修正后的数据。传感器输出 $1\mu V$ 为 0dB。

8.5.4　声发射源的综合等级评价

根据声发射源的活度和强度,其综合等级评定分为四个等级,按表 8.23 进行。

表 8.23　声发射源的综合等级评价

综合等级	超强活性	强活性	中活性	弱活性
高强度	Ⅳ	Ⅳ	Ⅲ	Ⅱ
中强度	Ⅳ	Ⅲ	Ⅱ	Ⅰ
低强度	Ⅲ	Ⅲ	Ⅱ	Ⅰ

8.5.5　声发射源的复检

Ⅰ级声发射源不需要复检,Ⅱ级声发射源由检验人员根据源部位的实际结构决定是否需要采用其他无损检测方法复检,Ⅲ级和Ⅳ级声发射源应采用常规无损检测方法进行复检。

8.6　起重机械声发射现场检测应用案例

8.6.1　QD20/10t-22.5m 桥式起重机声发射检测结果及评价

1. 被检设备基本情况

被检设备基本信息如表 8.24 所示,起重机性能参数如表 8.25 所示。该吊钩桥式起重机日常工作载荷为 8～9t,每月吊重 20t 约 10 次,2007 年 5 月安装。该车起步时车体振动较大,制动时也有,制动器工作正常。箱形主梁上下盖板及腹板均采用埋弧自动焊,对接焊缝,并根据标准 JB/T 10559—2006,在制造时进行了超声波探伤,其中上盖板 58%、下盖板 100%、腹板 40%,未发现超标缺陷。箱形主梁上盖板厚 14mm、宽 550mm,下盖板厚 12mm、宽 550mm,腹板厚 6mm、宽 1150mm。

表 8.24　QD20/10t-22.5m 桥式起重机基本信息表

设备名称:QD20/10t-22.5m A6 吊钩桥式起重机	型式:通用桥式起重机
使用单位:河南永登铝业公司	设备编号:轧机煅车间 1 号
制造单位:河南卫华重型机械股份有限公司	安装日期:2007 年 5 月 29 日
材质:Q235B 钢	试验日期:2007 年 12 月 4 日

表 8.25　QD20/10t-22.5m 桥式起重机性能参数表

机构名称 项目	起升机构		机构名称 项目	运行机构	
	主起升	副起升		小车	大车
起重量/t	20	10	轨距/m	2	22.5
起升速度/(m/min)	9.7	13.2	运行速度/(m/min)	44.6	101.4
工作级别	M6	M5	工作级别	M6	M5
最大起升高度/m	10	12	最大轮压/kN	80.65	198

2. 检测设备

本试验采用德国 Vallen 公司全数字 6 通道 AMSY-5 声发射系统,该系统可以实现 6 个通道同时进行声发射特征参数的实时采集和 3 个通道的波形实时采集,系统附件主要包括传感器、计算机、电缆等。传感器选用德国 Vallen 公司的

VS150-RIC 和 VS900-RIC 型高灵敏度声发射传感器,频带范围分别为 100~450kHz 和 100~900kHz,内置前置放大器,增益为 34dB。

3. 试验设置及仪器调试

1) 衰减测量

以 HB ϕ0.5mm 铅芯折断为声发射模拟源信号,分别对上盖板(板厚 14mm)和腹板(板厚 6mm)进行了衰减测量,每个部位进行四次测量,取其平均值,其声发射信号幅度衰减测量结果如表 8.26 所示,幅度衰减曲线如图 8.51 所示。

表 8.26　声发射信号幅度衰减测量结果

与探头距离/m		0	0.05	0.2	0.4	0.6	0.8	1.0	1.5	2.0	2.5	3.0
平均幅度 /dB	$\delta=6mm$	100	95	90	78	73	73	76	73	68	68	63
	$\delta=14mm$	97	81	73	74	72	73	74	70	71	67	64
与探头距离/m		4.0	5.0	6.0	7.0	8.0	9.0	10.0	11.0	12.0	13.0	
平均幅度 /dB	$\delta=6mm$	63	59	59	55	55	52	53	50	50	48	
	$\delta=14mm$	60	54	52	50	49	48	43	44	41	40	

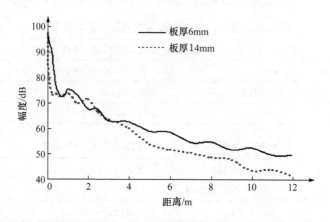

图 8.51　QD20/10t-22.5m 桥式起重机模拟声发射信号幅度衰减曲线

2) 传感器布置及灵敏度测量

本试验对该起重机的一侧箱形主梁进行了声发射实时监测,采用线定位方法,将传感器布置在一侧腹板中间。传感器布置见图 8.52,其中 1 号传感器型号为 VS900-RIC,2 号~6 号传感器型号为 VS150-RIC。由于被检设备工作现场环境恶劣,在布置传感器时尽量粘贴牢固有效,线缆布置合理,防止在试验中被机械传动破坏。

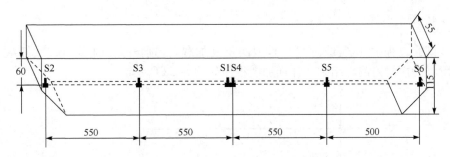

图 8.52　QD20/10t-22.5m 桥式起重机箱形主梁传感器布置图(单位:cm)

传感器布置后,在各传感器旁 10mm 附近以铅芯折断为模拟源进行灵敏度测量,每个传感器断铅 3 次,得到各传感器灵敏度,如表 8.27 所示。

表 8.27　QD20/10t-22.5m 桥式起重机声发射传感器灵敏度测量汇总表

传感器编号	1	2	3	4	5	6
传感器型号	VS900-RIC	VS150-RIC	VS150-RIC	VS150-RIC	VS150-RIC	VS150-RIC
灵敏度/dB	91.9	96.8	97.9	99.4	97.6	94.5
	89.3	97.2	96.0	99.8	98.3	93.0
	90.0	95.3	96.0	98.7	98.3	93.4
平均灵敏度/dB	90.4	96.4	96.6	99.3	98.1	93.6

3) 声速测量

在传感器布置完成后,在其中一个传感器附近断铅,通过计算该传感器和相邻传感器接收到声发射信号的时间差,计算声速。通过测量 4 组声速数据,如表 8.28 所示,最后调整确定定位声速为 3500m/s,此时的定位效果比较理想。由测试结果可发现,利用 4 号和 5 号传感器间测得的声速比利用其他传感器测得的声速有较大的差别,此时小车停在 4 号和 5 号传感器之间。

表 8.28　QD20/10t-22.5m 桥式起重机声速测量结果(板厚 6mm)

传感器	2 号-3 号	3 号-4 号	4 号-5 号	5 号-6 号
距离/m	5.50	5.50	5.50	5.00
时间差/μs	1688	1547	1296	1462
声速/(m/s)	3258.29	3555.27	4243.83	3419.97
传感器	3 号-2 号	4 号-3 号	5 号-4 号	6 号-5 号
距离/m	5.50	5.50	5.50	5.00
时间差/μs	1611	1697	1253	1290
声速/(m/s)	3414.03	3241.01	4389.47	3875.97

4. 加载程序

试验过程中,试验载荷为 24t,两次重复加载,分别记录了加载、保载、卸载三个阶段的声发射测试结果。详细加载程序如图 8.53 所示。

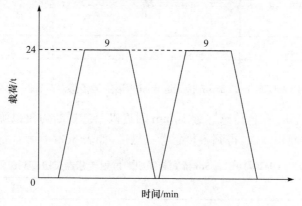

图 8.53　QD20/10t-22.5m 桥式起重机加载程序图

5. 检测结果

图 8.54 和图 8.55 分别为 24t 两次测试过程的声发射信号定位图,加载过程中两个小车轮在定位图中的坐标分别为 10.5m 和 13.5m。

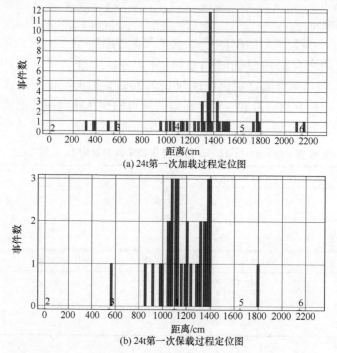

(a) 24t第一次加载过程定位图

(b) 24t第一次保载过程定位图

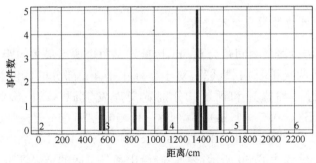

(c) 24t第一次卸载过程定位图

图 8.54　QD20/10t-22.5m 桥式起重机 24t 载荷第一次测试过程定位结果

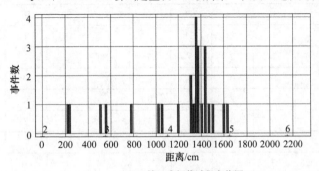

(a) 24t第二次加载过程定位图

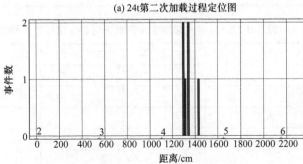

(b) 24t第二次保载过程定位图

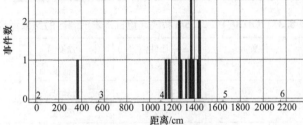

(c) 24t第二次卸载过程定位图

图 8.55　QD20/10t-22.5m 桥式起重机 24t 载荷第二次测试过程定位结果

6. 声发射源的结果分析及评价

本试验中传感器最大间距为 5.5m，因此定义每个源区最大间距为 0.5m。24t 载荷下，进行了两次重复加载试验，对于坐标小于 4m 部分的活度为非活性的源区，这里不进行详细描述和评价。分别定义声发射源区 S1（5.2～5.7m）、S2（10～10.5m）、S3（10.5～11m）、S4（11～11.5m）、S5（11.5～12m）、S6（12～12.5m）、S7（12.5～13m）、S8（13～13.5m）、S9（13.5～14m），各个声发射源区的定位特征如表 8.29 和表 8.30 所示，表 8.31 给出了各源区的结果评价。

表 8.29　QD20/10t-22.5m 桥式起重机声发射源区定位事件数

定位事件数	S1	S2	S3	S4	S5	S6	S7	S8	S9
第 1 次加载	1	2	1	2	1	1	1	7	13
第 1 次保载	1	3	5	6	2	3	2	4	8
第 1 次卸载	2	0	2	0	0	0	0	0	6
第 2 次加载	1	2	0	0	1	0	0	4	7
第 2 次保载	0	0	0	0	0	0	2	3	0
第 2 次卸载	0	0	0	1	1	0	3	2	4
合计	5	5	8	10	5	4	8	20	38

表 8.30　QD20/10t-22.5m 桥式起重机声发射源区定位事件最大幅度（单位：dB）

定位事件数	S1	S2	S3	S4	S5	S6	S7	S8	S9
第 1 次加载	58.7	54.2	64.7	57.9	62.2	56	64.5	71.8	66.4
第 1 次保载	51	50.1	52	51	53	53	57.7	55	58.2
第 1 次卸载	56.4	—	66.5						62
第 2 次加载	57.1	54.3	—		58.4			62.6	58.6
第 2 次保载	—						53	52	—
第 2 次卸载	—			56.1	53		55	64.1	60
最大值	58.7	54.3	66.5	57.9	62.2	56	64.5	71.8	66.4

表 8.31　QD20/10t-22.5m 桥式起重机声发射源区的结果评价

声发射源区	位置/m	活性	强度	综合等级
S1	5.2～5.7	弱活性	中强度	I
S2	10～10.5	弱活性	弱强度	I
S3	10.5～11	中活性	中强度	II
S4	11～11.5	中活性	中强度	II

续表

声发射源区	位置/m	活性	强度	综合等级
S5	11.5~12	弱活性	中强度	Ⅰ
S6	12~12.5	弱活性	中强度	Ⅰ
S7	12.5~13	中活性	中强度	Ⅱ
S8	13~13.5	中活性	中强度	Ⅱ
S9	13.5~14	强活性	中强度	Ⅲ

由表 8.31 的评价结果可知,24t 载荷测试过程中,出现了 4 个Ⅰ级源、4 个Ⅱ级源和 1 个Ⅲ级源。已知两个小车轮的位置分别在 10.5m 和 13.5m 处,观察小车轮附近箱形梁,未见异常现象,并经过断铅寻源,确定小车轮位置在Ⅲ级源区内,因此不需要复验。由此可得出最终检测结论:试验过程中,该箱形梁结构中未见活性缺陷源。

8.6.2　QD100/20t-22m 通用桥式起重机声发射检测结果及评价

1. 被检设备基本情况

被检设备为保定天威风电科技有限公司的 QD100/20t-22m A5 通用桥式起重机,由河南卫华重型机械股份有限公司于 2007 年 11 月制造,主梁材质为 Q235B 钢,试验日期为 2008 年 9 月 12 日。该起重机主要性能参数如表 8.32 所示。

表 8.32　QD100/20t-22m 桥式起重机性能参数表

机构名称 项目	起升机构		机构名称 项目	运行机构	
	主起升	副起升		小车	大车
起重量/t	100	20	轨距/m	3.5	22
起升速度/(m/min)	3.5	7.3	运行速度/(m/min)	33	61.2
最大起升高度/m	12	14	最大轮压/kN	343.89	364

2. 检测设备

本试验采用德国 Vallen 公司全数字 12 通道 AMSY-5 声发射系统,该系统附件主要包括传感器、计算机、电缆等。传感器选用德国 Vallen 公司的 VS150-RIC 型高灵敏度声发射传感器,频带范围分别为 100~450kHz,内置前置放大器,增益为 34dB。

3. 试验设置及仪器调试

本试验对该通用桥式起重机的两侧箱形主梁同时进行了声发射实时监测,采用线定位方法,将传感器布置在两侧腹板中间,传感器布置如图 8.56 所示。由于被检设备工作现场环境恶劣,在布置传感器时应尽量粘贴牢固有效,线缆布置合理,防止在试验中被机械传动破坏。传感器布置后,利用仪器自标定功能,进行传感器灵敏度标定,定位结果如图 8.57 所示,定位声速设置为 5000m/s。

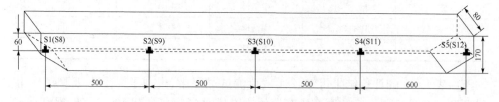

图 8.56　QD100/20t-22m 桥式起重机箱形主梁声发射传感器布置图(单位:cm)

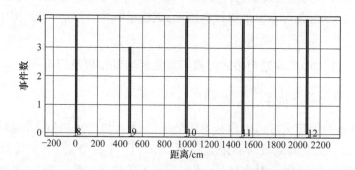

图 8.57　QD100/20t-22m 桥式起重机声发射传感器自标定定位图

4. 加载程序

试验过程中,试验载荷为 125t,为额定载荷的 1.25 倍,进行两次重复加载,加载程序如图 8.58 所示。

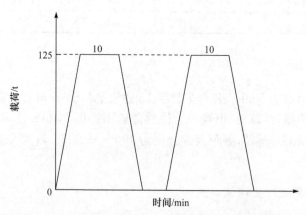

图 8.58　QD100/20t-22m 桥式起重机声发射检测加载程序图

5. 测试结果

图 8.59 为 QD100/20t-22m 桥式起重机箱形主梁声发射检测过程中一侧主梁的声发射信号定位图,在 10~14m 内出现了大量的声发射定位源信号。

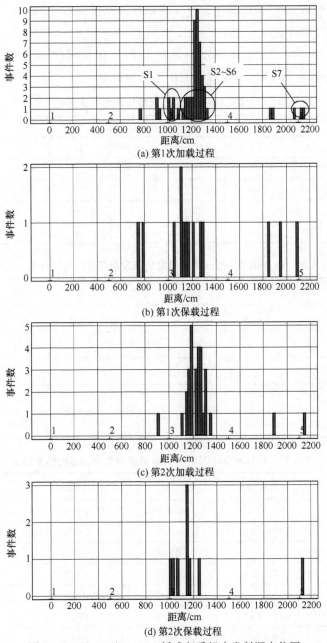

(a) 第1次加载过程

(b) 第1次保载过程

(c) 第2次加载过程

(d) 第2次保载过程

图 8.59　QD100/20t-22m 桥式起重机声发射源定位图

6. 声发射源的结果分析及评价

本试验中传感器最大间距为 6m,因此可定义每个源区最大间距为 0.6m。试验过程中,小车轮的位置在定位图中 9.5m 和 13m 处,一侧大车轮距 5 号传感器 0.5m。根据定位特征,可将两次加载过程中的定位源区分为:S1(10~10.5m)、S2(11~11.5m)、S3(11.5~12m)、S4(12~12.5m)、S5(12.5~13m)、S6(13~13.5m)、S7(20.5~21m),各声发射源区的声发射信号定位特征如表 8.33 和表 8.34所示,表 8.35 给出了各源区的结果评价。

表 8.33　QD100/20t-22m 桥式起重机声发射源区定位事件数

定位事件数	S1	S2	S3	S4	S5	S6	S7
第 1 次加载	5	3	4	21	14	1	2
第 1 次保载	1	4	1	1	2	0	1
第 2 次加载	0	3	9	7	5	4	1
第 2 次保载	3	0	2	1	0	0	1
合计	9	10	16	30	21	5	5

表 8.34　QD100/20t-22m 桥式起重机声发射源区定位事件最大幅度(单位:dB)

定位事件数	S1	S2	S3	S4	S5	S6	S7
第 1 次加载	69.2	68.4	71	73	71.6	64.8	70.9
第 1 次保载	61	58	62	54.7	58	—	61
第 2 次加载	—	67	69.4	71.6	67	68.3	66
第 2 次保载	62.1	—	60	67.8	—	—	55
最大值	69.2	68.4	71	73	71.6	68.3	70.9

表 8.35　QD100/20t-22m 桥式起重机声发射源区的结果评价

声发射源区	位置/m	活性	强度	综合等级
S1	10~10.5	弱活性	中强度	Ⅱ
S2	11~11.5	弱活性	中强度	Ⅱ
S3	11.5~12	弱活性	中强度	Ⅱ
S4	12~12.5	强活性	中强度	Ⅲ
S5	12.5~13	强活性	中强度	Ⅲ
S6	13~13.5	弱活性	中强度	Ⅰ
S7	20.5~21	中活性	中强度	Ⅱ

由表 8.35 的评价结果可知,125t 载荷测试过程中,出现了 1 个 Ⅰ 级源、4 个 Ⅱ 级源和 2 个 Ⅲ 级源。已知两个小车轮的位置分别在 9.5m 和 13m 处,观察小车轮附近箱形梁,未见异常现象,并经过断铅寻源,确定小车轮位置发散分布在 S4、S5 源区内,因此可以判定声源由小车轮引起,不需要复验。由此可得出最终检验结论:试验过程中,该箱形梁结构中未见活性缺陷源。

8.6.3　10t-28.8m 桥式起重机检测结果及评定

1. 被检设备基本情况

被检设备为中国巨力集团有限公司的电动葫芦双梁桥式起重机,由河南卫华重型机械股份有限公司于 2004 年制造,设备编号为缆索车间北跨西车,主梁材质为 Q235B 钢,试验日期为 2008 年 9 月 13 日。该起重机主要性能参数如表 8.36 所示。

表 8.36　10t-28.8m 桥式起重机性能参数表

项目	参数	项目	参数
额定起重量/t	10	大车轨距/m	28.8
小车轨距/m	1.3	工作级别	A5

2. 检测设备

本试验采用德国 Vallen 公司全数字 12 通道 AMSY-5 声发射系统,该系统附件主要包括传感器、计算机、电缆等。传感器选用德国 Vallen 公司的 VS150-RIC 和 VS900-RIC 型高灵敏度声发射传感器,频带范围分别为 100~450kHz 和 100~900kHz,内置前置放大器,增益为 34dB。

3. 试验设置及仪器调试

以 HB ϕ0.5mm 铅芯折断为声发射信号模拟源,对腹板进行了衰减测量,每个部位进行四次测量,取其平均值,其声发射信号幅度测量结果如表 8.37 所示,衰减曲线如图 8.60 所示。本试验中对该桥式起重机的一侧箱形主梁进行了声发射实时监测,采用线定位方法,将传感器布置在两侧腹板中间,传感器布置如图 8.61 所示。测量背景噪声低于 40dB,因此试验过程中门限设置为 40dB。

表 8.37　10t-28.8m 桥式起重机声发射信号衰减测量结果

与探头距离/m	0	0.1	0.2	0.4	0.6	0.8	1.0	1.5	2.0
平均幅度/dB	98.6	94.9	88	82	76.5	77.6	80	73	70.2
与探头距离/m	2.5	3.0	3.5	4.0	4.5	5	6	7	8
平均幅度/dB	73	68	66	72	64.7	60.4	58	53	54.9

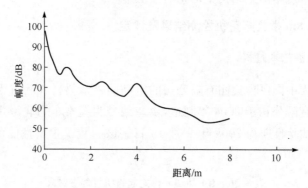

图 8.60　10t-28.8m 桥式起重机主梁模拟声发射信号幅度衰减曲线

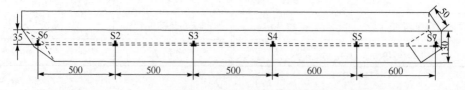

图 8.61　10t-28.8m 桥式起重机箱形主梁声发射传感器布置图(单位:cm)

4. 加载程序

起重机日常工作荷载不超过 8t,因此试验载荷定为 10.1t,进行两次重复加载,加载程序如图 8.62 所示。

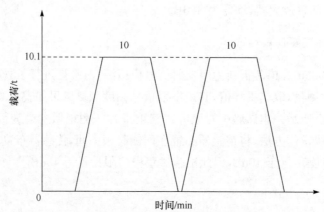

图 8.62　10t-28.8m 桥式起重机声发射检测加载程序图

5. 测试结果

　　图 8.63 为该起重机箱形主梁声发射检测的声发射信号定位图,总共发现 5 个区域有声发射定位源信号。

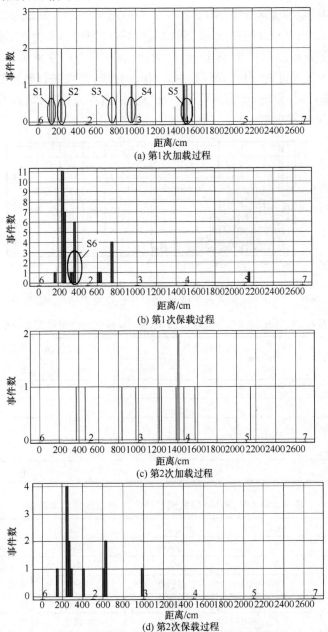

图 8.63　10t-28.8m 桥式起重机声发射信号定位图

6. 声发射源的结果分析及评价

本试验中传感器最大间距为 6m,因此可定义每个源区最大间距为 0.5m。试验过程中,小车轮的位置在定位图中 15.2m 和 18.7m 处。根据定位特征,可将两次加载过程中的定位源区分为:S1(1.25~1.75m)、S2(2.5~2.9m)、S3(7.5~7.6m)、S4(9.5~10m)、S5(14.8~15.2m)、S6(3.6~4m)。图 8.64 为 S2 源区定位声发射信号的幅度分布图。表 8.38 给出了 S2、S5、S6 三个声发射源区的定位特征。表 8.39 给出了各源区的评价结果,其中 S2 源为Ⅲ级,需要进行磁粉复检。经采用模拟声发射源标定,发现 S2 源区位于平台与主梁角焊缝连接部位,采用磁粉探伤进行复验,未见异常现象。

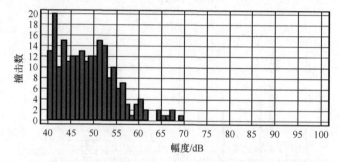

图 8.64　10t-28.8m 桥式起重机 S2 源区定位声发射信号的幅度分布图

表 8.38　10t-28.8m 桥式起重机 S2、S5、S6 源区的声发射定位特征

加载历程	定位事件数			定位事件最大幅度/dB		
	S2	S5	S6	S2	S5	S6
第 1 次加载	3	6	0	56	68.6	—
第 1 次保载	18	0	8	69.3	—	53.5
第 2 次加载	1	4	0	60	58.5	—
第 2 次保载	7	0	1	67.1	—	50
合计/最大值	29	10	9	69.3	58.6	53.5

表 8.39　10t-28.8m 桥式起重机声发射源区的结果评价

声发射源区	位置/mm	活性	强度	综合等级
S1	127~167	弱活性	弱强度	Ⅰ
S2	250~290	中活性	中强度	Ⅲ
S3	750~760	弱活性	弱强度	Ⅰ
S4	950~1000	弱活性	弱强度	Ⅰ
S5	1480~1520	弱活性	中强度	Ⅰ
S6	360~400	中活性	弱强度	Ⅱ

8.6.4　结论

（1）根据现场检验实践和试验研究结果,提出了起重机声发射检测方法;综合前文起重机现场的典型声发射源特性,提出了起重机声发射源的结果评定方法。根据声源的活度和强度,对起重机声发射源进行综合评定,最终划分Ⅰ、Ⅱ、Ⅲ、Ⅳ四个等级。

（2）根据现场声发射检测实例,对测试中的声发射源区进行了活性、强度及综合等级的评定,利用磁粉探伤对源区进行复验,验证了检测结果评价方法的可靠性。

（3）根据提出的起重机声发射检测结果评价方法,对 QD20/10t-22.5m 吊钩桥式起重机、QD100/20t-22m 桥式起重机、电动葫芦双梁桥式起重机现场声发射测试进行了结果评价。

（4）根据起重机声发射检测方法和声发射源的结果评定方法,提出了"桥式和门式起重机金属结构声发射检测及结果评定方法"标准草案(附录5)。

8.7　本 章 小 结

本章针对声发射检测技术在起重机械中应用研究的关键问题和专业标准的空白,系统论述了起重机械声发射检测技术基础理论、研究及应用成果;首先研究了起重机常用钢材(Q235 钢和 Q345 钢)拉伸过程的声发射特性,然后获取了起重机主要结构件和工作过程的典型声发射源及其特性;研究了起重机械关键部件的声发射定位问题,提出了基于时差线定位的桥式和门式起重机检测方法;获取了各种典型声发射源的宽频带波形信号,获得了起重机典型声发射源的频谱特性;首次提出了桥式与门式起重机声发射检测结果的评定方法,通过引入声发射源活度和强度的概念,提出将起重机械声发射源的综合等级划分为四个级别;最后给出了起重机械声发射检测的典型案例。本章内容和研究成果具体总结如下:

（1）研究了 Q235 钢和 Q345 钢母材和带焊缝试件拉伸过程的声发射特征,并对四种试件进行了对比分析,结果表明:试件拉伸过程中会产生声发射定位事件,定位信号为突发型信号,频率分布范围广,主要分布在 200kHz 以下,且在 150kHz 有明显峰值;采用声发射 RMS 曲线和能量曲线能够清晰地观察到屈服点的出现,可以观测到焊缝试件拉伸过程会出现多次屈服现象,Q345 钢焊缝试件的双屈服现象尤为明显,这是在应力应变曲线中所不能发现的;母材试件屈服过程中会出现大量幅度低于 45dB 的声发射信号,但比其他阶段相同幅度下的声发射信号能量更大、持续时间更长,而焊缝试件没有。

（2）通过在大型结构件上制造真实的焊接表面裂纹,研究了箱形、槽形试件三点弯曲过程和起重机箱形梁破坏性试验过程中裂纹扩展的声发射特性,克服了在小型试样上模拟试验结果与起重机工作现场采集到数据的差异,获取了大型结构件中表面裂纹扩展和塑性变形的典型声发射信号数据。试验结果表明,箱形梁破坏性试验过程的声发射现象与应力测试结果基本对应,但声发射更灵敏,能动态监测;起重机箱形梁结构表面裂纹的扩展过程会出现大量的声发射信号,并且可以采用线性定位方法进行正确的定位,裂纹扩展的声发射定位事件85％以上产生于第一次加载过程,表面裂纹扩展的声发射信号为突发型信号,其主要频带为100～500kHz,且在 130kHz、350kHz、460kHz 附近有峰值;箱形梁结构塑性变形过程中会产生大量的声发射信号,材料屈服后塑性变形的声发射信号可以被定位,定位信号既有突发型信号,也有突发型和连续型混合的信号,其频带主要集中在200kHz 以下,在 140kHz 处有峰值;表面裂纹扩展和塑性变形声发射信号的参数关联特征相似,不能从参数关联图将二者区分开。

（3）通过在现场进行十余台起重机的声发射检测和针对性试验研究,系统获取并分析了桥/门式起重机试验过程中可能出现的各种典型声发射源数据,主要有:小车/大车移动、起升/下降制动噪声、结构摩擦、氧化皮/漆皮剥落、雨滴、电气设备噪声等,并对各种声发射源的定位特征、参数特征和频谱特征进行了分析和总结。

（4）通过起重机现场声发射检测,研究了起重机箱形梁结构中声发射线性定位方法的可行性,获取了现场起重机箱形梁和桁架结构主梁的声发射衰减特性,提出了基于时差线定位的桥式和门式起重机检测方法。现场检验表明,该方法可以确定起重机械关键结构部件上在加载期间产生活性声发射源的部位,定位声速的设定影响定位结果的准确性。

（5）研究了起重机械声发射检测的结果评定问题,首次提出了桥式与门式起重机声发射检测结果的评定方法,通过引入声发射源活度和强度的概念,提出将起重机械声发射源的综合等级划分为四个级别,并最终提出了"桥式和门式起重机金属结构声发射检测及结果评定方法"标准草案。

参 考 文 献

陈玉华,刘时风,耿荣生,等.2002.声发射信号的谱分析和相关分析.无损检测,24(9):395-399.

耿荣生,沈功田,刘时风.2002.基于波形分析的声发射信号处理技术.无损检测,24(6):257-261.

耿荣生,沈功田,刘时风.2002.模态声发射基本理论.无损检测,24(7):302-306.

耿荣生,沈功田,刘时风.2002.模态声发射——声发射信号处理的得力工具.无损检测,24(8):341-345.

耿荣生,沈功田,刘时风.2002.声发射信号处理和分析技术.无损检测,24(1):23-28.

焦阳,杨庆新,沈功田,等.2007.泄漏声发射传感器的标定研究.无损检测,2(3):139-141.

金钟山,刘时风,耿荣生,等.2002.曲面和三维结构的声发射源定位方法.无损检测,24(5):205-211.

李光海,刘时风,耿荣生,等.2002.声发射源特征识别的最新方法.无损检测,24(12):534-538.

李丽菲,沈功田,王芳,等.2006.压力容器氢损伤的监测与检测方法.压力容器,23(12):37-41.

刘时风,沈功田,等.1989.声发射技术在用压力容器检验中的应用研究.劳动部科研课题研究报告.

秦先勇,沈功田,何仁洋,等.2010.承压设备泄漏检测方法综述.无损检测,32(11):909-912.

沈功田.1998.金属压力容器的声发射源特性及识别方法的研究.北京:清华大学博士学位论文.

沈功田.2010.声发射检测(内部资料).北京:中国特种设备检测研究院.

沈功田,李金海.2004.压力容器无损检测——声发射检测技术.无损检测,2(10):523-528.

沈功田,段庆儒,李邦宪.1994.φ2800合成氨水洗塔的声发射检测和评价.无损检测,16(11):305-310.

沈功田,段庆儒,李帮宪.2000.压力容器声发射技术综述.中国锅炉压力容器安全,16(2):5-9.

沈功田,耿荣生,刘时风.2002.连续声发射信号的源定位技术.无损检测,24(4):164-167.

沈功田,耿荣生,刘时风.2002.声发射信号的参数分析方法.无损检测,24(2):72-77.

沈功田,耿荣生,刘时风.2002.声发射源定位技术.无损检测,24(3):114-117.

沈功田,刘时风,王玮.2010.基于声波的管道泄漏点定位检测仪的开发.无损检测,32(1):53-56.

沈功田,李邦宪,等.1995.在役压力容器危险性缺陷声发射检测监测评估技术研究及设备研制."八五"国家重点科技攻关课题(编号:85-924-02-08)研究报告.

沈功田,李邦宪,等.2001.压力管道缺陷检测监测关键技术研究."九五"国家重点科技攻关课题(编号:96-918-02)研究报告.

沈功田,李光海,等.2007.大型储油罐安全检测技术与评价方法研究.国家科技基础性工作和社会公益研究专项面上项目(编号:2003DIB2J093)研究报告.

沈功田,李光海,等.2009.大型储罐群基于风险的检验与综合安全评价技术研究."十一五"国家科技支撑课题(编号:2006BAK02B01-08)研究报告.

沈功田,刘时风,等.2002.锅炉管道安全检测仪器的开发——多通道数字化声发射检测分析系统的研制."九五"国家重点科技攻关课题(编号:96-A23-02-15B)研究报告.

沈功田,刘时风,等.2006.压力容器在线检测监测关键技术研究."十五"国家重点科技攻关课题（编号：2001BA803B03-3)研究报告.

沈功田,刘时风,等.2009.埋地燃气管道泄漏点定位检测技术研究及设备研制."十一五"国家科技支撑课题(编号：2006BAK02B01-07-02)研究报告.

沈功田,吴占稳,等.2009.起重机械声发射检测技术研究."十一五"国家科技支撑课题(编号：2006BAK02B04-03-01)研究报告.

沈功田,吴占稳,等.2015.港口起重机带裂纹结构件安全评价技术研究."十二五"国家科技支撑课题(编号：2011BAK06B05-6)研究报告.

沈功田,段庆儒,李邦宪,等.1998.金属压力容器的声发射在线监测和安全评定.中国锅炉压力容器安全,14(4):37-39.

沈功田,段庆儒,周裕峰,等.2001.压力容器声发射信号人工神经网络模式识别方法的研究.无损检测,23(4):144-149.

沈功田,李光海,景为科,等.2006.埋地管道泄漏监测检测技术.无损检测,28(5):261-265.

沈功田,沈永娜,李丽菲,等.2015.有色金属声发射检测技术研究."十二五"国家科技支撑课题(编号：2011BAK06B03-08)研究报告.

沈功田,万耀光,段庆儒,等.1997.集束式高压氢气钢瓶的声发射在线监测和安全评定.中国锅炉压力容器安全,13(2):36-38.

沈功田,万耀光,刘时风,等.1992.新制造球罐水压试验的声发射检测.无损检测,14(3):65-68.

沈功田,万耀光,刘时风,等.1997.多层包扎压力容器的声发射检验和安全评定.无损检测,19(3):67-70.

沈功田,周裕峰,段庆儒,等.1999.现场压力容器检验的声发射源.无损检测,21(7):321-325.

吴占稳,沈功田,王少梅.2007.声发射技术在起重机无损检测中的现状.起重运输机械,10:1-4.

吴占稳,沈功田,王少梅.2008.起重机箱形梁结构表面裂纹扩展的声发射特性研究.无损检测,30(9):635-639.

吴占稳,王少梅,沈功田.2008.基于小波能谱系数的声发射源特征提取方法研究.武汉理工大学学报(交通科学与工程版),32(1):85-87.

吴占稳,沈功田,王少梅,等.2007.声发射技术在起重机无损检测中的现状分析.起重运输机械,(10):1-4.

闫河,沈功田,李邦宪,等.2006.常压储罐罐底腐蚀的漏磁检测与失效分析.无损检测,28(2):75-77.

闫河,沈功田,李光海,等.2008.常压储罐罐底板特性的声发射检测.压力容器,25(2):53-57.

易若翔,刘时风,耿荣生,等.2002.人工神经网络在声发射检测中的应用.无损检测,24(11):488-491.

袁俊,沈功田,吴占稳,等.2011.轴承故障诊断中的声发射检测技术.无损检测,33(4):5-10.

张平,施克仁,耿荣生,等.2002.小波变换在声发射检测中的应用.无损检测,24(10):436-439.

张万岭,李丽菲,沈功田.2008.湿硫化氢环境中16MnR钢腐蚀的声发射试验研究.无损检测,30(1):42-44.

中华人民共和国国家质量监督检验检疫总局,中国国家标准化管理委员会.2005. GB/T

19800—2005. 无损检测　声发射检测　换能器的一级校准. 北京：中国标准出版社.

中华人民共和国国家质量监督检验检疫总局，中国国家标准化管理委员会. 2005. GB/T 19801—2005. 无损检测　声发射检测　声发射传感器的二级校准. 北京：中国标准出版社.

中华人民共和国国家质量监督检验检疫总局，中国国家标准化管理委员会. 2012. GB/T 26646—2011. 无损检测　小型部件声发射检测方法. 北京：中国标准出版社.

Miller R K, McIntire P. 1978. Acoustic Emission Testing, Nondestructive Testing Handbook. Vol. 5. Columbus：American Society for Nondestructive Testing.

Qin X Y, Shen G T, He R Y, et al. 2009. Research on fuzzy comprehensive evaluation method of external corrosion for buried pipeline. International Conference on Pipeline and Trenchless Technology, Shanghai：1631-1642.

Qin X Y, Shen G T, He R Y, et al. 2010. Study on leak acoustic detection method for gas pipeline based on independent component analysis. Proceeding of the 3rd World Conference on Safety Oil and Gas Industry, Beijing：1120-1126.

Shen G T, Liu S F. 2008. The progress of acoustic emission testing for pressure vessel in China. 19th International Acoustic Emission Symposium. Progress in Acoustic Emission XIV, Japanese Society for Non-destructive Inspection, Kyoto：499-506.

Shen G T, Wu Z W. 2010. Investigation on acoustic emission source of bridge crane. Insight, 52(3)：144-147.

Shen G T, Wu Z W. 2010. Study on spectrum of acoustic emission signals of bridge crane. The 10th European Conference on Non-destructive Testing. The Russia Society for Non-destructive Testing and Technical Diagnostics, Moscow：1-8.

Shen G T, Dai G, Liu S F. 2007. Review of acoustic emission in China. Proceeding for 6th International Conference on Acoustic Emission, South Lake Tahoe：305-311.

Shen G T, Li L F, Zhang W L. 2008. Investigation on acoustic emission of hydrogen induced cracking for carbon steel used in pressure vessel. Proceeding of the 17th World Conference for NDT, Shanghai：1-7.

Shen G T, et al. 1998. Grey correlation analysis method of acoustic emission signals for pressure vessel. Journal of Acoustic Emission, 16：243-250.

Shen G T, et al. 1999. The progress of acoustic emission technique application to pressure vessel. The 15th Boilers & Pressure Vessels Seminar and ILO Tripartite Safety and Technical Seminar, Hong Kong：7-29.

Shen G T, et al. 2000. The investigation of artificial neural network pattern recognition of acoustic emission signals for pressure vessels. Proceeding for 15th World Conference on Non-Destructive Testing, Rome：221-224.

Shen G T, Li B X, Duan Q R, et al. 1996. Acoustic emission sources of field pressure vessel test. 13th International Acoustic Emission Symposium. Progress in Acoustic Emission VIII, Japanese Society for Non-destructive Inspection, Nara：349-354.

Shen G T, Liu S F, Wan Y G, et al. 1988. The correlation between active defects and source location in acoustic emission test of metal pressure vessels. 9th International Acoustic Emission Symposium, Japanese Society for Non-destructive Inspection, Kobe: 420-427.

Wu Z W, Shen G T, Wang S M. 2007. Feature extraction of acoustic emission signals based on wavelet decomposition. The IET China-Ireland International Conference on Information and Communications Technology, Dublin, 1: 441-445.

Wu Z W, Shen G T, Wang S M. 2008. The acoustic emission monitoring during the bending test of Q235 steel box beam. e-Journal & Exhibition of Nondestructive Testing, 13 (11): 1435-4934.

Wu Z W, Shen G T, Yuan J. 2010. Investigation of acoustic emission (AE) signal characteristics of main spindle on giant wheel. The 20th International Acoustic Emission Symposium, Kumamoto: 175-179.

Wu Z W, Wang S M, Shen G T. 2007. Research on the fault diagnosis system on the port crane metal structure with initial crack. Proceedings of International Conference on Health Monitoring of Structure Material an Environment, Nanjing, 1: 290-292.

Wu Z W, Shen G T, Wang S M, et al. 2007. Investigation of acoustic emission (AE) technique application to integrity assessment of crane metal structure. 9th International Conference on Engineering Structural Integrity Assessment: Research, Development and Application, Beijing, 1: 629-632.

附录 1 GB/T 12604.4—2005
《无损检测 术语 声发射检测》

主要起草单位:国家质量监督检验检疫总局锅炉压力容器检测研究中心、
中国机械工程学会无损检测分会声发射专业委员会、
北京科海恒生科技有限公司。

主要起草人:沈功田、李邦宪、段庆儒、刘时风、耿荣生、戴光。

1 范围

本标准界定了声发射检测的术语。

2 术语和定义

2.1

声发射 acoustic emission

AE

材料中局域源能量快速释放而产生瞬态弹性波的现象。

注:声发射是常用的推荐术语,在有关文献中被使用的其他术语还包括:

   a) 应力波发射 stress wave emission;

   b) 微振动活动 microseismic activity;

   c) 带其他形容词修饰语的发射(emission)或声发射。

2.2

声-超声 acousto-ultrasonics

AU

将声发射信号分析技术与超声材料特性技术相结合,用人工应力波探测和评价构件中弥散缺陷状态、损伤情况和力学性能变化的无损检测方法。

2.3

声发射信号持续时间 AE signal duration

声发射信号开始和终止之间的时间间隔。

2.4

声发射信号终止点 AE signal end

声发射信号的识别终止点,通常定义为该信号与门限最后一个交叉点。

2.5

声发射信号发生器　AE signal generator
能够重复产生输入到声发射仪器的特定瞬态信号的装置。

2.6

声发射信号上升时间　AE signal rise time
声发射信号起始点与信号峰值之间的时间间隔。

2.7

声发射信号起始点　AE signal start
由系统处理器识别的声发射信号开始点,通常由一个超过门限的幅度来定义。

2.8

阵列　array
为了探测和确定阵列内源的位置而放置在一个构件上两个或多个声发射传感
器的组合。

2.9

衰减　attenuation
声发射幅度每单位距离的下降,通常以分贝每单位长度来表示。

2.10

平均信号电平　average signal level
整流后进行时间平均的声发射对数信号,用对数刻度对声发射幅度进行测量,
以 dB_{AE} 单位来表示(在前置放大器输入端,$0dB_{AE}$ 对应于 $1\mu V$)。

2.11

声发射通道　channel, acoustic emission
acoustic emission channel
由一个传感器、前置放大器或阻抗匹配变压器、滤波器、二次放大器、连接电缆
以及信号探测器或处理器等构成的系统。
> 注:检测玻璃纤维增强塑料(FRP)时,一个通道可能采用两个以上的传感器;对这些通道
> 可能进行单独处理,也可能按相似的灵敏度和频率特性进行预先分组处理。

2.12

声发射计数 count,acoustic emission

acoustic emission count

振铃计数 count,ring-down

ring-down count

发射计数 emission count

N

在任何选定的检测区间,声发射信号超过预置门限的次数。

2.13

事件计数 count,event

event count

N_e

逐一计算每一可辨别的声发射事件所获得的数值。

2.14

声发射计数率 count rate,acoustic emission

acoustic emission count rate

发射率 emission rate

计数率 count rate

$\dot{N}$

声发射计数发生的时间速率。

2.15

耦合剂 couplant

填充在传感器和试件接触面之间的材料,在声发射监测过程中可改善声能穿过界面的能力。

2.16

分贝幅度 dB_{AE}

以 $1\mu V$ 为参照的声发射信号幅度的对数测量。

信号峰值幅度$(dB_{AE})=20\lg(A_1/A_0)$

式中:

A_0——传感器输出 $1\mu V$(在放大之前);

A_1——测量的声发射信号的峰值电压。

声发射信号的参考刻度如下：

dB$_{AE}$值	传感器的输出电压值
0	1μV
20	10μV
40	100μV
60	1mV
80	10mV
100	100mV

2.17

闭塞时间　dead time
instrumentation dead time
数据采集期间，由任何原因引起仪器或系统不能接收新数据的时间间隔。

2.18

累计幅度分布　distribution, amplitude, cumulative（acoustic emission）
cumulative（acoustic emission）amplitude distribution
$F(V)$
以超过任意幅度信号的声发射事件数作为幅度 V 的函数。

2.19

累计过门限次数分布　distribution, threshold crossing, cumulative（acoustic emission）
cumulative（acoustic emission）threshold crossing distribution
$F_t(V)$
以超过任意门限声发射信号的次数作为门限电压 V 的函数。

2.20

微分幅度分布　distribution, differential（acoustic emission）amplitude
differential（acoustic emission）amplitude distribution
$f(V)$
以信号幅度在 V 和 $V+\Delta V$ 之间的声发射事件数作为幅度 V 的函数。$f(V)$ 是累计幅度分布 $F(V)$ 的导数的绝对值。

2. 21

　　微分过门限次数分布　distribution, differential (acoustic emission) threshold
　　　　　　　　　　　　　crossing
differential (acoustic emission) threshold crossing distribution
$f_t(V)$
以峰值在门限 V 和 $V+\Delta V$ 之间的声发射信号次数作为门限 V 的函数。$f_t(V)$
是累计过门限次数分布 $F_t(V)$ 的导数的绝对值。

2. 22

　　对数幅度分布　distribution, logarithmic (acoustic emission) amplitude
logarithmic (acoustic emission) amplitude distribution
$g(V)$
以信号幅度在 V 和 αV(α 为常数系数)之间的声发射事件数作为幅度的函数。
注:这是微分幅度分布的变形,适用于对数窗口的数据。

2. 23

　　动态范围　dynamic range
在一个系统或传感器中过载电平和最小信号电平(通常由噪声电平、低水平失
真、干扰或分辨率水平中的一个或多个因素所决定)间的分贝差。

2. 24

　　有效声速　effective velocity
以人工声发射信号确定的到达时间和距离为基础计算的声速,用于定位计算。

2. 25

　　突发发射　emission, burst
burst emission
对材料中发生一个独立声发射事件有关的分立信号的定性描述。
注:术语"突发发射"仅推荐用于定性描述发射信号的形貌。图 1 给出了两个不同扫描频
　　率下的突发发射信号的扫描轨迹。

2. 26

　　连续发射　emission, continuous
continuous emission

对由声发射事件快速出现而产生的持续信号水平所作的定性描述。

注:术语"连续发射"仅推荐用于定性描述发射信号的形貌。图 2 给出了两个不同扫描频率下的连续发射信号的扫描轨迹。

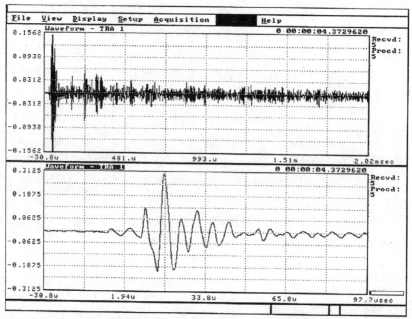

图1　两个不同扫描频率下的同一突发发射信号

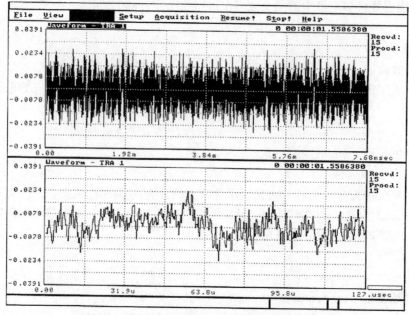

图2　两个不同扫描频率下的同一连续发射信号

2.27

　　声发射事件能量　energy,acoustic emission event
acoustic emission event energy
声发射事件释放的总的弹性能。

2.28

　　评价门限　evaluation threshold
用于检测数据分析的门限值。
注:推荐系统的数据检测门限低于评价门限,出于分析的目的,必须考虑测量数据依赖于
　　系统检测门限的情况。

2.29

　　声发射事件　event,acoustic emission（emission event）
acoustic emission event
引起声发射的局部材料变化。

2.30

　　监测区域　examination area
用声发射监测的结构的部分。

2.31

　　检测范围　examination region
以声发射技术评价的检测对象的部分。

2.32

　　费利西蒂效应　Felicity effect
在固定的预置灵敏度水平下,低于上次所加应力水平的情况下出现可探测到
声发射的现象。

2.33

　　费利西蒂比　Felicity ratio
费利西蒂效应出现时的应力与上次所加最大应力之比。
注:固定灵敏度水平通常与上次加载或检测时所用的相同。

2. 34

浮动门限 floating threshold
以输入信号幅度的时间平均测量值建立的任何门限。

2. 35

撞击 hit
超过门限并引起一个系统通道采集数据的任何信号。

2. 36

到达时间间隔 interval, arrival time
arrival time interval
Δt_{ij}
在一个传感器阵列中的第 i 个和第 j 个传感器所探测到的声发射波到达的时间间隔。

2. 37

凯塞效应 Kaiser effect
在一固定的灵敏度水平下,在超过先前所施加的应力水平之前不出现可探测到的声发射。

2. 38

集中区定位 location, cluster
在特定的长度或区域内以特定的声发射活动数量为基础的定位方法,如在 12 个线性单位(如 cm)或 12 个面积单位(如 cm²)中的 5 个事件。

2. 39

计算定位 location, computed
以传感器之间到达时间差的数学分析为基础的源定位方法。
注:用于计算定位的方法有好几种,包括线定位、面定位、三维定位和自适应定位。

2. 39. 1

线定位 linear location
需要两个或两个以上通道的一维源定位。

2.39.2

面定位　planar location
需要三个或三个以上通道的二维源定位。

2.39.3

三维定位　3-D location
需要五个或五个以上通道的三维源定位。

2.39.4

自适应定位　adaptive location
用计算定位方法进行模拟源重复应用的源定位。

2.40

连续声发射信号定位　location,continuous AE signal
相对于撞击或到达时间差的定位方法,以连续声发射信号为基础的定位方法。
注:这种定位方法被广泛应用于产生连续声发射的泄漏定位。一些常用的连续信号定位
　　方法包括信号衰减方法和相关分析方法。

2.40.1

信号衰减源定位　signal attenuation-based source location
由声发射信号随距离衰减的现象而确定的定位方法;通过监测物体上不同点
连续声发射信号的量值,基于最高量值或多个读数的内推或外推方法来确定源的
位置。

2.40.2

相关源定位　correlation-based source location
比较围绕声发射源的两个或者多个点上变化的声发射信号水平和确定这些信
号的时间位移的源定位方法;由这一时间位移可以使用常规撞击信号定位技术得
到源的解。

2.41

源定位　location,source
通过评价声发射数据确定构件上产生声发射源位置的任一方法。
注:常用的几种源定位方法包括区域定位、计算定位和连续信号定位。

2.42

区域定位　location,zone
首次撞击定位　first-hit location
确定声发射源大致区域的某种技术,如总计数、能量、撞击等。
注:常用区域定位的几种方法包括独立通道区域定位、首次撞击区域定位和到达次序区域
　　定位。

2.42.1

独立通道区域定位　independent channel zone location
比较来自每个通道活动总数的区域定位技术。

2.42.2

首次撞击区域定位　first-hit zone location
在一组通道中仅比较来自首次到达通道活动的区域定位技术。

2.42.3

到达次序区域定位　arrival sequence zone location
比较传感器之间到达次序的区域定位技术。

2.43

定位准确度　location accuracy
声发射源(或模拟声发射源)的实际位置与计算位置的比较。

2.44

过载恢复时间　overload recovery time
由信号幅度超过仪器的线性工作范围引起仪器非线性工作的时间间隔。

2.45

处理能力　processing capacity
在系统必须中断数据采集清除缓存器或准备接收另外的数据之前全速处理的
撞击数。

2.46

处理速度　processing speed
在数据传输不中断的情况下,系统连续处理声发射信号的每秒撞击数的持续
速率,这一速率是参数设置和激活通道的函数。

2.47

事件计数率　rate, event count
event count rate
$\dot{N}_e$
事件计数的时间速率。

2.48

声发射传感器　sensor, acoustic emission
acoustic emission sensor
声发射换能器　acoustic emission transducer
可将弹性波所产生的质点运动转变成电信号的一种探测器件,通常为压电性的。

2.49

声发射信号　signal, acoustic emission
acoustic emission signal
发射信号　　emission signal
通过探测一个或多个声发射事件而获得的电信号。

2.50

声发射信号幅度　signal amplitude, acoustic emission
acoustic emission signal amplitude
由声发射信号的波形所获得的最大振幅的峰值电压。

2.51

信号过载电平　signal overload level
将引起信号失真、器件过热或损坏导致工作中断的电平。

2.52

信号过载点　signal overload point
输出输入比值保持在规定的线性工作范围内的最大输入信号幅度。

2.53

声发射特征　signature,acoustic emission
acoustic emission signature
特征　signature
用特定的仪器系统在规定的检测条件下,所获得的与特定检测对象有关的声发射信号的可再现特征组。

2.54

激励　stimulation
通过对被检件施加力、压力、热等促使声发射源活动。

2.55

系统检测门限　system examination threshold
探测数据的电子仪器门限(见评价门限)。

2.56

声发射换能器　acoustic emission transducers
声发射传感器中的活性元件,通常为压电性的。

2.57

门限电压　voltage threshold
在信号被识别之上的电子比较器的电压水平。
注:门限电压可以是操作者可调、固定或自动浮动的。

2.58

声发射波导　waveguide,acoustic emission
acoustic emission waveguide
声发射监测期间将弹性能从构件或其他被检物耦合到安装在远处的传感器的装置。
注:声发射波导的一个例子是采用一个固体线材或棒材一端耦合在被监测的结构上,另一端与传感器耦合。

附录2　GB/T 26644—2011
《无损检测　声发射检测　总则》

主要起草单位:中国特种设备检测研究院、爱德森(厦门)电子有限公司、
广州声华科技有限公司、北京科海恒生科技有限公司、
北京航空航天大学、上海材料研究所。

主要起草人:沈功田、吴占稳、林俊明、夏舞艳、刘时风、段庆儒、李丽菲、金宇飞。

1　范围

本标准规定了对应力作用下的结构、部件及不同材料进行声发射检测的一般
原则。

本标准为有关具体产品、设备、材料声发射检测标准或书面作业指导书的制定
提供指南,除有特殊规定外,本标准的内容为最低要求。

2　规范性引用文件

下列文件中的条款通过本标准的引用而成为本标准的条款。凡是注日期的引
用文件,其随后所有的修改单(不包括勘误的内容)或修订版均不适用于本标准,然
而,鼓励根据本标准达成协议的各方研究是否可使用这些文件的最新版本。凡是
不注日期的引用文件,其最新版本适用于本标准。

GB/T 9445《无损检测　人员资格鉴定与认证》
（GB/T 9445—2005,ISO 9712:1999,IDT)
GB/T 12604.4《无损检测　术语　声发射检测》
GB/T 20737《无损检测　通用术语和定义》

3　术语及定义

GB/T 12604.4 和 GB/T 20737 确立的术语和定义适用于本标准。

4　人员资质

采用本标准进行检测的人员应按 GB/T 9445 的要求或有关主管部门的规定
取得相应无损检测人员资格鉴定机构颁发或认可的声发射检测等级资格证书,从
事相应资格等级规定的检测工作。

5　声发射检测方法的原理

5.1　声发射现象

材料中局域源能量快速释放而产生瞬态弹性波的现象称为声发射。

在加载或苛刻环境下，材料内部发生诸如裂纹生长、局部塑性变形、腐蚀和相变等变化通常可产生弹性波的发射，这些波包含了材料内部行为的信息。

采用合适的传感器可探测到这些弹性波。传感器将材料表面的机械振动转变为电信号，电信号经适当的仪器处理，可以对声发射源进行探测、定性和定位。图1是声发射检测原理的示意图。

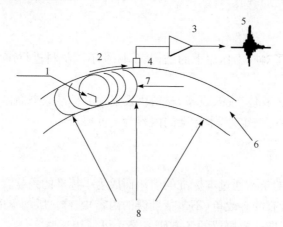

图1　声发射检测原理示意图

1-不连续生长；2-表面波；3-前置放大器；4-声发射传感器；5-输出信号；

6-组成材料的截面视图；7-波形包络；8-加载载荷

5.2　声发射的优点及特点

——是一种监测材料对载荷动态响应的被动探测方法；

——可用于对各种不同材料，如钢铁、有色金属、非金属、复合材料等的检测与监测；

——声发射源检测距离依赖于材料特性和声发射传感器特性，最远可检测到数十米甚至更远距离的声发射源；

——可对被检件进行100%监测；

——对材料结构内缺陷的扩展和变化比已存在的静态缺陷更敏感；

——可对应力作用下不连续的生长进行动态实时监测；

——可在设备运行状态下进行结构监测；

　　——可预防结构的破坏性失效和控制加载的影响；

　　——通过远距离安装的传感器可确定结构中扩展不连续的位置。

　　只要结构或部件的材料受到足够的应力作用,声发射方法就可以应用。

　　与其他大多数无损检测方法相比,声发射是由导致结构退化的不同源机制使材料自身释放能量,其他无损检测方法是在静态条件下检测已存在的几何不连续。

　　声发射是在一定激励下,指出材料逐步退化过程的存在及其位置的方法。

5.3　声发射的局限性

　　——不发生扩展的不连续通常不产生声发射信号,但泄漏或腐蚀的检测可通过检测泄漏噪声信号或腐蚀物断裂信号间接检测泄漏或腐蚀情况,此时不连续并未扩展；

　　——重复加载至相同应力水平时,不能识别仍然具有活性的不连续(即凯塞效应)；

　　——对噪声敏感。

　　在声发射检测前,检查潜在噪声源非常重要。应排除噪声源,或采取措施确保其不影响声发射检测的效果。

6　声发射方法的应用

6.1　检测时机

　　——制造过程检测,包括最终验证试验；

　　——投入使用后的在役检测；

　　——运行过程中的在线检测和监测。

6.2　适用检测对象

　　——承压设备；

　　——常压储罐；

　　——结构；

　　——零部件；

　　——机械设备。

　　上述举例主要涉及金属材料,此方法也适用于复合材料、陶瓷及混凝土等其他材料。

7　检测仪器

　　声发射检测仪器应满足有关方法标准规定的要求,并应定期进行性能校准。

7.1　声发射传感器

信号探测是声发射检测中最重要的环节,因为传感器的任何问题(耦合不良、不正确的安装、频率选择不当、电缆不匹配等)均将影响检测和最终结果。

7.1.1　声发射传感器的选择

传感器通常是谐振型的,即某一频率响应占主导。有多种不同谐振响应频率的传感器。

传感器及其谐振频率的选择应考虑如下因素:

——检测目的;

——执行检测标准或相关规定的要求;

——结构或部件的类型和形状;

——结构或部件的工作温度和表面状况(保温层、油漆、涂层、表面腐蚀等);

——环境;

——材质特性;

——背景噪声;

——衰减;

——材料厚度。

传感器接收的信号波形受到材料内部波的多条路径传播和多种模式的影响。图 2 是典型的突发型声发射信号。

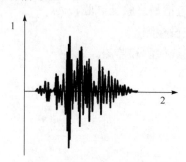

图 2　传感器输出的突发型声发射信号波形

1-幅值;2-时间

7.1.2　传感器的安装

应使用声耦合剂、夹具或黏结剂将传感器固定于被检构件的表面。特殊条件下,声发射传感器应安装在波导杆上。安装传感器的表面部位应清理干净、平整,以确保声发射波的传播和可重复性。

使用铅芯折断模拟源和(或)其他方法验证传感器的安装情况。

7.1.3　耦合剂

可使用不同的耦合剂,但其类型应与被检材质相匹配,如:
——水溶性胶;
——试剂相溶性胶;
——油;
——油脂;
——石蜡;
——黏结剂等。

7.2　信号调理

信号调理包括声发射信号的传输、放大、滤波和信号特征的抽取。滤波频率应与传感器响应相匹配。

前置放大器将来自传感器的信号转换成低阻抗信号,以便通过同轴电缆使信号经长距离传输后到达信号主处理器和分析系统。

系统放大器对信号进行再次放大(可达 60dB,即放大 1000 倍),同时,采用带通滤波剔除噪声信号;通常,系统主机为前置放大器供电。

系统分析一般为对声发射信号特征进行提取,如给出信号的到达时间、峰值幅度、上升时间、持续时间、能量、计数及频率等。

7.3　设置

突发型信号的采集门限设置和系统实时显示特征设置需与实际检测对象和检测条件相适应,应考虑如下因素:
——声波的衰减;
——背景噪声。

8　检测

下列因素主要适用于声发射源的探测和定位,声发射检测应至少包括如下几个方面:
——资料审查;
——检测系统准备;
——现场准备;
——数据采集和在线分析;
——结果表述;
——检测后的验证。

8.1　资料审查

为了检测的准备、实施和结果解释,必须事先了解如下信息:

——被检构件的类型及结构特征;

——被检件的材质特性(化学成分、力学性能、声发射特性);

——被检件的使用和操作记录;

——被检件的加载史;

——被监测的区域;

——载荷类型和加载程序;

——检测现场的环境条件和应遵守的安全规程;

——干扰噪声的来源(机械、电子、过程噪声等);

——上次检测的结果;

——已识别缺陷的类型、尺寸和位置。

对检测结果的解释通常需要参考相关实验建立的数据库。对于声发射特性不了解的材料,应制备相同材质和相同制造方法的试样,在尽可能接近构件受载特征和不连续产生的条件下,进行试样加载过程的声发射检测分析试验,以获得材料损伤过程的声发射特性。

8.2　检测系统准备

用于声发射检测和数据分析解释的系统应根据书面操作规程进行校准,以确保下列步骤的执行:

——传感器的校准;

——声发射检测系统的校准;

——所有测试设备正常工作的验证;

——传感器阵列布置方案的确定。

测试和校准结果(包括必要的照片、图表或图像、计算及表格等)应形成书面文件,且文件中应注明用于传感器及声发射系统校准的仪器型号、工作原理及所使用的程序步骤。任何不符合相关规定的特征应加以纠正或在文件中说明。

检测期间,每隔一定时间间隔或出现故障时均应进行在线校准。

8.3　现场准备

声发射检测前,应进行如下工作:

——对被检件进行全面宏观检查,排除可能引起噪声源的因素;

——进行衰减和背景噪声测量,以确定传感器最大间距;

——进行声速测量;

——确定传感器的安装部位和进行表面处理；

——安装传感器和记录其编号；

——进行传感器耦合校准、声发射检测系统校准；

——利用模拟声发射源(如断铅或其他方法)对构件中有代表性的部位进行定位校准；

——传感器耦合后,应检查每一通道的背景噪声,以确保其能够探测到来自所有可能的声发射源的信号,在进行检测前,采取必要的机械隔离、声隔离或电子隔离措施,排除潜在噪声源的干扰；

——确定保证声发射检测人员与被检构件加载人员之间的联系方式。

8.4　数据采集和在线分析

当构件加载时,采集声发射数据；应依据实际应用需求设定在线分析的方式和方法。

声发射系统应至少能保证对检测所必需相关参数的采集和存储,并且能够实现：

——数据实时显示和分析；

——检测后的数据回放和分析；

——信号辨别；

——活性源或区域的定位。

在检测前,应选择具有代表性的时间周期,进行背景噪声测量。这一测量对于区分辨别伪信号是十分重要的。找到所有可能的噪声源,如泵或阀的异常响动、支柱的移动、下雨等,测量其频率和幅度范围,并将其消除。因为噪声源的存在可掩盖检测过程中来自被检构件的声发射信号。

在整个声发射检测期间,尤其在最初的低应力情况下,应进行周期性噪声检测；在达到最大检测载荷之前,尽可能消除这些噪声。

进行检测时,应记录尽可能多的信息,如数据突然上升或信号幅度增加,检测中断,背景噪声突然增加或其他检测干扰。

在载荷可控的检测中,应对加载期间被检构件的声发射活性进行连续监测,宜同时对载荷等外界参数进行监测,当声发射活性快速增加时,应考虑中断加载或降低载荷。

根据应用情况,为保证对被检构件的实时监测,应实时显示声发射信号参数列表、声发射源定位图和部分声发射信号相关图,相关图一般包括时间历程图、柱状图、点状图和线图。

应在适当的时间间隔内,进行声发射检测系统的性能校准,至少应在检测前和检测后,和(或)检测设备部件更换时进行一次校准;在整个检测过程中,检测系统的操作条件应保持不变;偏差及纠正措施均应写入报告。

8.5　结果表述

声发射源的重要信息应至少包括下列相关图的显示:
——时间和载荷与突发型声发射事件计数或计数率的相关图;
——时间和载荷与突发型声发射信号能量或幅值的相关图;
——时间和载荷与连续型声发射信号能量或均方根电压值的相关图。
更专业的结果表述包括:
——源或区域的定位;
——声发射信号特征参数;
——波形的时域和频域分析;
——过程变化;
——费利西蒂比分析;
——模式识别分析;
——源的等级划分。

8.6　检测后的验证

检测后应及时对系统性能进行再次验证,并记录异常情况,以便在声发射数据分析中加以考虑,验证内容包括:
——每一个声发射通道的灵敏度校准;
——声发射检测系统校准;
——利用模拟源,如断铅或电子脉冲声发射信号发生器等其他方法,对声发射源位置的校准。

9　数据分析

数据分析是为了辨识声发射源并划分源的等级。
声发射发生的时间和相对应的载荷以及定位,提供了声发射源的相关可靠信息。
相关信息应以易理解的方式表述。
根据实际应用,定位类型可以是线性定位、平面定位、柱面定位、球面定位或三维定位。
采用声发射模拟源可有助于被检构件上声发射源位置的确定。

9.1　源的评价

源的评价准则应在执行文件中列出,或通过签署书面协议或合同来规定。

可接受声发射源的评价准则应考虑多方面的影响因素。例如:

a) 声发射源活性,即声发射信号随着载荷(激励或时间)的增加情况;

b) 保载期间的声发射源活性;

c) 突发型声发射信号和施加载荷之间的相互关系;

d) 活性声发射源的频率特征;

e) 声发射源的空间聚集;

f) 结构特征(修理、焊接、接管等)与声发射源的对应特征。

9.2　等级划分

对于已辨别的声发射源,其等级划分方法及随后复检要求应在检测程序文件中规定。

声发射源的典型等级有:

a) 不相关;

b) 需进行常规无损检测方法复检;

c) 临界活性。

声发射源等级评价可由更具体的产品声发射检测方法标准或最终由声发射Ⅲ级检测人员确定。建立在大量数据基础上的专业软件可对确定的定位区域自动评价和分级。

声发射源的复检,应采用其他无损检测方法进行。这些检测可与声发射检测同时进行,或在其之后进行。

9.3　数据回放分析

数据回放分析可用于确定声发射源活动的时间,进行必要的数据过滤,以及为报告提供最终输出。

10　书面检测程序文件

进行任何的声发射检测都应建立书面检测程序文件,这一文件应列出编号和日期,并得到合同各方的同意。

书面检测程序文件应至少包括下列内容:

——被检构件的名称和描述;

——执行标准、规范和相关规定文件的目录;

——检测人员应具备的资质;

——加载(激励)类型及施加方法；

——加载程序；

——被检区域；

——传感器位置；

——传感器的固定和耦合方式；

——检测系统的描述；

——现场系统校准和数据采集设置；

——衰减测量；

——背景噪声水平和排除干扰噪声的方法；

——测量的参数和分析程序；

——检测记录及报告的格式；

——源的等级划分和复检准则。

11 检测报告

检测报告应至少包括下列信息：

——现场和用户信息；

——被检构件的信息；

——执行标准、规范和相关规定文件；

——执行的程序文件，包括测试的目的和目标；

——检测系统设备的描述，尤其是传感器的频率和灵敏度；

——现场检测条件；

——传感器灵敏度的现场校准结果；

——加载程序；

——衰减测量结果；

——实施的分析类型；

——检测结果；

——结果解释，包括在被检构件的展开图上标出所有声发射源的位置和相对严重性；

——声发射源的等级划分；

——复检建议；

——检测人员的姓名、资质和签名；

——检测的地点、日期和时间；

——偏离书面检测程序文件的内容。

附录3 JB/T 10764—2007
《无损检测 常压金属储罐声发射检测及评价方法》

主要起草单位：中国特种设备检测研究中心、大庆石油学院、
　　　　　　　　北京科海恒生科技有限公司。
主要起草人：沈功田、戴光、李光海、王勇、段庆儒、李帮宪。

1 范围

本标准适用于工作介质为气体或液体、工作压力为常压或小于 0.1MPa 的低压的新制造和在用地上金属立式储罐罐体与储罐底板的声发射(AE)检测与评价。

在进行检测时，本标准需要对储罐进行加载使其所受的最终载荷大于正常使用的压力。对于在用储罐的检测，通常是对储罐中所储存的介质直接进行加载以在线的方式进行检测，而不需要将储罐排空或清洗。

储罐罐体的检测是通过声发射源定位技术来探测和确定有意义的声发射源部位，然后通过采用其他无损检测方法来确定声发射源的性质和意义。

储罐底板的检测是通过对探测到的有效声发射信号的分析来对罐底板遭受腐蚀的程度进行评价。

在检测过程中，如有泄漏发生，本标准也可以及时发现，但泄漏检测不是本标准的主要目的。

本标准没有完全列出进行检测时所有的安全要求，使用本标准的用户有义务在检测前建立适当的安全和健康准则。本标准第9.4条给出了一些特殊的安全注意事项。

2 规范性引用文件

下列文件中的条款通过本标准的引用而成为本标准的条款。凡是注日期的引用文件，其随后所有的修改单(不包括勘误的内容)或修订版均不适用于本标准，然而，鼓励根据本标准达成协议的各方研究是否可使用这些文件的最新版本。凡是不注日期的引用文件，其最新版本适用于本标准。

GB/T 9445《无损检测 人员资格鉴定与认证》
　　(GB/T 9445—2005,ISO 9712:1999,IDT)

GB/T 12604.4《无损检测 术语 声发射检测》
　　(GB/T 12604.4—2005,ISO 12716:2001,IDT)

GB/T 18182《金属压力容器声发射检测及结果评价方法》

JB/T 4730.2《承压设备无损检测　第2部分：射线检测》

JB/T 4730.3《承压设备无损检测　第3部分：超声检测》

JB/T 4730.4《承压设备无损检测　第4部分：磁粉检测》

JB/T 4730.5《承压设备无损检测　第5部分：渗透检测》

JB/T 10765《无损检测　常压金属储罐漏磁检测方法》

3　术语和定义

GB/T 12604.4 确立的以及下列术语和定义适用于本标准。

3.1

声发射活度　AE activity

检测期间声发射信号随着载荷或时间增加变化的程度。

3.2

最大操作压力　maximum operating pressure

在进行声发射检测前的 6 个月内，储罐经受的最大操作压力。此压力包括最高操作液位、最大的温度变化范围、最大的液体静压和（或）气体压力等。

3.3

信号强度　signal strength

储罐罐体的检测时，校正声发射信号的测量区域。

4　检测方法概要

4.1

罐体的声发射检测，是通过安装在罐体上的声发射传感器阵列来探测罐体母材和焊缝的表面与内部缺陷开裂及扩展产生的声发射源，并确定声发射源的部位及划分综合等级。

4.2

储罐底板的声发射在线检测，是通过安装在罐壁下部的声发射传感器阵列来探测罐底板由于腐蚀和泄漏产生的声发射信号，并对检测结果划分综合等级。

4.3

储罐罐体的声发射检测需在加载过程中进行，加载过程一般包括增加载荷和保持载荷的过程，加载采用直接充液提高液位水平的方式、直接充气增加气压的方式或者两者结合的方式。在被检储罐罐体表面布置声发射传感器，接收来自活动缺陷或者底板腐蚀产生的声波并转换成电信号，经过检测系统鉴别、处理、显示、记录和分析声源的位置及声发射特性参数。

4.4

罐体检测出的声发射源应根据源的综合等级划分结果决定是否采用其他无损检测方法复查。

5　检测目的及作用

5.1　概述

本标准的目的是用来评价常压储罐的结构完整性。

5.2　储罐罐体的检测

5.2.1　声发射源

5.2.1.1　概述

对罐体进行的声发射检测能够探测到在加压过程中由应力增加导致的缺陷开裂部位，这些部位包括壁板、罐壁与垫板和接管相连接的角焊缝、罐壁与加强板相连接的环焊缝等。这种部位可能出现潜在的声发射源如下。

5.2.1.2　母材和焊缝区

a) 裂纹；

b) 腐蚀的影响，包括腐蚀产物的开裂和局部屈服变形；

c) 应力腐蚀开裂；

d) 一定的物理变化，包括屈服和位错；

e) 脆化；

f) 蚀坑或沟槽。

5.2.1.3　焊缝区

a) 未熔合；

b) 未焊透；

c) 咬边；

d) 孔洞和气孔；

e) 夹渣；

f) 污染物。

5.2.1.4 母材

a) 夹层。

5.2.1.5 脆性衬里

a) 开裂；

b) 缺口；

c) 夹渣。

注:并非所有的这些典型的源在现场检测中能遇到,一些源仅在实验室内才能被探测到。

5.2.2 非应力区

在非应力区中的缺陷或非活动的缺陷(在施加载荷的条件下,这些缺陷对结构没有影响)不产生声发射信号。这些位置包括顶板、平台、楼梯及旋梯相连接的焊缝等。

5.2.3 应力区中的非活动缺陷

在应力区中的一些缺陷在受压期间不产生声发射。通常这意味着这些缺陷具有比检测应力更高的应力抵抗能力。

5.3 储罐底板的在线检测

对储罐底板进行的声发射检测可以发现罐底板由于泄漏和腐蚀产生的声发射信号。

当底板存在泄漏时,介质流过泄漏孔时会产生湍流流动噪声,当介质夹带颗粒状杂质时,会使信号更丰富。当泄漏通道暂时受到碎渣阻塞时,"水击"效应也会产生噪声。通过安装在罐底板外圆周附近的传感器接收这些信号,并进行分析处理,对泄漏进行定位。

若罐底板腐蚀较为严重或存在腐蚀薄弱区时,腐蚀过程会断续地产生声发射信号,通过接收和分析这些信号,就能确定和评价罐底板的腐蚀状况。

5.4 充压

以一定速率进行充压,使该速率导致液体流动所引起的声发射活度最小,并使储罐的变形与施加载荷相一致。在充压过程中应适当设置一些保压过程,以在无充压噪声的条件下评价受载结构所产生的声发射活度。

5.5　复检

对于储罐罐体，由声发射探测到的源应采用其他的无损检测方法进行复检。

5.6　背景噪声

额外的噪声也许使采集的声发射数据失真或使其无效。检测人员必须清楚常见的背景噪声源，这些噪声源包括高充压速率（可测量的流动噪声）、物体和储罐的机械撞击（碰撞、摩擦、磨损）、电磁干扰（EMI）（马达、焊机、起重机）和射频干扰（RFI）（广播设施、对讲机）、管道或软管连接处的泄漏、壁板的泄漏、空中悬浮物、昆虫、降雨雪、冰雹、大风、加热器、喷淋器、搅拌机、液位探测仪及其他储罐内部的构件、储罐内的化学反应、气泡的运动等。如果背景噪声不能消除或得以控制，则本检测方法不能使用。

6　人员要求

采用本标准进行检测的人员应按 GB/T 9445 的要求或储罐安全有关主管部门的规定取得相应无损检测人员资格鉴定机构颁发或认可的声发射检测等级资格证书，从事相应资格等级规定的检测工作。

7　检测仪器

7.1

本测试方法所需检测仪器的基本特征如图 1 所示，对仪器性能的详细要求详见附录 A。

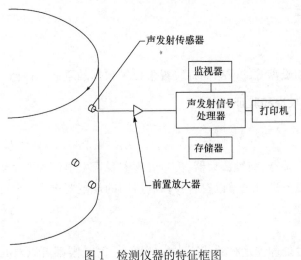

图 1　检测仪器的特征框图

7.2

声发射传感器被用来探测由缺陷产生的应力波。传感器必须和储罐的壁板紧密接触以确保足够的声耦合。传感器可用磁夹具、胶带或其他机械装置进行固定。

7.3

前置放大器可与传感器进行一体化封装，也可以单独封装。如果采用独立的前置放大器，传感器与前置放大器之间的信号线应不超过 2m。信号线过长，会引起不可接受的信号衰减，并且会增加电磁干扰和射频干扰。

7.4

信号电缆（前置放大器到信号主处理器之间的电缆）的长度引起的信号衰减应不超过 3dB。如采用更长的电缆，需安装信号转发器以尽量减小信号的衰减。

7.5

信号应采用计算机系统进行处理，该计算机系统应具有多个独立的通道，且均具有滤波、测量、模数转换、显示和储存的功能。单个信号处理器应具有足够的速度和能力来独立地处理同时来自各个传感器的数据。应使用打印机来提供检验结果的硬拷贝。

7.6

应具有可以以不同的格式显示所处理数据的一个可视监控器。显示格式可由设备操作者来选择。

7.7

应采用诸如磁盘等的数据储存装置来提供数据的重放和存档。

8 检测仪器的校准和验证

8.1

每年应对传感器、前置放大器、信号处理器及声发射信号发生器进行一次校准和验证。应对设备进行调整以符合仪器制造商的规范要求。

8.2

如果对信号处理器运行的状态表示怀疑，任何时候都可以对其进行常规的电子评价。进行评价时应使用声发射信号发生器。每一个信号处理器通道对声发射信号发生器输出的峰值幅度读数误差应在±2dB内。

8.3

系统性能验证必须在每次检测前进行,在检测后宜进行复核。

8.3.1

性能验证是利用机械装置在距离每一传感器规定的距离诱发应力波,并使所诱发的应力波进入储罐的壁板。所诱发的应力波类似于裂纹产生的声发射,并以相同的方式激励传感器。性能验证是检查整个检测系统的性能(包括耦合剂)。

8.3.2

应采用断铅笔芯来验证系统的性能。断铅笔芯至少距离传感器10cm,对于所有的传感器平均峰值幅度的变化应不超过±4dB。

8.3.3

当采用计算定位时,相邻的传感器应探测到超过检测门限幅度值的断铅信号。应确认定位精度在传感器间距的5%之内。

8.4

功能验证。在检测前或后,应采用敲击方法验证仪器所有通道是否处于正常运行状态。通过更换无响应的通道或低灵敏度的通道,保证检测数据的有效性。

9　检测工艺规程

9.1　检测前的准备

在安装检测仪器进行检测之前,检测人员应通过资料审查和现场实地考察获取如下信息:

——审核设计文件,重点审阅图纸,以详细了解储罐几何尺寸、接管位置和材料厚度等信息。

——审核制造文件资料,重点了解被检储罐材料的特性、衬里或内部涂层的情况、储罐安装制造过程中检验的情况等。

——审核储罐的运行记录,重点了解检验前6个月内储罐运行的详细信息,这些信息应包括所储液体的类型、最大液位水平、操作温度变化范围、叠加的静水压力或气压的大小、可能发生的过载或异常情况等。

——审核历次检验记录及报告等资料,重点记录上次检验发现的问题。

——审核有关修理或改造的记录与文件。

——进行现场实地勘察,根据工艺运行状况,找出所有可能出现的噪声源,并设法排除。

——制订检测方案,包括液位升高及稳定程序,传感器布置阵列,检测条件等。

9.2　声发射检测压力

9.2.1　罐体的声发射检测压力

罐体的声发射检测压力取决于是对新储罐进行水压验证试验时的声发射检测还是对在用储罐进行的声发射检测。表1给出了满足本检测程序所需要的声发射检测压力。

表 1　罐体的声发射检测压力

序号	检测条件和状态	检测压力
1	按设计规范标准要求对新罐进行水压验证试验	按照有关设计规范、试验方法或规程的要求,先将水加注到最高设计液位,然后增加叠加的液压和(或)气压
2	不需要水压试验的新罐	先将水加注到最高设计液位,然后增加叠加的液压和(或)气压达到最大的设计压力。如无最大的设计压力,可采用最大操作压力
3	操作和叠加压之和小于 0.002MPa 的在用储罐	充液到最高操作液位 105% 的水平,然后施加正常的叠加液体或气体压力
4	操作和叠加压之和在 0.002MPa 和 0.04MPa 之间的在用储罐	充液到最高操作液位 105% 的水平,然后施加检测前 6 个月内曾经出现的最大叠加液体或气体压力
5	操作和叠加压之和大于 0.04MPa 的在用储罐	充液到最高操作液位 105% 的水平,然后施加检测前 6 个月内曾经出现的最大叠加液体或气体压力的基础上再加 0.004MPa

注:(1) 如果试验采用液体介质的密度小于实际工作液体介质的密度,声发射检测时充液到最高液位之后,还需要施加额外的液压或气压以使载荷达到过载 5% 的程度。

(2) 如果试验采用液体介质的密度大于实际工作液体介质的密度,声发射检测时的最高液位水平以使储罐底板达到过载 5% 的程度为准,而且应至少等于最大操作压力。

(3) 某些情况下,储罐不允许充液到超过最大操作液位 5% 的水平。对于这种情况,2% 的过载也是可以接受的。本方法不适用于低于 2% 过载的情况。

(4) 修理后储罐的检测压力与上述压力一致。

9.2.2　储罐底板的声发射在线检测的液位和要求

一般情况下,储罐底板的声发射在线检测液位宜位于最高操作液位的 85%～105%。特殊情况下,检测液位应至少高于传感器安装位置的 1m 以上。检测前,应稳定保持该液位静置 2h 以上,然后进行至少 2h 的声发射检测。检测时关闭进出口阀门及其他干扰源,如搅拌器、加热设施等。

9.3　检测加载过程

9.3.1　罐体应力的产生方式

通常储罐罐体的应力由液体净水压力和叠加的液压和(或)气压所产生。对于某些在用储罐,除液压和气压使罐体产生应力之外,温度的影响也可以产生应力。在这种情况下,检验员和用户必须就因温度的变化而引起的应力变化方面达成一致。检测加载时所用液体的温度必须高于凝固点且低于沸点。检测加载时,内外压力叠加不得超过设计压力。

9.3.2　储罐的加压程序

最终声发射检测压力由 9.2 条来确定。在给储罐加压时,非常重要的一点是使进液的接管位于液体之内,从而尽可能降低流体飞溅所产生的噪声。有时充液时产生的噪声太大会导致采集到的声发射信号无效。

图 2 给出了新制造储罐的加压程序。最初 10min 为进行背景噪声监测,在确定了低水平的背景噪声可接受之后,在充压过程中进行声发射监测。声发射监测在至少达到声发射检测压力的 10% 以上开始进行,并在压力分别达到声发射检测压力的 50%、80%、90%、100% 时进行保压。如果检测包括叠加压力,应在进行 100% 的声发射检测压力保压之前施加该压力。在检测期间,增加压力的速率在 2min 之内不得超过声发射检测压力的 10%。在 50%、80%、90% 检测压力的保压时间为 10min,最终在 100% 压力下保压时间为 30min。如果声发射数据指示有缺陷或不确定,应从声发射检测压力的 80%～100% 范围内进行二次加载检测,保压过程和时间与第一次加压时相同。

图 3 给出了在用储罐的加压程序。最初 10min 为进行背景噪声监测,在确定了低水平的背景噪声可接受之后,在充压过程中进行声发射监测。充压的范围为声发射检测压力的 80%～100%。在检测期间,增加压力的速率在 2min 之内不得超过声发射检测压力的 10%。分别在 85% 和 95% 检测压力下进行保压,时间为 10min,在 100% 检测压力下进行保压,时间为 30min。如果声发射检测的目的是评价储罐的修理,而且声发射数据指示拟修理的区域有缺陷或不确定,应从声发射检测压力的 85%～100% 范围内进行二次加载检测,保压过程和时间与第一次加压时相同。

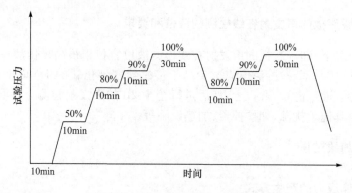

图 2　新制造储罐的加压程序

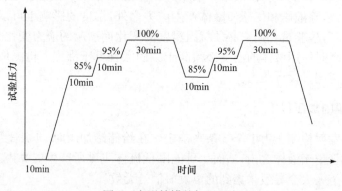

图 3　在用储罐的加压程序

9.3.3　需要的充液时间

当计划对一个大的储罐进行检测时,用户提供给检测人员满足 9.3.2 条加压程序要求的足够检测时间是非常重要的。这一时间应根据检测期间充入储罐的液体和流速来估计。

9.3.4　液位测量

在整个声发射检测过程中,应对液位进行监测。大多数情况下,现有的监测系统是可以直接使用的。在声发射检测过程中,如果所使用的液体的密度与储罐工作时所使用的液体不同,为了精确地测量液位,需要重新标定液位测量仪。

9.3.5　充液的开始及停止

根据保压的需要来制定充压的开始和停止工艺。用户应审核这些工艺并了解一些不可避免的情况可能会发生。

9.3.6　保压时间误差

保压时间误差为 0～＋2min。

9.3.7　在线检测

当采用在线的方式对储罐进行声发射检测时，用户应使检测人员清楚了解可能影响声发射数据采集的情况。这些情况应包括罐内蒸汽或气体的喷头、搅拌机或液浸式泵、在液体中悬浮固体物的运动、化学反应或充液过程中出现的其他干扰等。

9.4　安全要求

检测过程中应满足如下安全需求。

检测时的环境温度应不低于储罐材料的脆性转变温度。

检测人员应根据检测地点的要求穿戴防护工作服和佩戴有关防护设备。

如有要求，使用的电子仪器应具有防爆功能。

采取措施防止储罐的外溢。应考虑液体溢出所带来的后果。

在进行气压检测时，应制定特别的安全措施。这种措施应包括安全阀和快速泄放阀的使用及在加压期间进行额外的声发射监测。这一额外的声发射监测应与本标准所规定的声发射检测分开进行，并且应提供实时的失效报警信号。如果所观察到的声发射信号具有如下特征，则应停止加压并卸载。

计数或信号强度与载荷的关系曲线偏离了线性关系应当引起注意。如果声发射计数或信号强度率随着载荷的增加快速增长，则应将储罐卸载，然后终止声发射检测或对声发射源进行评价以决定继续加载检测是否安全。快速（指数）增长的计数率或信号强度的出现表明即将发生不可控制的、连续的破坏。

应特别关注诸如人孔、阀门、盲法兰等螺栓或丝扣连接的部位。对这些部位在检测前应进行检查以确保螺栓或其他附件牢固、能承受足够的检测压力和适当的扭矩，不存在严重的腐蚀或其他变形。

在完成检测后对储罐排空时，必须采取适当的措施防止对储罐产生额外的真空载荷。

小心操作以避免突然的或不希望的安全阀过早的释放所产生的后果。这一点对于检测储罐内储存有潜在的灾害性介质尤其重要。

9.5　环境要求

如果检测时的气温低于 0℃，应注意消除在检测期间结冰可能引起的声发射。

9.6 背景噪声

在监测期间,收集有效的声发射信号是非常重要的。为了达到此目的,背景噪声必须降到最小。对于背景噪声源已在 5.6 条中进行了描述。

检测人员应能熟悉和识别所有由加载引起的潜在声源。

现场的经验表明应特别对电子背景噪声源给予关注。例如,发动机、电闸齿轮、螺线管等往往引起电磁干扰。不好的动力供电,尤其是接地不良也能够产生电磁干扰。通过使用示波仪或绘图仪可以从电磁干扰中识别出射频干扰。通过使用屏蔽传感器和窄带滤波器可以控制射频干扰和电磁干扰。通过采用稳压器可以控制电源产生的电磁干扰。

9.7 供电要求

在检测现场需要一个满足声发射仪器要求的稳定且接地良好的电源。

9.8 传感器安装

9.8.1 基本要求

按照检测方案设定的位置布置传感器,在传感器表面和储罐罐体金属表面之间使用耦合剂,并确保耦合充分。为了防止脱离以及由风引起电缆移动而产生额外的噪声,应对所有信号线进行约束。

对于带夹层(或保温层)的储罐,从外部进行声发射检测可使用波导杆或将须安装传感器部位的夹层(或保温层)挖孔以使传感器能直接与储罐罐体表面接触。固定传感器最合适的方法是采用磁夹具加合适的耦合剂或采用热融胶。当采用热融胶时,由于胶为声耦合剂,胶层应尽量薄以减少信号的损失。固定传感器的第三种方法是利用胶带和在传感器表面与储罐罐体表面之间使用适当的耦合剂。但是,这种方法的可靠性较低,尤其当传感器需要长时间安装在储罐上时。对具有保温层或夹层的储罐完成检测后,应将所有传感器部位被挖掉的保温层或夹层恢复,防止水或其他的杂质进入保温层或夹层内。

9.8.2 表面接触

用传感器表面直接耦合到储罐罐体表面上的方式来安装传感器,必须保证传感器所接触的储罐罐体表面清洁无杂质,以使耦合良好。储罐罐体表面上的喷漆或涂层、几何不连续或表面粗糙度会引起信号的损失。这些情况引起的信号损失程度可以按 8.3 条规定的方法来测定。在一定情况下,必须将金属表面的锈蚀、油漆等去除以降低信号的损失。

9.8.3 传感器的位置

对于罐体进行的检测,传感器位置的布置首先考虑的是必须能探测诸如高应力区、几何不连续、接管、人孔、补强板及附件焊缝等部位的结构缺陷。应特别注意避免大开口部位对声信号的屏蔽和补偿角焊缝对声信号的衰减。传感器的布置应确保对罐体完整覆盖,其间距不超过 9.8.4 条中规定的距离。附录 B 给出了传感器的布置指南。

对于罐底板进行的检测,传感器宜布置在距底板高 0.1～0.5m 范围内的壁板上,而且要确保高于储罐内固体沉积物的高度,尽量采取同一高度,间距尽量保持均等,并成闭合环状分布。

9.8.4 传感器的间距

9.8.4.1

对于采用区域定位的罐体检测,区域半径需按 9.8.5 条中规定所测定的衰减特性来确定。对于同类的储罐,不需要对每台都进行区域定位半径的测量,但应至少测量两个具有代表性的储罐,而且这两个储罐的油漆、衬里、几何尺寸、设计及加压率等都是相同的。如果怀疑储罐的内部或外部存在严重腐蚀,则应单独测定该储罐的区域定位半径。在大多数情况下,检测前用户应提供储罐存在的可疑情况。

9.8.4.2

对于采用计算定位的罐体检测,最大允许传感器间距需按 9.8.5 条中规定所测定的衰减特性来确定。对于同类的储罐,不需要对每台都进行最大允许传感器间距的测量,但应至少测量两个具有代表性的储罐,而且这两个储罐的油漆、衬里、几何尺寸、设计及加压率等都是相同的。如果怀疑储罐的内部或外部存在严重腐蚀,则应单独测定该储罐的最大允许传感器间距。在大多数情况下,检验前用户应提供储罐存在的可疑情况,具体要求可参考附录 B。

9.8.5 衰减特性

9.8.5.1

对于罐体的检测,为了确定传感器的空间距离,必须测定具有代表性储罐的衰减特性。测量应在低于液面下的储罐罐体的圆柱部位进行,且必须远离端部、人孔、接管、加热盘管等。进行衰减测量安装传感器的方式应与进行检测时一致。

9.8.5.2

对于无保温层的储罐,先安装一个传感器,接着从传感器的位置开始画出一条线,然后在传感器附近及这条线上分别距传感器 0.5m、1.0m、1.5m、2.0m、3.0m、4.0m、6.0m、9.0m、12.0m 及后面每间隔 3.0m 处折断 0.3mm 2H(或 0.5mm HB)的铅芯进行测量。断铅芯时,铅芯和储罐罐体表面成大约 30°的夹角,铅芯长度约为 3mm。在每一点断铅 5 次,记录 5 次的幅值并计算平均值,最后绘出断铅点到传感器的距离与峰值曲线并找出区域半径。区域半径是断铅信号不能被探测的距离。对于区域定位方法,最大的传感器间距是区域半径的 1.5 倍。对于计算定位方法,最大传感器间距等于区域半径。这些数据应为检测记录的一部分。

9.8.5.3

对于有保温层的储罐,为了确定区域半径或最大传感器间距,需要去除保温层或在 9.8.5.2 条规定的距离上挖洞。

9.8.6　源定位

采用区域定位方法可实现最低程度的源定位。这种方法是利用来自每个区域中传感器的活性来指示源的大体位置。

通过计算定位法可实现较精确的源定位,这种方法需要布置更多的传感器来覆盖整个监测区域,通过测量同一声发射信号到达各个通道的时间来精确计算出声发射源的位置。

9.9　数据采集

9.9.1　基本要求

对储罐按设计好的加载程序进行加压,对每个升压和保压阶段进行声发射监测和数据采集。检测过程中,检测人员必须及时识别出现的噪声并将其消除或降到最小的程度,如果背景噪声太大,应停止检测。

9.9.2　检测记录

在数据采集过程中,检测人员应作好检测记录,内容至少包括:检测状态设置文件名称、检测数据文件名称、检测过程中升压与保压等不同阶段的时间、储罐充压时操作参数的设置、采集过程中所发生的泄漏或其他事件冲击产生的声发射信号、检验前及检测后系统的性能验证的数据文件等。

9.9.3　声发射源

9.9.3.1　概述

对储罐罐体进行的声发射检测是采集罐体上缺陷开裂和裂纹扩展产生的声发

射信号,对罐底板的声发射检测是采集泄漏或腐蚀产生的声发射信号,除这些声发射源外,在检测过程中还有可能遇到如下声发射源。

9.9.3.2　泄漏

由于泄漏引起的噪声信号量大且幅值高,需要停止检测对泄漏部位进行密封处理。泄漏有可能发生在储罐的壁板上,但更常见的是发生在损坏的阀门或密封垫处。

9.9.3.3　物体移动

储罐壁板与保温层等储罐部件之间的移动可产生伪声发射信号。一般这些发射是零星的,能够通过检测后的分析加以识别和过滤。

9.9.3.4　风和振动

目视检测传感器、电缆及其他硬件被牢固固定而不受风或振动的影响而引起移动。隔离储罐和声发射硬件使之免受不可控制噪声源的干扰。

9.9.3.5　外部噪声

雨、冰雹、雪、被风吹起的砂粒、空中软管、泄漏、冲击波等均可产生不可控制的外部噪声。通过采取适当的声隔离措施来最大限度地减小这些因素的影响。在一定的情况下,有必要推迟检测直到这些不可控制噪声源消失。

9.9.3.6　内部腐蚀

在对碳钢储罐进行加压时,内部腐蚀可以引起声发射。对于新的或刚进行喷砂处理的储罐,这一现象尤其突出。在整个检测期间,声发射信号表现出一个稳定的数据流。可采用在水中加入腐蚀拟制剂来控制这一问题。

9.9.3.7　夹套的热膨胀

已发现某些类型的夹套,尤其是那种带有滑动膨胀节的外加热盘管夹套,当环境温度变化时将会产生声发射。太阳直接照射产生的问题更严重。这类发射为具有长持续时间的不连续的突发型声发射信号。为了克服这类问题,需要在一个温度可控的环境下或者是在温度相对稳定的时间(早晨或晚上)进行检测。

9.9.3.8　充液速率

液体进入储罐的流动可产生很高的背景噪声,可通过调整充液速率来消除这种噪声。

10　检测结果及评价

10.1

对于罐体进行的声发射检测,其检测结果的分析及评价应采用 GB/T 18182 规定的方法,对发现的有意义声发射源性质的进一步确定应采用 JB/T 4730.2、JB/T 4730.3、JB/T 4730.4 和 JB/T 4730.5 规定的射线、超声、磁粉或渗透方法。

10.2

对于罐底板进行的声发射在线检测,其检测结果可以采用声发射源的时差定位分析及分级方法,也可采用声发射源的区域定位分析及分级方法,如对同一个储罐的检测同时采用两种分级方法,则同一评定区域应取较大的级别。

a) 罐底板声发射源的时差定位分析及分级。

对罐底板以不大于直径 10% 的长度划定出正方形或圆形评定区域,对评定区域内定位相对较集中的所有定位集团进行局部放大分析并计算出每小时出现的定位事件数 E。

根据罐底板的时差定位情况,对每个评定区域的有效声发射源级别按表 2 进行分级。

表 2　罐底板基于时差定位分析的声发射源的分级

源级别	评定区域内每小时出现的定位事件数 E	评定区域的腐蚀状态评价
I	$E \leqslant C$	无局部腐蚀迹象
II	$C < E \leqslant 10C$	存在轻微局部腐蚀迹象
III	$10C < E \leqslant 100C$	存在明显局部腐蚀迹象
IV	$100C < E \leqslant 1000C$	存在较严重局部腐蚀迹象
V	$E > 1000C$	存在严重局部腐蚀迹象

表中的 C 值需通过采用相同的检测仪器与设置工作参数,对相同规格和运行条件的储罐进行一定数量的检测实验和开罐验证实验来取得。

b) 罐底板声发射源的区域定位分析及分级。

计算出各独立通道有效检测时间每小时出现的撞击数 H。

根据罐底板的区域定位情况,对每个通道区域的声发射源级别按表 3 进行分级。

表 3　罐底板基于区域定位分析的声发射源的分级

源级别	每个通道每小时出现的撞击数 H	评定区域的腐蚀状态评价
Ⅰ	$H \leqslant K$	无局部腐蚀迹象
Ⅱ	$K < H \leqslant 10K$	存在轻微局部腐蚀迹象
Ⅲ	$10K < H \leqslant 100K$	存在明显局部腐蚀迹象
Ⅳ	$100K < H \leqslant 1000K$	存在较严重局部腐蚀迹象
Ⅴ	$H > 1000K$	存在严重局部腐蚀迹象

表中的 K 值需通过采用相同的检测仪器与设置工作参数，对相同规格和运行条件的储罐进行一定数量的检测实验和开罐验证实验来取得。

c) 对储罐的维修建议。

根据储罐底板腐蚀状态等级制订被检储罐维修计划。维修计划的优先顺序见表 4。需开罐检修的储罐底板，可采用 JB/T 10765 对储罐底板进行漏磁快速扫查检测。

表 4　储罐维修优先顺序划分

储罐底板腐蚀状态等级	腐蚀状况	维修/处理建议
Ⅰ	非常微少	不需维修
Ⅱ	少量	近期不需考虑维修
Ⅲ	中等	考虑维修
Ⅳ	动态	优先考虑维修
Ⅴ	高动态	最优先考虑维修

11　检测报告

声发射检测报告应至少包括如下内容：

a) 产品名称、编号、制造单位、安装单位；

b) 设计压力、温度、介质、最高工作压力、材料牌号、公称壁厚和几何尺寸；

c) 加载史和缺陷情况；

d) 执行标准、参考标准；

e) 检测方式、仪器型号、耦合剂、传感器型号及固定方式；

f) 检测日期；

g) 各通道灵敏度校准结果；

h) 阈值、增益的设置值；

i) 背景噪声的测定值；

j) 衰减特性测定；

k) 传感器布置示意图及声发射源位置示意图；

l) 源部位校准记录；

m）检测软件名称、检测设置文件名称及数据文件名称；

n）加压程序图；

o）检测结果分析、源的综合等级划分结果及声发射信号数据图；

p）结论；

q）检测日期、参加检测人员名单、报告编制和审核人签字。

12　检测准确程度和偏差

12.1

本检测方法结果的准确程度将受到背景噪声、材质的变化、以前的加载史、仪器的标定、储存介质、储罐壁板的表面防护等许多外部因素的影响。

12.2

本检测方法的结果将确定储罐的结构目前是否完整，或者需要采用其他的无损检测方法来进一步检测。总之，这种方法的偏差导致后续采用其他无损检测方法检测的区域大于实际具有有意义缺陷的区域。

附　录　A
（规范性附录）
声发射系统性能要求

A.1　传感器

A.1.1

对于储罐罐体的检测声发射传感器的谐振频率应在 $100\sim200\text{kHz}$ 范围内，对于立式储罐罐底板的检测声发射传感器的谐振频率应在 $30\sim60\text{kHz}$ 范围内。

A.1.2

传感器在上述规定的响应频率范围内，峰值灵敏度应大于 -77dB（参照 $1\text{V}/\mu\text{bar}$，由面对面的超声测试确定）。在规定的频带和使用温度的范围内，传感器的灵敏度变化应不大于 3dB。

A.1.3

传感器应通过适当的设计或差分元件设计来屏蔽电磁干扰。

A.1.4

传感器与被检容器表面之间应保持电绝缘。

A.1.5

传感器对不同的方向均应有响应,并且对峰值响应的变化应不超过 2dB。

A.2 信号线

A.2.1

在上述规定的响应频率范围内,连接传感器和前置放大器的信号线不应导致传感器峰值电压的衰减大于 3dB(典型的信号线长度为 2m)。前置放大器与传感器一体式结构满足此要求,它们是特有内置很短的信号线。

A.2.2

信号线应进行屏蔽以防止电磁干扰,标准的低噪声同轴电缆可满足要求。

A.3 耦合剂

耦合剂应能在检测期间内保持良好的声耦合效果。应根据容器壁温选用无气泡、黏度适宜的耦合剂。可选用真空脂、凡士林及黄油。

A.4 前置放大器

A.4.1

在上述规定的响应频率范围内,前置放大器的均方根电压(RMS)短路噪声电平应不大于 $5\mu V$。

A.4.2

在上述规定的响应频率范围内及所使用的温度范围内,前置放大器的增益变化应不超过 $\pm 1dB$。

A.4.3

前置放大器应进行屏蔽以防止电磁干扰。

A.4.4

差分设计的前置放大器应具有最小值为 40dB 的通用模式转换。

A.4.5

前置放大器应有一个带通滤波器,在上述规定的频率范围之外该带通滤波器具有最小为每倍频程 18dB 的信号衰减值。值得注意的是晶体的响应特性提供了额外的滤波器,这如同信号调理器中的带通滤通器一样。

A.4.6

鼓励采用前置放大器与传感器一体化结构的装置。

A.5　供电信号电缆

供电信号电缆用于为前置放大器供电及将放大信号传送给主处理器,供电信号电缆应进行屏蔽以防止电磁干扰。供电信号电缆的长度应控制在信号衰减小于 3dB 的范围(当使用标准同轴电缆时,为了避免过大的信号衰减,推荐最大长度为 300m)。

A.6　供电

应使用稳定和接地良好的电源以满足仪器制造商对信号处理器的供电要求。

A.7　信号处理器

A.7.1

信号处理器是一些信号处理电路。能够对来自各个传感器的信号进行采集、处理,并能至少输出每个通道的计数、幅度、持续时间、上升时间、能量及到达时间等参数。

A.7.2

在 4～40℃ 的温度范围内,电路增益应稳定在 ±1dB 内。

A.7.3

门限应精确到 ±1dB。

A.7.4

信号强度的测量应以每一通道为基础进行,对于一个幅度值高于分析门限 25dB、持续时间为 1ms、频率为 150kHz 的正弦脉,所得到的信号强度值应具有 1‰分辨率。可用的动态范围应不小于 35dB。

A.7.5

在上述规定的频率范围和 4～40℃ 的温度范围内,峰值幅度应具有不小于

60dB 的可用的动态范围,且其分辨率为 1dB。在稳定测试温度范围之外,允许峰值探测精度的变化应不大于±2dB。幅度值以 dB 表示,必须参照一个系统(传感器或前置放大器)输出的固定增益。

A. 7. 6

撞击持续时间应精确到±1μs,应通过从第一个穿过门限到最后一个穿过门限的信号来测量或通过整流线性电压时间信号的包络来测量。撞击持续时间不应包括一个撞击事件结束的撞击定义时间。

A. 7. 7

当采用区域定位时,撞击到达时间应进行整体记录,每一通道的精度在 1ms 之内。

A. 7. 8

系统每一通道的延迟时间应不大于 200μs。

A. 7. 9

撞击定义时间应为 400μs。

A. 7. 10

仪器应具有立式储罐底板定位的数据采集、显示与分析软件。

附 录 B
(资料性附录)
传感器布置指南

B. 1 罐体的检测

B. 1. 1

首先按 9.8.5 条的要求确定传感器之间的最大间距,然后将传感器按环状分布在储罐壁板上进行设置。一般第一圈设在壁板的底部或靠近底部,各圈传感器之间的垂直距离按 9.8.5 条的要求确定。

B. 1. 2

相邻圈上的传感器应均匀错开布置,这种方式布置采用相同数量的通道可以覆盖更大范围的储罐壳体,尤其对于大尺寸的储罐可以减少需要的通道数。

B. 1. 3

如有可能,应在诸如人孔等大直径的开孔附近布置额外的传感器。当采用区域定位方法时,有补强板的人孔周围应布置两个传感器,其中一个放在补强板上,另一个放在人孔对面的壁板上。

B. 1. 4

对于有通风口的储罐,不能充液到罐顶,液位以上的部分也不能加压,所以没有必要在罐顶上布置传感器。

B. 2 罐底板的检测

传感器的间距不宜大于 13m。建议 5000m³ 以下储罐每圈安装 4~8 个传感器;5000~20000m³ 储罐安装 8~12 个传感器;20000m³ 以上储罐安装 12 个以上传感器。

附 录 C
(资料性附录)
检测报告格式

检测机构标识	声发射检测报告				编号	
使用单位					储罐编号	
制造/安装单位			工作温度	℃	工作介质	
设计压力/液位	MPa/m	材质	公称容积		几何尺寸	
操作压力/液位	MPa/m	公称壁厚		mm	制造日期	
加 载 史						
缺陷情况						
执行标准						
检测方式		仪器型号			检测频率	
传感器型号		耦合剂	固定方式		检验日期	

传感器灵敏度标定	模拟源					传感器的平均灵敏度：				dB	最大：			dB	最小：			dB
	传感器编号	1	2	3	4	5	6	7	8	9	10	11	12	13	14	15	16	17
	灵敏度/dB																	
	传感器编号	18	19	20	21	22	23	24										
	灵敏度/dB																	

背景噪声	<		dB	门限电平		dB	增益		dB	模拟源	

信号衰减记录	最大传感器间距				mm	衰减测量传感器号			
	模拟源距离/m	0.1	0.5	1.0	2	3	4	5	
	信号幅度/dB								

传感器布置平面展开图：

定位校准记录：

校准阵列传感器号							
校准结果							
检测软件名称							
检测设置文件名称							
数据文件名称							

加载程序图：

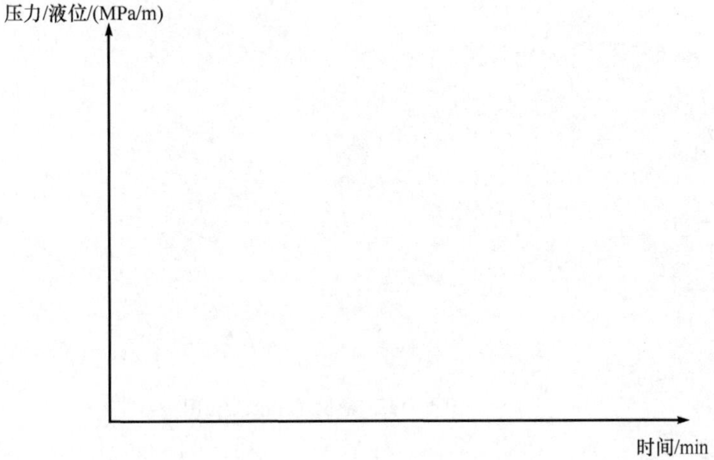

图1 加载程序图（P-t）

图 2　传感器部位示意图

图 3　升压(充液)数据及定位图

图 4　保压(液位)数据及定位图

检 测 结 果：

检 测 评 定 结 论：

检 测 人 员：		年　月　日
检 测：	年　月　日	审核：　　　　年　月　日

附录 4 NB/T 47013.9—2011
《承压设备无损检测 第 9 部分:声发射检测》

主要起草单位:中国特种设备检测研究院、大庆石油学院、
　　　　　　合肥通用机械研究院、武汉市锅炉压力容器检验所。
主要起草人:沈功田、李邦宪、戴光、关卫和、霍臻。

1 范围

JB/T 4730 的本部分规定了金属材料承压设备的声发射检测方法和结果分级
与评价。

本部分适用于在制和在用金属承压设备活性缺陷的声发射检测与监测。

本部分不适用于泄漏声发射检测和监测。

2 规范性引用文件

下列文件对于本部分的应用是必不可少的。凡是注日期的引用文件,仅所注
日期的版本适用于本部分。凡是不注日期的引用文件,其最新版本(包括所有的修
改单)适用于本部分。

GB/T 12604.4《无损检测 术语 声发射检测》(ISO 12716:2001)

GB/T 19800《无损检测 声发射检测 换能器的一级校准》(ISO 12713:1998)

GB /T19801《无损检测 声发射检测 声发射传感器的二级校准》
　　(ISO 12714:1999)

GB/T 20737《无损检测 通用术语和定义》(ISO/TS 18173:2005)

JB/T 4730.1《承压设备无损检测 第 1 部分:通用要求》

JB/T 4730.2《承压设备无损检测 第 2 部分:射线检测》

JB/T 4730.3《承压设备无损检测 第 3 部分:超声检测》

JB/T 4730.4《承压设备无损检测 第 4 部分:磁粉检测》

JB/T 4730.5《承压设备无损检测 第 5 部分:渗透检测》

JB/T 4730.6《承压设备无损检测 第 6 部分:涡流检测》

JB/T 4730.7《承压设备无损检测 第 7 部分:目视检测》

JB/T 4730.8《承压设备无损检测 第 8 部分:泄漏检测》

JB/T 4730.10《承压设备无损检测 第 10 部分:衍射时差法超声检测》

JB/T 4730.11《承压设备无损检测 第 11 部分:X 射线数字成像检测》

3　术语和定义

GB/T 12604.4、GB/T 20737 和 JB/T 4730.1 界定的以及下列术语和定义适用于本部分。

3.1

声发射源　acoustic emission source
材料中能量快速释放而产生瞬态弹性波的物理源点或部位。

3.2

声发射定位源　acoustic emission location source
通过分析声发射数据确定的被检件上声发射源的位置。
注：常见的几种源定位方法包括区域定位、计算定位和连续信号定位。

3.3

活性　activity
声发射源的事件数随加载过程或时间变化的程度。

3.4

强度　intensity
声发射源的事件所释放的平均弹性能。

3.5

活性缺陷　active defect
因载荷作用而产生瞬态弹性波释放的缺陷。

4　一般要求

4.1　概述

声发射检测的一般要求除应符合 JB/T 4730.1 的有关规定外，还应符合下列规定。

4.2　声发射检测系统

声发射检测系统应包括传感器、前置放大器、系统主机、显示和存储等单元。检测系统的性能应符合附录 A 的要求。

4.3 压力指示装置

检测时被检件上应有压力指示装置,并在有效校准期内,其最大量程应在最高试验压力的 1.5～3 倍的范围。

4.4 系统校准

声发射传感器、前置放大器和系统主机每年至少进行一次校准。声发射传感器的校准按 GB/T 19800 和 GB/T 19801 的要求进行,其他部件的校准按仪器制造商规定的方法进行,其结果不得低于附录 A 的要求。仪器使用单位应制定校准作业指导书,校准结果应有相应记录和报告。

4.5 工艺规程

4.5.1

应按 JB/T 4730.1 的要求制定声发射检测通用工艺规程,检测工艺规程应至少包括如下内容:

　　a) 适用范围;

　　b) 引用标准、法规;

　　c) 检测人员资格;

　　d) 检测仪器设备:耦合剂、传感器、传感器夹具、信号线、前置放大器、电缆线、仪器主机、检测数据采集和分析软件等;

　　e) 被检件的信息:几何形状与尺寸、材质、设计与运行参数;

　　f) 检测覆盖范围及传感器阵列确定;

　　g) 被检件表面状态及传感器安装方式;

　　h) 加压程序及检测时机;

　　i) 灵敏度测量、衰减测量和定位校准;

　　j) 检测过程和数据分析解释;

　　k) 检测结果的评定;

　　l) 检测记录、报告和资料存档;

　　m) 编制、审核和批准人员;

　　n) 编制日期。

4.5.2

对于每台承压设备的声发射检测,应按照通用检测工艺规程制定声发射检测方案或声发射检测工艺卡。

4.6　安全要求

本部分没有完全列出进行检测时所有的安全要求，使用本部分的用户有义务在检测前建立适当的安全和健康准则。

检测过程中的安全要求如下：

a) 检测时被检件的壁温应比其材料的脆性转变温度至少高 30℃；

b) 检测人员应根据检测地点的要求穿戴防护工作服和佩戴有关防护设备；

c) 如有要求，使用的电子仪器应具有防爆功能；

d) 在进行气压试验检测时，应制定特别的安全措施；

e) 在线检测时，应避免安全阀过早或突然开启引起的危险后果，尤其是被检件内储存有毒或易燃、易爆等危害性介质时。

5　检测方法

5.1　检测前的准备

5.1.1　资料审查

资料审查应包括下列内容：

a) 设备制造文件资料：产品合格证、质量证明文件、竣工图等；

b) 设备运行记录资料：开停车情况、运行参数、工作介质、载荷变化情况以及运行中出现的异常情况等；

c) 检验资料：历次检验报告；

d) 其他资料：修理和改造的文件资料等。

5.1.2　现场勘察

在勘察现场时，应找出所有可能出现的噪声源，如脚手架的摩擦、内部或外部附件的移动、电磁干扰、机械振动和流体流动等。应设法尽可能排除这些噪声源。

5.1.3　检测条件确定

根据现场情况确定检测条件，建立声发射检测人员和加压控制人员的联络方式。

5.1.4　传感器阵列的确定

根据被检件几何尺寸的大小以及检测的目的，确定传感器布置的阵列。如无特殊要求，相邻传感器之间的间距应尽量接近。

附录 B 给出了部分型式承压设备的声发射传感器布置示意图。

5.1.5　确定加压程序

根据声发射检测的目的和承压设备的实际条件,确定加压程序。

5.2　传感器的安装

传感器的安装应满足如下要求:

a) 按照确定的传感器阵列在被检件上确定传感器安装的具体位置,整体检测时,传感器的安装部位尽量远离人孔、接管、法兰、支座、支柱、垫板和焊缝部位;局部检测时,被检测部位应尽量位于传感器阵列中间。

b) 对传感器的安装部位进行表面处理,使其表面平整并露出金属光泽;如表面有光滑致密的保护层,也可予以保留,但应测量保护层对声发射信号的衰减。

c) 在传感器的安装部位涂上耦合剂,耦合剂应采用声耦合性能良好的材料,推荐采用真空脂、凡士林、黄油等材料,选用耦合剂的使用温度等级应与被检件表面温度相匹配。

d) 将传感器压在被检件的表面,使传感器与被检件表面达到良好的声耦合状态。

e) 采用磁夹具、胶带纸或其他方式将传感器牢固固定在被检件上,并保持传感器与被检件和固定装置的绝缘。

f) 对于低温或高温承压设备的声发射检测,可以采用声发射波导(杆)来改善传感器的耦合温度,但应测量波导杆对声发射信号衰减和定位特性的影响。

5.3　声发射检测系统的调试

5.3.1　概述

将已安装的传感器与前置放大器和系统主机用电缆线连接,开机预热至系统稳定工作状态,对声发射检测系统进行初步工作参数设置,然后按 5.3.2～5.3.6 条的要求依次对系统进行调试。

5.3.2　模拟源

用模拟源来测试检测灵敏度和校准定位。模拟源应能重复发出弹性波。可以采用声发射信号发生器作为模拟源,也可以采用 ϕ0.3mm、硬度为 2H 的铅芯折断信号作为模拟源。铅芯伸出长度约为 2.5mm,与被检件表面的夹角为 30° 左右,距传感器中心(100±5)mm 处折断。其响应幅度值应取三次以上响应的平均值。

5.3.3　通道灵敏度测试

在检测开始之前和结束之后应进行通道灵敏度的测试。要求对每一个通道进行模拟源声发射幅度值响应测试，每个通道响应的幅度值与所有通道的平均幅度值之差应不大于±4dB。如系统主机有自动传感器测试功能，检测结束后可采用该功能进行通道灵敏度测试。

5.3.4　衰减测量

应进行与声发射检测条件相同的衰减特性测量。衰减测量应选择远离人孔和接管等结构不连续的部位，使用模拟源进行测量。如果已有检测条件相同的衰减特性数据，可不再进行衰减特性测量，但应把该衰减特性数据在本次检验记录和报告中注明。

5.3.5　定位校准

采用计算定位时，在被检件上传感器阵列的任何部位，声发射模拟源产生的弹性波应至少能被该定位阵列中的传感器收到，并得到唯一定位结果，定位部位与理论位置的偏差不超过该传感器阵列中最大传感器间距的 5%。

采用区域定位时，声发射模拟源产生的弹性波应至少能被该区域内的一个传感器接收到。

5.3.6　背景噪声测量

通过降低门限电压来测量每个通道的背景噪声，设定每个通道的门限电压至少大于背景噪声 6dB，然后对整个检测系统进行背景噪声测量，新制造的承压设备和停产进行声发射检测的承压设备背景噪声测量应不少于 5min，进行在线检测的承压设备背景噪声测量应不少于 15min。如果背景噪声接近或大于所被检件材料活性缺陷产生的声发射信号强度，应设法消除背景噪声的干扰，否则不宜进行声发射检测。

5.4　检测

5.4.1　加压程序

5.4.1.1　概述

应根据被检件有关安全技术规范、标准和合同的要求来确定声发射检测最高试验压力和加压程序。升压速度一般应不大于 0.5MPa/min。保压时间一般应不小于 10min，如果在保压期间出现持续的声发射信号且数量较多时，可适当延长保压时间直到声发射信号收敛为止；如果保压的 5min 内无声发射信号出现，也可提前终止保压。

5.4.1.2　新制造承压设备的加压程序

对于新制造承压设备的检测，一般在进行耐压试验时同时进行，试验压力为耐压试验压力。

图 1 给出了新制造承压设备的加压程序。声发射检测应在达到承压设备设计压力（或公称压力或额定工作压力）的 50% 前开始进行，并至少在压力分别达到设计压力 P_D 和最高试验压力 P_{T1} 时进行保压。如果声发射数据指示可能有活性缺陷存在或不确定，应从设计压力开始进行第二次加压检测，第二次加压检测的最高试验压力 P_{T2} 应不超过第一次加压的最高试验压力，建议 P_{T2} 为 97% P_{T1}。

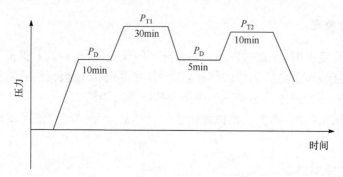

图 1　新制造承压设备的加压程序

5.4.1.3　在用承压设备的加压程序

对于在用承压设备的检测，一般试验压力不小于最高工作压力的 1.1 倍。对于承压设备的在线检测和监测，当工艺条件限制声发射检测所要求的试验压力时，其试验压力也应不低于最高工作压力，并在检测前一个月将操作压力至少降低 15%，以满足检测时的加压循环需要。

图 2 给出了在用承压设备的加压程序。声发射检测在达到承压设备最高工作压力的 50% 前开始进行，并至少在压力分别达到最高工作压力 P_W 和最高试验压力 P_{T1} 时进行保压。如果声发射数据指示可能有活性缺陷存在或不确定，应从最高工作压力开始进行第二次加压检测，第二次加压检测的最高试验压力 P_{T2} 应不超过第一次加压的最高试验压力，建议 P_{T2} 为 97% P_{T1}。

5.4.2　检测过程中的噪声

加压过程中，应注意下列因素可能产生影响检测结果的噪声：

a) 介质的注入；

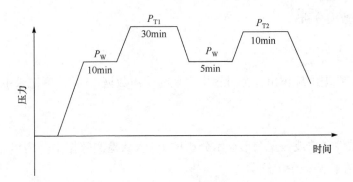

图 2　在用承压设备的加压程序

　　b）加压速率过高；

　　c）外部机械振动；

　　d）内部构件、工装、脚手架等的移动或受压爆裂；

　　e）电磁干扰；

　　f）风、雨、冰雹等的干扰；

　　g）泄漏。

检测过程中如遇到强噪声干扰，应停止加压并暂停检测，排除强噪声干扰后再进行检测。

5.4.3　检测数据采集与过程观察

5.4.3.1

检测数据应至少采集附录 A 中规定的参数。采用时差定位时，应采集有声发射信号到达时间数据，采用区域定位时，应有声发射信号到达各传感器的次序。

5.4.3.2

检测时应观察声发射撞击数和（或）定位源随压力或时间的变化趋势，对于声发射定位源集中出现的部位，应查看是否有外部干扰因素，如存在应停止加压并尽量排除干扰因素。

5.4.3.3

声发射撞击数随压力或时间的增加呈快速增加时，应及时停止加压，在未查出声发射撞击数增加的原因前，禁止继续加压。

5.5　检测数据分析

5.5.1

从检测数据中标识出检测过程中出现的噪声数据,并在检测记录中注明。

5.5.2

利用软件滤波或数据图形显示分析的方法,从检测数据中分离出非相关声发射信号,并在检测记录中注明。

5.5.3

根据检测数据确定相关声发射定位源的位置。对结构复杂区域的声发射定位源还应通过定位校准的方法确定其位置。定位校准采用模拟源方法,若得到的定位显示与检测数据中的声发射定位源部位显示一致,则该模拟源的位置为检测到的声发射定位源部位。

6　结果评价与分级

6.1　概述

声发射定位源的等级根据声发射定位源的活性和强度来综合评价,评价方法是先确定声发射定位源的活性等级和强度等级,然后确定声发射定位源的综合等级。

6.2　声发射定位源的活性分级

以传感器阵列中最大传感器间距的 10% 长度为边长或直径划定出正方形或圆形评定区域,落在同一评定区域内的声发射定位源事件,认为是同一源区的声发射定位源事件。

如果声发射定位源区的事件数随着升压或保压呈快速增加,则认为该部位的声发射定位源具有超强活性。

如果声发射定位源区的事件数随着升压或保压呈连续增加,则认为该部位的声发射定位源具有强活性。

如果声发射定位源区的事件数随着升压或保压呈间断出现,则按表1、表2进行分级。对于进行两次加压循环,声发射定位源的活性等级划分方法详见表1;对于进行一次加压循环,声发射定位源的活性等级划分方法详见表2。

表 1　两次加压循环声发射定位源的活性等级划分

活性等级	第一次加压循环		第二次加压循环	
	升压	保压	升压	保压
弱活性	×			
弱活性		×		
弱活性			×	
弱活性				×
中活性	×	×		
中活性			×	×
中活性	×		×	
中活性		×	×	
中活性	×			×
强活性		×		×
强活性	×		×	×
强活性	×	×	×	
强活性		×	×	×
超强活性	×	×	×	×

注:(1) ×表示加压或保压阶段有声发射定位源;空白表示加压或保压阶段无声发射定位源。

(2) 停止加压后 1min 内的信号记入升压信号,1min 后的信号为保压信号。

(3) 如果同一升压或保压阶段区内声发射事件数较多,可根据实际情况将该源的活性等级适当提高。

表 2　一次加压循环声发射定位源的活性等级划分

活性等级	升压	保压
中活性	×	
强活性		×
超强活性	×	×

注:(1) ×表示加压或保压阶段有声发射定位源;空白表示加压或保压阶段无声发射定位源。

(2) 停止加压后 1min 内的信号记入升压信号,1min 后的信号为保压信号。

(3) 如果同一升压或保压阶段源区内声发射事件数较多,可根据实际情况将该源的活性等级适当提高。

6.3　声发射定位源的强度分级

声发射定位源的强度可用能量、幅度或计数参数来表示。声发射定位源的强度计算取声发射定位源区中前 5 个最大的能量、幅度或计数参数的平均值,幅度参数应根据衰减测量结果加以修正。声发射定位源的强度分级参考表 3 进行。表 3

中的 a、b 值应由试验来确定,表 4 是 Q345R 钢采用幅度参数划分声发射定位源的强度的推荐值。

表 3 声发射定位源的强度等级划分

强度等级	声发射定位源强度 Q
低强度	$Q < a$
中强度	$a \leqslant Q \leqslant b$
高强度	$Q > b$

表 4 Q345R 钢采用幅度参数进行声发射定位源的强度等级划分

强度等级	幅度 Q
低强度	$Q < 60dB$
中强度	$60dB \leqslant Q \leqslant 80dB$
高强度	$Q > 80dB$

注:表中数据是经衰减修正后的数据。传感器输出 $1\mu V$ 为 0dB。

6.4 声发射定位源的综合分级

声发射定位源的综合分级按表 5 进行。

表 5 声发射定位源的综合等级划分

强度等级	活性等级			
	超强活性	强活性	中活性	弱活性
高强度	IV	IV	III	II
中强度	IV	III	II	I
低强度	III	III	II	I

7 声发射定位源的验证

7.1

I 级声发射定位源,不需要进行验证。

7.2

II 级声发射定位源,可根据被检件的使用情况和声发射定位源部位的实际结构来确定是否需要进行验证。

7.3

III 级或 IV 级声发射定位源,应进行验证。

声发射定位源的验证应按 JB/T 4730.2～JB/T 4730.8、JB/T 4730.10～JB/T 4730.11所规定的检测方法进行表面和（或）内部缺陷检测。

8　记录和报告

8.1　记录

8.1.1

应按检测工艺规程的要求记录检测数据或信息，并按相关法规、标准和（或）合同要求保存所有记录。

8.1.2

检测时如遇不可排除因素的噪声干扰，如人为干扰、风、雨和泄漏等，应如实记录，并在检测结果中注明。

8.2　检测报告

声发射检测报告至少应包括以下内容：

a) 设备名称、编号、制造单位、设计压力、温度、介质、最高工作压力、材料牌号、公称壁厚和几何尺寸；

b) 加载史和缺陷情况；

c) 执行与参考标准；

d) 检测方式、仪器型号、耦合剂、传感器型号及固定方式；

e) 各通道灵敏度测试结果；

f) 各通道门限和系统增益的设置值；

g) 背景噪声的测定值；

h) 衰减特性；

i) 传感器布置示意图及声发射定位源位置示意图；

j) 源部位校准记录；

k) 检测软件名称及数据文件名称；

l) 加压程序图；

m) 声发射定位源定位图及必要的关联图；

n) 检测结果分析、源的综合等级划分结果及数据图；

o) 检测结论；

p) 检测人员、报告编写人员和审核人员签字及资格证书编号；

q) 检测日期。

附　录　A
（规范性附录）
声发射系统性能要求

A.1　传感器

传感器的响应频率推荐在 100～400kHz 范围内,其灵敏度不小于 60dB[表面波声场校准,相对于 1V/(m/s)]或−77dB[纵波声场校准,相对于 1V/μbar]。当选用其他频带范围内的传感器时,应考虑灵敏度的变化,以确保所选频带范围内有足够的接收灵敏度。应能屏蔽无线电波或电磁噪声干扰。传感器在响应频率和工作温度范围内灵敏度变化应不大于 3dB。传感器与被检件表面之间应保持电绝缘。

A.2　信号线

传感器到前置放大器之间的信号电缆长度应不超过 2m,且能够屏蔽电磁噪声干扰。

A.3　信号电缆

前置放大器到系统主机之间的信号电缆应能屏蔽电磁噪声干扰。信号电缆衰减损失应小于 1dB/(30m)。信号电缆长度不宜超过 150m。

A.4　耦合剂

耦合剂应能在试验期间内保持良好的声耦合效果。应根据设备壁温选用无气泡、黏度适宜的耦合剂。可选用真空脂、凡士林及黄油。

检测奥氏体不锈钢、钛和镍合金时,耦合剂中氯化物、氟化物离子含量应满足相关规范的要求,采用黏结方法固定时,黏结剂中的氯、氟离子含量和硫含量应满足相关规范的要求。

A.5　前置放大器

前置放大器短路噪声有效值电压应不大于 7μV。在工作频率和工作温度范围内,前置放大器的频率响应变化不超过 3dB。前置放大器应与传感器的频率响应相匹配,其增益应与系统主机的增益设置相匹配,通常为 40dB 或 34dB。如果前置放大器采用差分电路,其共模噪声抑制应不低于 40dB。

A.6　滤波器

放置在前置放大器和系统主机处理器内的滤波器的频率响应应与传感器的频率响应相匹配。

A.7　系统主机

A.7.1

声发射系统主机应有覆盖检验区域的足够通道数，应至少能实时显示和存储声发射信号的参数（包括到达时间、门限、幅度、振铃计数、能量、上升时间、持续时间、撞击数），宜具有接收和记录压力、温度等外部电信号的功能。

A.7.2

各个通道的独立采样频率应不低于传感器响应频率中心点频率的 10 倍。

A.7.3

门限精度应控制在±1dB 的范围内。

A.7.4

声发射信号计数测量值的精度应在±5％范围内。

A.7.5

从信号撞击开始算起 10s 之内，声发射系统应对每个通道具有采集、处理、记录和显示不少于每秒 20 个声发射撞击信号的短时处理能力；当连续监测时，声发射系统应对每个通道具有采集、处理、记录和显示不少于每秒 10 个声发射撞击信号的处理能力。当出现大量数据以致发生堵塞的情况，系统应能发出报警信号。

A.7.6

峰值幅度测量值的精度应在±2dB 范围内，同时要满足信号不失真的动态范围不低于 65dB。

A.7.7

能量测量值的精度应在±5％范围内。

A. 7. 8

对于时差定位声发射检测系统,每个通道的上升时间、持续时间和到达时间的分辨率应不大于 0.25μs,精度应在±1μs 范围内,各通道之间的误差应不大于平均值的±3μs。

A. 7. 9

系统测量外接参数电压值的精度应不低于满量程的 2%。

A. 7. 10

声发射采集软件应能实时显示声发射信号的参数、声发射信号参数之间和参数随压力或时间的关联图,以及声发射定位源的线定位和平面定位图,实时显示的滞后时间应不超过 5s。

A. 7. 11

声发射分析软件应能回放原始声发射检测数据,并能根据重新设定的条件对声发射检测数据进行滤波、定位、关联和识别等分析处理。

附 录 B
(资料性附录)
传感器布置示意图

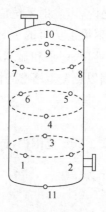

图 B.1　圆筒形容器传感器布置示意图

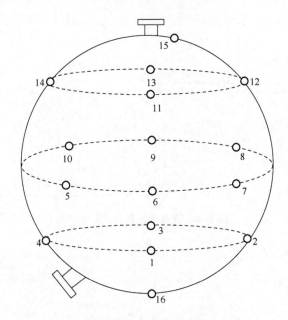

图 B.2　球形容器传感器布置示意图

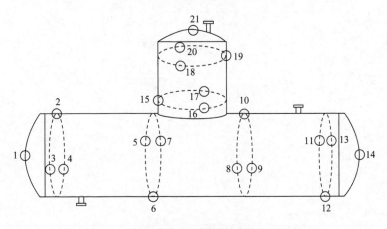

图 B.3　钢质组合式容器传感器布置示意图

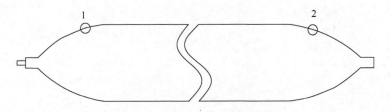

图 B.4　气瓶传感器布置示意图

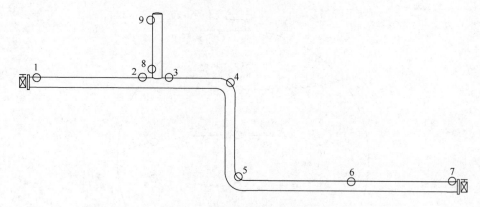

图 B.5　管道传感器布置示意图

附录5　桥式和门式起重机金属结构声发射检测及结果评定方法

主要起草单位：中国特种设备检测研究院、北京起重运输机械设计研究院、
　　　　　　　河南省特种设备安全检测研究院、保定市特种设备监督检验所。
主要起草人：沈功田、吴占稳、林夫奎、刘爱国、尹献德、王旭辉。

1　范围

本标准规定了桥式和门式起重机金属结构的声发射检测及结果评定方法。

本标准适用于 GB/T 20776 中规定的在用桥式和门式起重机（以下简称起重机）。新制造起重机和其他类型起重机也可参照执行。

2　规范性引用文件

下列文件对于本标准的应用是必不可少的。凡是注日期的引用文件，仅注日期的版本适用于本标准。凡是不注日期的引用文件，其最新版本（包括所有的修改单）适用于本标准。

GB/T 3323《金属熔化焊焊接接头射线照相》

GB/T 5905《起重机　试验规范和程序》

GB/T 12604.4《无损检测　术语　声发射检测》

GB/T 19800《无损检测　声发射检测　换能器的一级校准》

GB/T 19801《无损检测　声发射检测　声发射传感器的二级校准》

GB/T 20776《起重机械　分类》

JB/T 6061《无损检测　焊缝磁粉检测》

JB/T 6062《无损检测　焊缝渗透检测》

JB/T 10559《起重机械无损检测　钢焊缝超声检测》

3　术语和定义

GB/T 12604.4 界定的以及下列术语和定义适用于本标准。

3.1

声发射源 acoustic emission source
材料中能量快速释放而产生瞬态弹性波的物理源点或部位。

3. 2

　　声发射定位源　acoustic emission location source
　　通过分析声发射数据确定的被检件上声发射源的位置。
　　注:常见的几种源定位方法包括区域定位、计算定位和连续信号定位。

3. 3

　　活性　activity
　　声发射源的事件数随加载过程或时间变化的程度。

3. 4

　　强度　intensity
　　声发射源的事件所释放的平均弹性能。

3. 5

　　活性缺陷　active defect
　　因载荷作用而产生瞬态弹性波释放的缺陷。

3. 6

　　最大工作载荷　maximum operating load
　　在进行声发射检测前的 6 个月内,起重机承受的最大操作载荷。

4　总则

4. 1

　　声发射检测的主要目的是检测起重机的金属结构件母材、焊缝表面和内部缺陷产生的声发射源,并确定声发射源的部位及评定其等级。

4. 2

　　起重机的声发射检测应在加载过程中进行,加载过程一般包括加载、保载、卸载过程。在被检结构表面布置声发射传感器,接收来自活动缺陷产生的声波并将其转换成电信号,通过检测系统进行信号采集、处理、显示、记录和分析,最终给出声发射源的特性参数、位置及等级。

4. 3

　　应根据检测出的声发射源综合等级划分结果决定是否采用其他无损检测方法复验。

4.4

从事起重机声发射检测的单位应按本标准的要求制定通用检测工艺规程,其内容应至少包括如下要素:

　　a) 适用范围;

　　b) 引用标准、法规;

　　c) 检测人员资格;

　　d) 检测仪器设备:传感器、前置放大器、系统主机、电缆线、数据采集和分析软件等;

　　e) 被检设备的信息:设备名称、型式、额定起重量等;

　　f) 检测区域及传感器布置阵列的确定;

　　g) 背景噪声及传感器灵敏度测量;

　　h) 信号衰减测量;

　　i) 检测过程和数据分析;

　　j) 检测结果的评定;

　　k) 检测记录、报告和资料存档;

　　l) 检验、编制和审核人员;

　　m) 编制日期。

5　人员资格

5.1

从事声发射检测的人员应掌握一定的声发射检测知识,具有现场检测经验,并掌握一定的起重机械及金属材料专业知识。

5.2

声发射检测人员应具有相应的资质或获得授权。

6　检测系统

声发射检测系统应包括传感器、前置放大器、系统主机和检测分析软件等,其应符合附录 A 的规定。声发射传感器、前置放大器和系统主机应每年至少进行一次校准。声发射传感器的校准按 GB/T 19800 或 GB/T 19801 的规定,其他部件的校准按仪器制造商规定的方法进行。

7　检测程序

7.1　检测前的准备

7.1.1　资料审查

资料审查应包括下列内容：
a) 制造文件：产品设计、制造和检验文件及产品质量证明文件等；
b) 使用记录：日常使用状况记录、维护保养记录、运行故障和事故记录等；
c) 检验资料：历次检验报告；
d) 其他资料：修理和改造的文件等。

7.1.2　现场勘察

找出所有可能出现的噪声源，如电磁干扰、振动、摩擦等，应尽可能排除发现的噪声源。

7.1.3　作业指导书或工艺卡的编制

对于每台被检设备或每个被检件，应根据使用的声发射检测系统和现场实际情况，按照通用检测工艺规程编制起重机声发射检测作业指导书或工艺卡，确定声发射检测的区域，同时对被检件进行测绘，画出被检件结构示意图。

7.1.4　检测条件确定

根据现场情况，确定检测条件，建立声发射检测人员和加载人员的联系方式。

7.1.5　传感器阵列的确定

根据被检件结构型式、几何尺寸以及检测目的，确定传感器布置的阵列。如无特殊要求，相邻传感器之间的间距应尽量接近。传感器应直接耦合在被检件的表面上。附录 B 给出了部分起重机结构型式的声发射传感器布置示意图。

7.1.6　确定加载程序

根据声发射检测目的和检测现场的实际条件，确定加载程序。

7.2　传感器的安装

7.2.1

应按照确定的传感器阵列在被检件上安装传感器。整体检测时，传感器的安装部位应尽量远离螺栓连接、支座、筋板和焊缝部位；局部检测时，被检测部位应尽量位于传感器阵列中间区域。

7.2.2

应对传感器的安装部位进行表面处理,使其表面平整并露出金属光泽。如表面有光滑致密的保护层,可予以保留,但应测量保护层对声发射信号的衰减。

7.2.3

在传感器的安装部位涂上耦合剂,耦合剂应采用声耦合性能良好的材料,耦合剂的使用温度等级应与被检件表面温度相匹配。

7.2.4

应使传感器与被检件表面达到良好的声耦合状态。

7.2.5

采用磁夹具、胶带纸或其他方式将传感器牢固固定在被检件上,并保持传感器与被检件和固定装置的绝缘。

7.3 声发射检测系统的调试

7.3.1 通则

将传感器与前置放大器和系统主机用电缆线连接,开机预热至系统稳定工作状态,对声发射检测系统进行初步工作参数设置,然后按 7.3.2～7.3.6 条的规定依次对系统进行调试。

7.3.2 模拟源

用模拟源来测试检测灵敏度和校准定位。模拟源应能重复发出弹性波。可以采用声发射信号发生器作为模拟源,也可以采用 $\phi0.3\text{mm}$ 或 $\phi0.5\text{mm}$、硬度为 2H 的铅笔芯折断信号作为模拟源。铅笔芯伸出长度约为 2.5mm,与被检件表面的夹角为 30°左右,距传感器中心(100±5)mm 处折断。其响应幅度值应取三次以上响应的平均值。

7.3.3 通道灵敏度测量

在检测开始之前和结束之后应进行通道灵敏度的测试。要求对每一个通道进行模拟源声发射幅度值响应测试,每个通道响应的幅度值与所有通道的平均幅度值之差应不大于 ±4dB。如系统主机有自动传感器灵敏度测试功能,检测结束后可采用该功能进行通道灵敏度测试。

7.3.4　衰减测量

应进行与声发射检测条件相同的衰减特性测量。如已有检测条件相同的衰减特性数据,可不进行衰减特性测量,但应在本次检测记录和报告中注明该衰减特性数据。

7.3.5　定位校准

采用计算定位时,在被检件上传感器阵列的任何部位,声发射模拟源产生的弹性波应至少能被该定位阵列中的传感器接收到,并得到唯一定位结果,定位误差不应超过该传感器阵列中最大传感器间距的±5%。

采用区域定位时,声发射模拟源产生的弹性波应至少能被该区域内的一个传感器接收到。

7.3.6　背景噪声测量

通过降低门限电压来测量每个通道的背景噪声,每个通道的门限电压设定值应至少大于背景噪声 6dB,然后对整个检测系统进行背景噪声测量,测量时间应不少于 5min。如果背景噪声接近或大于被检件材料活性缺陷产生的声发射信号强度,应尽可能消除背景噪声的干扰,否则不宜进行声发射检测。

7.4　检测

7.4.1　加载程序

7.4.1.1

应按照 GB/T 5905 规定的静载试验的加载方法进行,试验载荷(P)宜在额定起重量或最大工作载荷的 1.1~1.25 倍范围内,根据设备的实际使用情况与用户协商确定。加载时,应根据实际使用情况使起重机处于主要部件承受最大钢丝绳载荷、最大弯矩和(或)最大轴向力的位置和状态,载荷缓慢起升至离地 100~200mm 高度,悬空保持载荷时间应不少于 10min。

7.4.1.2

加载不应少于两次,第二次加载的试验载荷(P_2)应不超过第一次加载的试验载荷(P_1),建议 P_2 为 97%P_1。

7.4.2　检测过程中的噪声

加载过程中,应注意下列因素对检测结果的影响:

　　a）外部机械振动；

　　b）机械摩擦；

　　c）电磁干扰；

　　d）天气情况，如风、雨、冰雹等的干扰。

7.4.3　检测数据采集与过程观察

7.4.3.1

检测数据应至少采集附录 A 中规定的参数。采用时差定位时，还应采集到达时间的数据；采用区域定位时，还应采集声发射信号到达各传感器次序的信息。

7.4.3.2

检测时应观察声发射撞击数和（或）定位源随时间的变化趋势，对于声发射定位源集中出现的部位，应查看是否有外部干扰因素，如发现外部干扰因素，应停止加载并尽量排除干扰因素。

7.4.3.3

检测中如遇到强噪声干扰时，应暂停检测，需在排除强噪声干扰后再进行检测。

7.4.4　检测数据分析及声发射源部位的确定

7.4.4.1

应在检测数据中标识出检测过程中出现的噪声数据，并在检测记录中注明。

7.4.4.2

利用软件滤波或数据图形显示分析的方法，从检测数据中分离出非相关声发射信号，并在检测记录中注明。

7.4.4.3

根据检测数据确定相关声发射定位源的位置。如需进一步确定的声发射源，应通过模拟源定位来确定声发射源的具体部位。确定方法是在被检区域上某位置发射一个模拟源，若得到的定位显示与检测数据中的声发射定位源部位显示一致，则该模拟源的位置为检测到的声发射定位源部位。

7.5　检测记录

7.5.1

检测记录的主要内容不应少于第 10 条规定的内容。

7.5.2

检测时如遇不可排除因素的噪声干扰,如风、雨和摩擦等,应如实记录,并在检测记录中注明。

7.5.3

检测记录和声发射数据应至少保存 6 年。

8　检测结果评定

8.1　通则

检测结果评定以前两次保持载荷过程的声发射信号为依据,加载过程或其他保载过程的信号作为参考。

8.2　声发射源区的确定

采用时差定位时,以声发射源定位比较密集的部位为中心来划定声发射定位源区,定位源间距在传感器间距 10% 以内的定位源可被划在同一个源区。

采用区域定位时,声发射定位源区按实际区域来划分。

8.3　声发射源的活性划分

如果源区的事件数(E)随着保载呈快速增加($E \geqslant 10$),则认为该部位的声发射源为超强活性。

如果源区的事件数(E)随着保载呈连续增加($3 \leqslant E < 10$),则认为该部位的声发射源为强活性。

如果源区的事件数(E)随着保载断续出现($E < 3$),则声发射源的活性等级评定按表 1 进行。

表 1　断续出现声发射源的活性等级评定方法

序号	声发射源区的描述	活性等级
1	在两次保载阶段出现的定位源个数:$E \leqslant 3$	弱活性
2	在两次保载阶段出现定位源个数:$3 < E \leqslant 10$	中活性
3	在两次保载阶段出现定位源个数:$E > 10$	强活性

8.4　声发射源的强度划分

声发射源的强度 Q 可用能量、幅度或计数参数来表示。声发射源的强度为源区前 5 个最大的能量、幅度或计数参数的平均值(幅度参数应根据 7.3.4 条测得的衰减曲线加以修正)。声发射源的强度划分按表 2 的规定。表 2 中的 a、b 值应由试验来确定,包括材料和结构件的破坏性试验。表 3 给出了 Q235 钢和 Q345 钢采用幅度参数划分声发射源的强度的推荐值。

表 2　声发射源的强度划分方法

强度等级	源强度
低强度	$Q < a$
中强度	$a \leqslant Q \leqslant b$
高强度	$Q > b$

注:a、b 表示一个具体的数字,如在表 3 中的第二列,$a = 55dB$、$b = 75dB$。

表 3　Q235 钢和 Q345 钢采用幅度参数划分声发射源的强度

强度等级	幅度(Q235)	幅度(Q345)
低强度	$Q < 55dB$	$Q < 60dB$
中强度	$55dB \leqslant Q \leqslant 75dB$	$60dB \leqslant Q \leqslant 80dB$
高强度	$Q > 75dB$	$Q > 80dB$

注:表中数据是经衰减修正后的数据。传感器输出 $1\mu V$ 为 0dB。

8.5　声发射源的综合等级评定

声发射源的综合等级评定按表 4 的规定。

表 4　声发射源的综合等级评定

强度等级	活性等级			
	超强活性	强活性	中活性	弱活性
高强度	IV	IV	III	II
中强度	IV	III	III	I
低强度	III	III	II	I

9　声发射源的复检

Ⅰ 级声发射源不需要复检,Ⅱ 级声发射源由检测人员根据源部位的实际结构决定是否需要采用其他无损检测方法复检,其他等级的声发射源应按 GB/T

3323、JB/T 10559、JB/T 6061、JB/T 6062 的规定进行无损检测复检。

10 检测报告

声发射检测报告应至少包括下列内容：

a) 设备名称、编号、使用单位、制造单位、额定起重量、主要受力结构件材质；

b) 加载史和缺陷情况；

c) 执行与参考标准；

d) 检测方式、仪器型号、耦合剂、传感器型号及固定方式；

e) 各通道灵敏度测试结果；

f) 各通道门限和系统增益的设置值；

g) 背景噪声的测定值；

h) 衰减特性；

i) 传感器布置示意图及声发射定位源位置示意图；

j) 源部位校准记录；

k) 检测软件名称及数据文件名称；

l) 加载程序；

m) 检测结果分析、源的综合等级划分结果及数据图；

n) 检测结论；

o) 检测日期、检测人员、报告编制和审核人员签字。

检测报告格式参见附录 C。

注：加载史主要是指起重机结构以前所承受过的最大载荷，或者近 6 个月承载的最大载荷，是声发射检测中的一个重要参考因素，加载史和缺陷情况的内容越详细越好。

附 录 A
（规范性附录）
声发射检测系统性能要求

A.1 传感器

传感器的响应频率推荐在 $100\sim400kHz$ 范围内，其灵敏度应不小于 60dB。当选用其他频带范围内的传感器时，应考虑灵敏度的变化，以确保所选频带范围内有足够的接收灵敏度。

传感器应能屏蔽无线电波或电磁噪声干扰。传感器在响应频率和工作温度范围内的灵敏度变化值应不大于 3dB。传感器与被检件表面之间应保持电绝缘。

A.2　信号线

传感器与前置放大器之间的信号线长度应不超过 2m，且能够屏蔽电磁噪声干扰。

A.3　信号电缆

前置放大器与系统主机之间的信号电缆应能屏蔽电磁噪声干扰。在任意 30m 范围内，信号电缆的衰减损失不应大于 1dB。信号电缆长度不宜超过 150m。

A.4　耦合剂

耦合剂应能在试验期间内保持良好的声耦合效果。可选用真空脂、凡士林及黄油。

A.5　前置放大器

前置放大器短路噪声的有效电压值应不大于 $7\mu V$。在工作频率和工作温度范围内，前置放大器的频率响应变化应不超过 3dB。前置放大器应与传感器的频率响应相匹配，其增益应与系统主机的增益设置相匹配，通常为 40dB 或 34dB。前置放大器采用差分电路时，其共模噪声抑制应不低于 40dB。

A.6　滤波器

放置在前置放大器和系统主机处理器内的滤波器的频率响应应与传感器的频率响应相匹配。

A.7　系统主机

A.7.1

声发射系统主机应有覆盖检验区域的足够通道数，应至少能实时显示和存储以下声发射信号参数：到达时间、门限、幅度、振铃计数、能量、上升时间、持续时间、撞击数。

A.7.2

系统主机宜具有接收和记录力、温度等外部传感器输出的电信号的功能。

A.7.3

各个通道的独立采样频率应不低于传感器响应频率中心点频率的 10 倍。

A. 7. 4

门限精度应控制在±1dB 的范围内。

A. 7. 5

声发射信号计数测量值的精度应在±5％范围内。

A. 7. 6

从信号撞击开始算起 10s 内,声发射系统应对每个通道具有采集、处理、记录和显示不少于每秒 20 个声发射撞击信号的短时处理能力;当连续监测时,声发射系统应对每个通道具有采集、处理、记录和显示不少于每秒 10 个声发射撞击信号的处理能力。当出现数据堵塞时,系统应能发出报警信号。

A. 7. 7

峰值幅度测量值的精度应在±2dB 范围内,同时要满足信号不失真的动态范围不低于 65dB。

A. 7. 8

能量测量值的精度应在±5％范围内。

A. 7. 9

对于时差定位声发射检测系统,每个通道的上升时间、持续时间和到达时间的分辨率至少应为 $0.25\mu s$,精度应在±1μs 范围内,各通道之间的误差应不大于平均值的±3μs。

A. 7. 10

系统测量外接参数电压值的精度应不低于满量程的 2％。

A. 7. 11

声发射采集软件应能实时显示声发射信号的参数、声发射信号参数之间和参数随压力或时间的关联图,以及声发射定位源的线定位和平面定位图,实时显示的滞后时间应不超过 5s。

A. 7. 12

声发射分析软件应能回放原始声发射检测数据,并能根据重新设定的条件对声发射检测数据进行滤波、定位、关联和识别等分析处理。